高性能 Android 开发技术

张 飞 著

北京航空航天大学出版社

内 容 简 介

本书从简单到复杂系统地讲解了 Android 研发所涉及的全面开发技术。内容包括：高级图形图像处理；图形图像渲染的梯度渐变；由静至动的动态拖曳 View 及动画，View 高级特性；高级组件开发；桌面部件 App Widget；OKHttp 一揽子网络技术解决方案；图片加载利器 Glide；高阶 Java 多线程在 Android 中的运用；大数据、多任务、断点续断下载管理；内存与物理存储高效缓存及策略；进程间通信之 AIDL 机制；框架性架构体系；企业级开发 ORM 数据库技术；多媒体与图像识别扫描技术；蓝牙网络通信技术；RxJava/RxAndroid 脉络清晰的响应式编程；Android DataBinding：MVVM 架构基石，数据驱动 App 运转；Android NDK 开发技术；Android 传感器。本书在技术点编排上循序渐进，侧重培养在实际项目开发中的动手能力；精心选取的关键程序代码，由浅入深地帮助读者快速、直观地深入到代码层面理解和掌握 Android 高级开发技术。

本书适合 Android 初学者和需要在 Android 开发技术方面进阶的中级开发者使用。

图书在版编目(CIP)数据

高性能 Android 开发技术 / 张飞著. -- 北京 ：北京航空航天大学出版社，2019.4

ISBN 978-7-5124-2979-6

Ⅰ. ①高… Ⅱ. ①张… Ⅲ. ①移动终端－应用程序－程序设计 Ⅳ. ①TN929.53

中国版本图书馆 CIP 数据核字(2019)第 060467 号

高性能 Android 开发技术

张 飞 著

责任编辑 张冀青

*

北京航空航天大学出版社出版发行

北京市海淀区学院路 37 号(邮编 100191) http://www.buaapress.com.cn

发行部电话：(010)82317024 传真：(010)82328026

读者信箱：copyrights@buaacm.com.cn 邮购电话：(010)82316936

涿州市新华印刷有限公司印装 各地书店经销

*

开本：710×1 000 1/16 印张：22.5 字数：480 千字

2019 年 5 月第 1 版 2019 年 5 月第 1 次印刷 印数：3 000 册

ISBN 978-7-5124-2979-6 定价：79.00 元

若本书有倒页、脱页、缺页等印装质量问题，请与本社发行部联系调换。联系电话：(010)82317024

前 言

一切缘起于我在 CSDN 博客上写技术文章。

还在读本科的时候，我就喜欢阅读 CSDN 出版的 IT 技术杂志《程序员》。后来我进入工业界开始从事 Android 开发工作，在实际工作中遇到过很多技术难题，很多时候又都是从 CSDN 的技术博客上找到了答案。Android 技术博大精深，体系庞大繁杂，一个 Android 技术难点往往需要花费半天、一天甚至更长时间才能研究清楚，然而事后一年半载，又遗忘得干干净净。好记性不如烂笔头！吸取了这些经验和教训，我开始有意识地把自己对 Android 技术探索和发现的成果性内容整理成文章，发表在 CSDN 博客上。当时这么做主要出于三方面的考虑：

第一，知识点方便备查。在工作或学习中，如果遇到某一领域之前做过的内容，只要想起其中一个或几个关键词，就能快速搜索、定位到之前围绕这些技术写的文章，朝花夕拾，进而找回记忆。

第二，现在的 Android 技术内容交织，不断向纵深发展，需要丰富的配图和示例代码加以说明才能弄明白，在这种情况下若还用笔和纸记录显然很不方便。而在博客这种形式下，要想引用文章，则直接插入一个 url 网址链接就可以，配图、插入程序代码更不在话下。

第三，Android 技术体系复杂，内容越来越庞杂，有了之前写好的博客文章，至少可以从中找到线索，找回当时研究的思路和方法，快速搞清楚问题的关键。这样无疑大大提升了学习和工作效率。

我就这样日复一日、年复一年坚持写博客文章，不知不觉中养成了写博客的习惯，几天不写就感觉生活中缺了点什么。于是博客文章越写越多，此时我发现自己博客的阅读量不断攀升，50 万、100 万、200 万！这个过程中读者数量也不断增多，可以说一天一个样，一天一个数据报表！

如果说开始写博客文章的初心是记录自己的研究心得，沉淀自己的技术积累，然而当我的博客文章阅读量和读者群体达到一定规模并越来越多的时候，写博客文章就成为了一种乐趣。在这种乐趣的驱动下，每当攻克一个技术难题，脑海中第一反应就是有必要整理一下，写成简单易懂的博客文章分享给大家。

在博客写作的过程中，我受到了很多的支持和鼓励，这又促使我写出更多、更好的博客文章，以不辜负大家的期待。同时，博客写作丰富了自己的人生，也带来了与之相关的机会。

本书内容

本书所介绍的高级开发技术，是从软件工业强度出发，面向软件生产环节，甄选出 Android 多种关键和高效的技术，可直接快速投放到企业级、产品级项目的高级开发技术中，覆盖了完整开发一个 Android App 应用涉及的各个层面、各个环节。

今非昔比，如今的 Android 技术及其平台和框架性技术，都已经发生了不小的变化。新的技术框架和编程模型均已有了很大的改变和演进。我应该算是中国比较早跟进 Android 技术的开发者之一，看到了 Android 技术多年来的积累沉淀以及整个移动端软件开发行业的发展，催生了相当多 Android 平台之上的基础和初级开发者。

然而，当开发者面对实际的工业级项目产品开发时，需要解决的开发任务所涉及的问题是极为苛刻的设计要求、复杂的业务逻辑和数据流转处理，若仅仅使用 Android 基础开发技术，所耗费的时间和人力成本将会十分巨大。在这种情形下，无论是从技术管理决策层角度，还是站在一线的普通开发者立场，都非常有必要考虑选用快捷、高级的 Android 研发技术路线和框架性解决方案。以上所述问题，正是本书所要阐述的技术内容。

本书读者对象

读者须具有一定的 Android 和 Java 程序设计语言基础，但是对这些基础前置知识不必做过多严格要求，本书尽量用相对简单易懂的例子来说明所要介绍的技术点。如果读者已经拥有了基础知识，但不满足于停留在初级开发水平，希望在技术上寻求进阶，那么本书是非常适合的。本书是 Android 技术的提高和进阶性质的技术书籍，通过本书，读者可以掌握前沿实用、高效便捷的 Android 开发技术，并可以很快地把从本书学到的高级开发技术应用到具体的项目开发实践中。

四川大学的彭舰教授完成了本书的审校工作，四川大学的研究生弋沛玉、汪莹、郭振杰、邓力嘉、钟昌康、曹先波、陈新鹏对本书的审校亦有贡献。本书的顺利完成和出版，离不开北京航空航天大学出版社以及董宜斌编辑的支持和帮助，在此表示衷心的感谢。还要感谢 Android，谢谢 Android 为这个世界带来的美好！

本书难免存在不妥之处，如果读者发现任何问题或者有任何疑问，希望和作者交流，我的邮箱是 zhangphil@live.com。

张　飞

2019 年 4 月

目　录

第1章

高级图形图像处理

Android 提供的基础图形图像软件如 ImageView、Bitmap、Drawable 等，基本上可以满足常规 Android 在图形图像方面的开发需求。但是，一些高级的图形图像开发技术，如绘制特殊定制化的椭圆，具有一定弧度的扇形、半圆、圆角矩形这类图形等，Android 基础图形图像软件如 ImageView、TextView 等就无法胜任了。若想满足这些开发需求，则需要引入更复杂的图形图像技术。本章分节介绍 Android 高级图形图像处理中涉及的技术。

1.1 ShapeDrawable、PaintDrawable 与 OvalShape、RectShape、ArcShape

Android 提供的各种 Drawable 表示一块可以绘制的区域，Android 的 Shape 表示一定的形状。当在 Drawable 上绘图时，需要依据一定的 Shape 形状才能绘制出有意义的图形图像。

Android 的 ShapeDrawable 提供了装载适配器的功能，为多种定制化的 Shape 提供绘制入口。下面先了解一些 Android 的 Shape 形状。

- OvalShape，椭圆形形状。
- RectShape，矩形形状。
- ArcShape，弧度扇形。ArcShape 是具有一定弧度的扇形。

PaintDrawable 继承自 ShapeDrawable，是一种可以进一步二次定制化的 ShapeDrawable。PaintDrawable 可提供更多便利、直接的工具函数，可以轻而易举地绘制出常见的圆、矩形。

一图胜万言。对于图形图像，最能说明问题的就是绘制出来的图形图像本身。编写代码创建出相应的形状，然后运行代码观察结果，一切就一目了然了。用一段代码把上述形状依次展现出来：

```
    @Override
protected void onCreate(Bundle savedInstanceState) {
    super.onCreate(savedInstanceState);
    setContentView(R.layout.activity_main);
```

```
    //PaintDrawable是继承自ShapeDrawable的更为通用、使用更便捷的形状
    //此处绘制一个圆角出来
    PaintDrawable drawable1 = new PaintDrawable(Color.GREEN);
    drawable1.setCornerRadius(30);
    findViewById(R.id.textView1).setBackgroundDrawable(drawable1);

    //椭圆形形状
    OvalShape ovalShape = new OvalShape();
    ShapeDrawable drawable2 = new ShapeDrawable(ovalShape);
    drawable2.getPaint().setColor(Color.BLUE);
    drawable2.getPaint().setStyle(Paint.Style.FILL);
    findViewById(R.id.textView2).setBackgroundDrawable(drawable2);

    //矩形形状
    RectShape rectShape = new RectShape();
    ShapeDrawable drawable3 = new ShapeDrawable(rectShape);
    drawable3.getPaint().setColor(Color.RED);
    drawable3.getPaint().setStyle(Paint.Style.FILL);
    findViewById(R.id.textView3).setBackgroundDrawable(drawable3);

    //弧度扇形、扇面形状
    //顺时针,开始角度为30°,扫描的弧度跨度为180°
    ArcShape arcShape = new ArcShape(30, 180);
    ShapeDrawable drawable4 = new ShapeDrawable(arcShape);
    drawable4.getPaint().setColor(Color.YELLOW);
    drawable4.getPaint().setStyle(Paint.Style.FILL);
    findViewById(R.id.textView4).setBackgroundDrawable(drawable4);
}
```

代码运行后的结果如图 1-1 所示。

本例的 activity_main.xml 比较简单，它是一个垂直方向的线性布局，垂直依次放置 4 个 TextView，分别是 textView1、textView2、textView3、textView4。在 xml 设定了这 4 个 TextView 的高度均为 100 dp。选择设定一定的高度值 100 dp，而不是用常见的 Android 约定高度的 wrap_content 属性，是因为要在有限的可见视野范围内把这几种图像都呈现出来。

- textView1 的背景 Drawable，是一个绘制一定圆角的 PaintDrawable，作为该 TextView 的背景 Drawable。PaintDrawable 在构造创建的时候可以指定颜色，程序中给 PaintDrawable 设定了绘制颜色为绿色(Color.GREEN)。在绘制这个图像的时候，给它设定了圆角的弧度为 30°。在一些轻量级的表达圆角图形的场合中，可以简单使用 PaintDrawable 的 setCornerRadius 做出一个

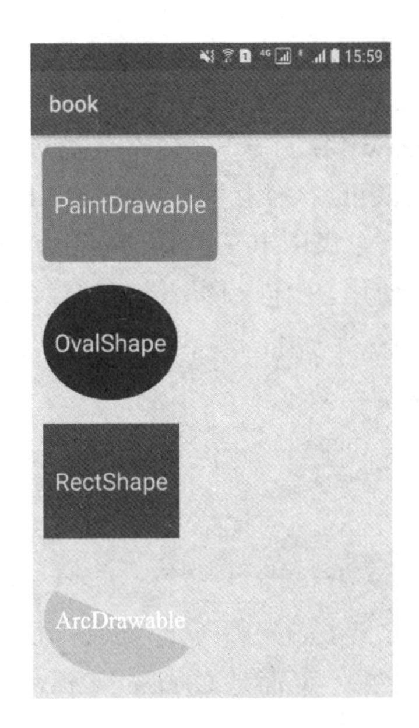

图 1-1 多种图像的效果

圆角矩形,不一定非要通过 xml 布局来完成圆角图形的渲染绘制。

- textView2 的背景 Drawable 是一个椭圆形状 OvalShape。绘制椭圆时,设置了绘制画笔的颜色为蓝色(Color. BLUE),填充形式为完全填充(Paint. Style. FILL)。
- textView3 的背景 Drawable 是一个普通矩形 RectShape。从名字即可知道此 shape 是专门绘制矩形图像的。绘制矩形的颜色指定为红色(Color. RED)。填充形式也为完全填充,即 Paint. Style. FILL。
- textView4 的背景 Drawable 是一个具有一定弧度的扇形椭圆图像。设定颜色为黄色(Color. YELLOW),填充形式也为完全填充。构造 ArcShape 时,传递了两个浮点 float 参数,第一个参数表示绘制该扇形弧度的开始角度 startAngle,第二个参数是扫描绘制区域的跨度 sweepAngle。Android 的 ArcShape 以 x 坐标轴水平方向的顺时针方向为正值,进而以扫描跨度绘制扇形。

1.2 GradientDrawable 梯度渐变

上一节介绍了在程序上层使用 Java 代码创建运行多种形状。事实上,Android 中绝大多数的图形图像和动画效果,只要是 Java 能够完成的,用 xml 文件实现基本上没什么问题。

本节以梯度渐变图形 GradientDrawable 为例,实现梯度渐变的图形 Drawable。实现这种图形无非就两种途径,一种是用 Java 代码绘制,另外一种就是使用 xml 代码布局文件实现。本节说明如何使用 xml 代码布局文件实现复杂的图形图像。

用 xml 代码布局文件实现梯度渐变的具体过程并不复杂,分两步。第一步写好一个 shape 文件放在 res/drawable 目录下,名字假设可以命名为 gradient. xml。第二步,在上层 Java 代码里面就可以使用这个 gradient. xml 资源文件。

例如,在程序所需的 xml 布局中定义了 ImageView,那么可以直接把这个 gradient. xml 作为背景衬图资源使用,把定义的 shape 加载出来,代码如下:

```
<ImageView
    android:id = "@ + id/image_view"
    android:layout_width = "300dp"
    android:layout_height = "300dp"
    android:layout_centerInParent = "true"
    android:background = "@drawable/gradient" />
```

在本例中,在 xml 里面定义 ImageView 的宽、高均为 300 dp。用宽、高相同的一个矩形,可方便观察显示的效果。下面是 GradientDrawable 以不同 xml 代码实现的不同结果。

1.2.1 线性渐变

前面写了一个 id 为 image_view 的简单 ImageView,它的背景衬图资源(android:background)在上一节是预定义了一个 gradient. xml 代码文件资源。例子中的渐变效果实现代码就在 gradient. xml 代码文件中,这也是接下来将展开介绍的内容。在此给出 gradient. xml 的具体代码,如下所示:

```
<? xml version = "1.0" encoding = "utf - 8"? >
<shape xmlns:android = "http://schemas.android.com/apk/res/android"
    android:shape = "oval">

     <gradient
        android:angle = "45"
        android:centerColor = "@android:color/holo_orange_dark"
        android:endColor = "@android:color/holo_blue_dark"
        android:startColor = "@android:color/holo_red_dark" />

     <stroke
        android:width = "20dip"
        android:color = "@android:color/black"
        android:dashGap = "5dip"
        android:dashWidth = "60dip" />
</shape >
```

代码运行结果如图 1－2 所示。

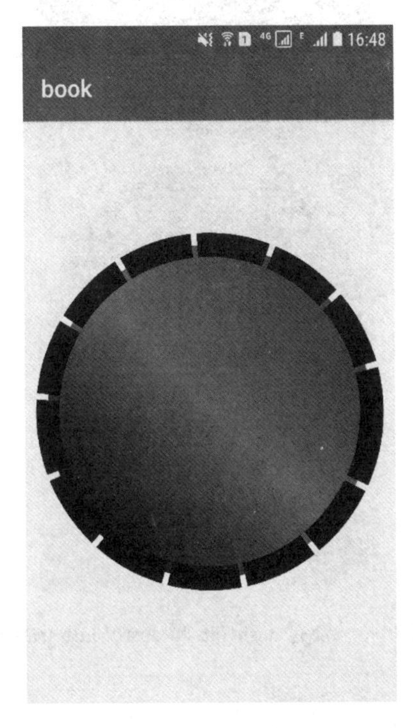

图 1－2　gradient.xml 作为背景衬图资源加载后显示的效果

虽然在 gradient.xml 中定义了 android:shape＝"oval"是一个椭圆，但是本例中的 ImageView 是一个宽、高均相同的矩形，故绘制出的图形是一个圆形。

在 gradient.xml 中定义 oval 椭圆时，引入了 stroke 描边，在图 1－2 中是黑色的不连续间断的厚边。描边 stroke 有下面三点比较重要的属性：

- width 是所描边的厚度。该厚度是图 1－2 中最外围不连续、间断、黑色环的厚度。
- dashGap 是边的间隔大小宽度，设置此属性可使得生成的图像形成不连续的间断。如图 1－2 中为最外围黑色环之间的空白间隔。
- dashWidth 虽在命名上是"width"，但其实它所要定义的是间隔形状的"长度"，该属性定义每一个隔断的小"断片"的长度。在图 1－2 中，dashWidth 即是最外围黑色间断环中每一小节黑色"断片"的长度。

如果在 gradient.xml 中定义 shape 没有设置 dashGap 和 dashWidth，即删掉这两个属性定义，那么代码运行后结果如图 1－3 所示。

删掉 dashGap 和 dashWidth，此时可以看到，所描的边是连续的宽线，没有间断的间隔了。

图 1-3　没有 dashGap 和 dashWidth 的效果

1.2.2　圆环形渐变

设置 android:shape="ring",制作一个圆环图形。如新的 gradient.xml 代码:

```
<?xml version="1.0" encoding="utf-8"?>
<shape xmlns:android="http://schemas.android.com/apk/res/android"
    android:shape="ring"
    android:thickness="20dp"
    android:useLevel="false">

    <gradient
        android:angle="90"
        android:centerColor="@android:color/holo_orange_dark"
        android:endColor="@android:color/holo_blue_dark"
        android:startColor="@android:color/holo_red_dark" />

</shape>
```

代码运行结果如图 1-4 所示。

在 xml 里面的代码:

```
android:thickness="20dp"
```

设置了圆环的厚度。假设此时再给这个圆环描边，须增加 stroke 描边属性：

```
<stroke
    android:width="5dp"
    android:color="@android:color/black" />
```

代码运行结果如图 1-5 所示。

图 1-4 渐变的圆环

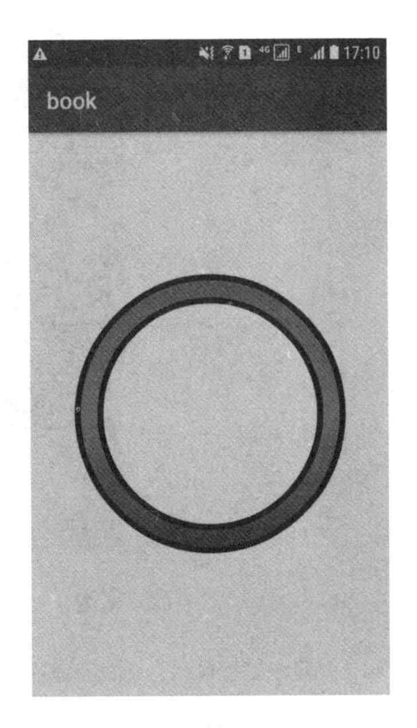

图 1-5 增加圆环厚度后的效果

1.2.3 矩形渐变

在前几节的基础上，继续改写 gradient.xml 中关于 shape 的渐变效果定义，实现一个梯度渐变的矩形，代码如下：

```
<?xml version="1.0" encoding="utf-8"?>
<shape xmlns:android="http://schemas.android.com/apk/res/android"
    android:shape="rectangle">

    <gradient
        android:angle="90"
        android:centerColor="@android:color/holo_orange_dark"
        android:endColor="@android:color/holo_blue_dark"
        android:startColor="@android:color/holo_red_dark" />

</shape>
```

代码运行结果如图 1-6 所示。

图 1-6　渐变矩形显示的效果

可以看到，从下往上，红色逐渐变化，先过渡到橘黄色，最后渐变成蓝色。

1.2.4　复杂渐变线

除了前几节介绍的渐变完整图形图像外，在很多场景下，渐变线的用处也很多，比如常见的 ListView 中的分割线、一个 View 中不同区域的切割线，等等。

这种情况下，使用 Android 的 shape 直接设置属性为 line，即可画一条线实现，同时设定 size 的高度值为 1 px 或者 1 dp，这就实现了简单的渐变线。然而，如果要画一条包含多重层次图像纹理颜色渐变的线，直接使用 line 就比较复杂难办。

若要解决这个问题，可以转化一下。实现思路：画一个矩形，但是这个矩形的高度只有 1 px 或 1 dip，这样就把一个矩形压缩成一条线。

矩形的渐变很容易实现，在上一节就做过介绍。如果实现形如从两边到中间逐渐变黑的高度仅仅为 1 px 的线条，那么可以画一个矩形，设置这个矩形的开始、中间、结束渐变颜色值，同时设定它的高度值是 1 px，从而就实现了一条渐变的线。具体的 xml 代码 gradient. xml 如下：

```
<? xml version = "1.0" encoding = "utf - 8"? >
<shape xmlns:android = "http://schemas.android.com/apk/res/android"
    android:shape = "rectangle">
```

```
    <gradient
        android:angle="0"
        android:centerColor="@android:color/black"
        android:endColor="@android:color/transparent"
        android:startColor="@android:color/transparent" />

    <size android:height="1px" />
</shape>
```

注意，此时本例中的 ImageView 需要同时配合设置高度为 1 px。代码运行结果如图 1-7 所示。

图 1-7 具有渐变效果的线

这条线从中间往两边渐变，中间颜色深，两边颜色浅，以至于末端透明没有颜色（transparent）。

1.3 过渡动画的 TransitionDrawable

在 Android 的图形图像领域，除了之前介绍的静态图外，Android 的 TransitionDrawable 可以实现一种用连续动画展现的动态 Drawable。现在给出一个上层只需要 Java 代码实现的例子：

```
@Override
protected void onCreate(Bundle savedInstanceState) {
    super.onCreate(savedInstanceState);
    setContentView(R.layout.activity_main);

    //定义一个过渡 Drawable 数组，最后一个 Drawable:drawables[n-1]是最终的显示形式
    //第一个 drawables[0]是开始
    Drawable[] drawables = new Drawable[]{new ColorDrawable(Color.TRANSPARENT), new
                          ColorDrawable(Color.RED)};
    TransitionDrawable mTransitionDrawable = new TransitionDrawable(drawables);

    ImageView image = (ImageView) findViewById(R.id.imageView);
    image.setImageDrawable(mTransitionDrawable);

    //交叉淡入样式
    mTransitionDrawable.setCrossFadeEnabled(true);
```

```
        //开始执行动画,从设定的时间 durationMillis 毫秒内,mTransitionDrawable 将从构造
        //时,数组第一个 drawable(即 drawables[0])渐变成数组最后一个 drawable
        //(drawables[n - 1])
        //动画执行结束后,最终显示的是最后一个 drawables[n - 1]
        mTransitionDrawable.startTransition(5000);
    }
```

代码运行后，会发现 ImageView 在 5 s 内(5 s 是因为代码中指定 Transition 为 5 000 ms)，以动画淡入的形式逐渐从透明变成红色，这一过程执行的动画是 TransitionDrawable 过渡渐变(Transition)图画(Drawable)。在本节的例子中，TransitionDrawable 即是代码中定义的变量 mTransitionDrawable 对象。

1.4 圆形圆角图像

虽然在前几节介绍的各种技术的基础上，实现一个圆角或者圆形图像并不难，然而由于在如今的 App 开发中，UI 中有着大量的圆形图像的使用，以至于从谷歌的 Android 官方到第三方开源项目，均提供了圆形圆角的强力支持。本节先介绍谷歌官方的圆形圆角实现，再介绍一个流行的第三方开源圆形圆角实现。

1.4.1 RoundedBitmapDrawable:谷歌官方的圆角方案

RoundedBitmapDrawable 是谷歌官方在 Android 的 support-v4 扩展包中新增的实现圆角的关键工具类，借助 RoundedBitmapDrawable 的帮助，可轻松地以 Android 标准方式实现圆角。

写一个简单的例子，一个竖直方向的线性布局，依次排放三个 ImageView，这三个 ImageView 经过上层 Java 代码 RoundedBitmapDrawable 做特殊处理。

```
@Override
protected void onCreate(Bundle savedInstanceState) {
    super.onCreate(savedInstanceState);
    setContentView(R.layout.activity_main);

    //未做圆角处理的原始图
    ImageView image1 = (ImageView) findViewById(R.id.imageView1);
    image1.setImageResource(R.drawable.zhangphil);

    //圆角图
    RoundedBitmapDrawable roundedDrawable =
        RoundedBitmapDrawableFactory.create(getResources(),
        BitmapFactory.decodeResource(getResources(),
        R.drawable.zhangphil));
```

```
    roundedDrawable.getPaint().setAntiAlias(true);
    roundedDrawable.setCornerRadius(30);
    ImageView image2 = (ImageView) findViewById(R.id.imageView2);
    image2.setImageDrawable(roundedDrawable);

    //圆形图
    Bitmap bitmap = BitmapFactory.decodeResource(getResources(),
        R.drawable.zhangphil);
    RoundedBitmapDrawable circleDrawable =
        RoundedBitmapDrawableFactory.create(getResources(),
        BitmapFactory.decodeResource(getResources(),
        R.drawable.zhangphil));
    circleDrawable.getPaint().setAntiAlias(true);
    circleDrawable.setCornerRadius(Math.max(bitmap.getWidth(),
        bitmap.getHeight()));
    ImageView image3 = (ImageView) findViewById(R.id.imageView3);
    image3.setImageDrawable(circleDrawable);
}
```

先看代码运行后的效果图,如图 1-8 所示。

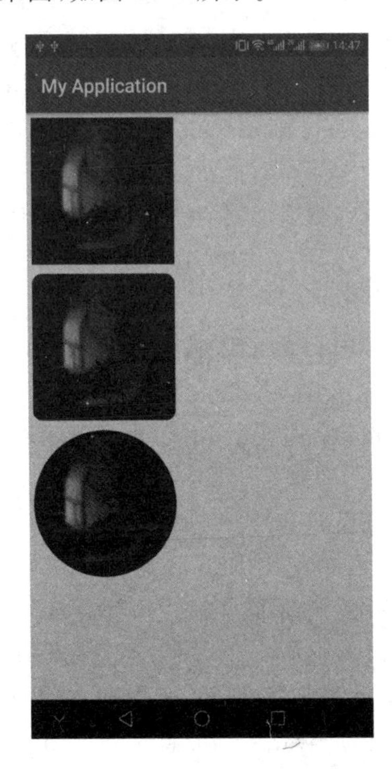

图 1-8 RoundedBitmapDrawable 不同的加工处理效果

代码运行需要先在 res/draeable 目录下放置一张名为 zhangphil.jpg 的图片。

图 1-8 中，从上往下，是三个不同的 ImageView。最上面的 ImageView 展示的是一张原始的未做任何处理的图，对应本例 Java 代码中的对象实体 ImageView image1。第二张图片是设置圆角数值为 30 的圆角图。第三张图是一个完全的圆形图。

从 Java 代码中可知，RoundedBitmapDrawable 本质代表一个图画(Drawable)，只不过这个 Drawable 是可以被裁剪成圆角的图画。在使用一个 RoundedBitmapDrawable"喂"给 ImageView 并最终显示之前，首先需要把一个图像资源文件(本例是 R. drawable. zhangphil)，通过工厂方式 RoundedBitmapDrawableFactory 转化成为一个 RoundedBitmapDrawable，然后对这个 RoundedBitmapDrawable 对象进行操作。

在处理完全圆形的时候，本例中的代码用 Math 类的工具方法比较 RoundedBitmapDrawable 的宽与高的最大值，然后以最大值作为圆角弧度。Math 类的工具方法限定了最终生成的 RoundedBitmapDrawable 宽与高的值，也就最终把 RoundedBitmapDrawable 约束成了一个圆形，这是一个数学的技巧。

1.4.2 圆形圆角的第三方开源实现

正如前文所述，由于圆形圆角在 App 的开发中如此常见，除了谷歌 Android 官方原生的 RoundedBitmapDrawable 以外，其他第三方开源项目也很多，比如 CircleImageView 就是 github 上一个第三方开源的圆形圆角 ImageView 实现。该项目在 github 上的项目主页是 https://github.com/hdodenhof/CircleImageView。

CircleImageView 的使用很简单，此处不再展开赘述。需要着重说一说 CircleImageView 和前一节介绍的谷歌官方原生的圆角圆形 RoundedBitmapDrawable 的优缺点。开发者需要注意，在实际工作中，在特定情况下应如何选择圆形圆角技术实现方案。具体有以下几点内容：

① RoundedBitmapDrawable 的最大特点是，可以在上层 Java 代码中灵活定制如边角弧度、圆角矩形，把一个矩形处理成圆形图、椭圆形图等。但是 RoundedBitmapDrawable 没有提供直接定义边框的功能，假如 UI 设计的需求要求在圆形图的边缘部分增加一定厚度的外层边框线，则 RoundedBitmapDrawable 无法直接实现。

② 一些绘制圆形图的开发场景中(例如，把一个用户上传的矩形完整人像处理成一个圆形头像)，其实现过程可使用 RoundedBitmapDrawable，通过 Java 代码即可在上层业务逻辑中实现圆形图的绘制需求。但问题在于，RoundedBitmapDrawable 的绘制和构造仅能通过纯 Java 代码实现，如果不想使用 Java 代码，而依靠 xml 代码布局文件、在 xml 代码布局文件中直接写入一个 RoundedBitmapDrawable 是行不通的。换言之，RoundedBitmapDrawable 不能直接在 xml 代码布局文件中使用。相比之下，CircleImageView 则可以直接在 xml 代码布局文件中使用，并可以灵活地定义边框线厚度、颜色等。

③ CircleImageView，顾名思义，即专门处理圆形图。CircleImageView 不像 RoundedBitmapDrawable 那样还可以制作圆角矩形、椭圆图等。

CircleImageView 与 RoundedBitmapDrawable 各有长处和短处，要充分了解它们的特性，才能高效使用它们。这两者的特点，归纳起来主要有两点：

① 如果仅仅只是在上层 Java 代码中设置一个圆形图（比如常见的开发场景中设置圆形的用户头像，而头像的原始图片需要从后台服务器中通过网络加载出来），那么此时可在 xml 布局中先写好一个 ImageView，上层 Java 代码从服务器读取一个头像的字节，将其转化为 Bitmap，然后通过 RoundedBitmapDrawable 把 Bitmap 处理成圆形（drawable），接着再设置到 ImageView 中，这种开发场景就可以简单地使用 RoundedBitmapDrawable。

② 如果对图形的 UI 设计要求变得复杂，需要的不是一个简简单单的圆形图，而是增加边框、边线厚度、边线颜色等，且不同的圆图要有一定的遮盖，那么这种情况就不再适合用 RoundedBitmapDrawable 了，而更适合用 CircleImageView 做高度定制化的特性开发。

1.5 ImageView 的 setImageLevel 和 level-list

在 Android 开发中，有时候需要对一个 ImageView 设置很多不同图片以表示某种应用的实时状态。典型的比如当前手机所处移动通信网络的信号强度，信号的强度从强到弱有多种不同的状态。还比如 WiFi 的连接状况，有解锁和未解锁的连接状态，解锁和未解锁状态下信号强弱度图标也有很多种不同图片区分。

试想如果每次都通过 ImageView 设置图片源来达到这一目的，实在是太过于繁琐，且维护和管理起来也不便。因此，可以间接通过使用 ImageView 的 setImageLevel 和 level-list 实现这一目的。

如图 1-9 所示有 10 种不同类型的手机信号表示状态图标，且预先把这些图标放到 res/drawable 资源目录文件夹下。

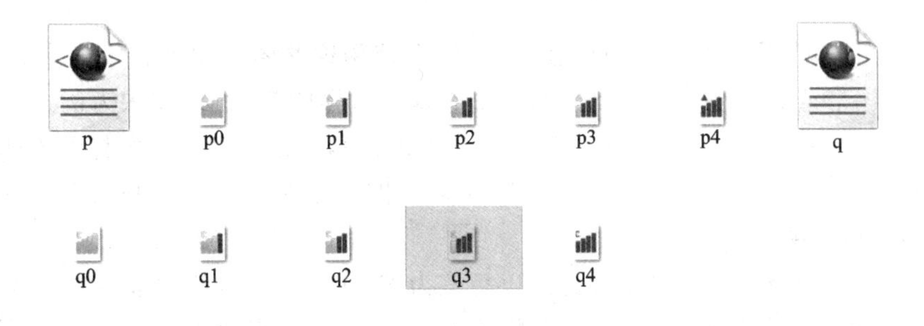

图 1-9 展示不同层次类型的图片资源

然后分类写两个 level-list：p. xml 和 q. xml，这两个 xml 文件都放到 res/drawable 目录下。其中，p. xml 代码文件如下：

```
<level-list xmlns:android="http://schemas.android.com/apk/res/android">
    <item android:maxLevel="0" android:drawable="@drawable/p0" />
    <item android:maxLevel="1" android:drawable="@drawable/p1" />
    <item android:maxLevel="2" android:drawable="@drawable/p2" />
    <item android:maxLevel="3" android:drawable="@drawable/p3" />
    <item android:maxLevel="4" android:drawable="@drawable/p3" />
</level-list>
```

相应地，q. xml 的代码文件如下：

```
<level-list xmlns:android="http://schemas.android.com/apk/res/android">
    <item android:maxLevel="0" android:drawable="@drawable/q0" />
    <item android:maxLevel="1" android:drawable="@drawable/q1" />
    <item android:maxLevel="2" android:drawable="@drawable/q2" />
    <item android:maxLevel="3" android:drawable="@drawable/q3" />
    <item android:maxLevel="4" android:drawable="@drawable/q4" />
</level-list>
```

然后，上层 Java 代码就可以灵活调控一个 ImageView 显示的状态效果了。如果要使一个 ImageView 显示 q3 的图标，那么通过 Java 代码就可以轻松实现。

```
ImageView image = (ImageView)findViewById(R.id.image);
image.setImageResource(R.drawable.q);
image.setImageLevel(3);
```

这样的实现手段，非常容易实现上层 Java 代码动态控制图片的显示，且针对业务逻辑的可编程性强，仅仅通过一个常数值 0、1、2 等，即可实现调控状态图片的目的。

1.6 红色小圆球样式的新消息提醒

接下来，本节将整合前几节的技术点，综合使用这些图形图像技术。作为演练，实现一些图形绘制效果，以来电提醒、新消息提醒这样的 UI 绘制需求为例。

现在的一些 App，通常会在有新消息到来的时候，在一个 icon 图标的右上角显示一个小圆球，如即时通信类的 App，新消息如果有很多条，红色小圆球将显示新消息的数目，以提醒用户。

手机的系统级的应用更是如此。以短信为例，如果有新短信到来，而用户没有查看，系统就会在短信图标 icon 的右上角显示红色小圆球，圆球里面是未读的消息条目，如图 1-10 所示。

这种效果的图像实现方式主要有三个途径。

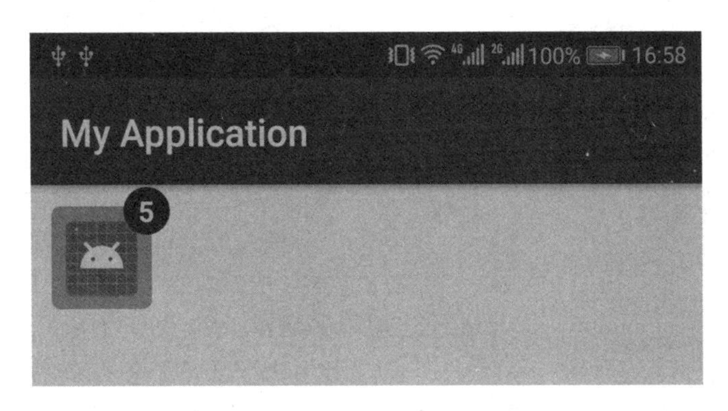

图 1-10　红色小圆球新消息提醒

① 重写 View 的 onDraw()。

② 写布局文件实现。使用 xml 布局文件实现，主要利用 FrameLayout 布局的覆盖特性实现上述功能。随意放置一个图片以代表 icon 图标，本例以 Android Studio 自动携带的 ic_luancher.png（也就是 Android 小机器人）图片为例。将 ic_launcher 作为一个 ImageView 的源，然后将此 ImageView 处理成圆角图（不是本例的重点）。

③ 写一个常规的 TextView，此 TextView 以一个红色圆作为背景，然后堆叠到父 FrameLayout 上。

实现上述思路的代码文件，即 res/layout 目录下的 round_corner_imageview.xml 如下：

```
<FrameLayout xmlns:android = "http://schemas.android.com/apk/res/android"
    android:layout_width = "wrap_content"
    android:layout_height = "wrap_content"
    android:layout_margin = "1dp">

    <ImageView
        android:id = "@ + id/imageView"
        android:layout_width = "wrap_content"
        android:layout_height = "wrap_content"
        android:layout_margin = "10dip"
        android:background = "@drawable/round"
        android:src = "@mipmap/ic_launcher" />

    <TextView
        android:layout_width = "25dip"
        android:layout_height = "25dip"
        android:layout_gravity = "right|top"
        android:background = "@drawable/tips_circle"
```

```
        android:gravity = "center"
        android:text = "5"
        android:textColor = "@android:color/white"
        android:textSize = "15dip"
        android:textStyle = "bold" />

</FrameLayout>
```

round_corner_imageview. xml 经过加载后显示的效果即为图 1 - 10 的效果图。round_corner_imageview. xml 是一个以 FrameLayout 为根的布局文件。ImageView 装载一张图片，此 ImageView 的背景处理成圆角的背景图，然后此 ImageView 放到 FrameLayout 里面。

接着把一个 TextView 放到 FrameLayout 右上角的位置，而此 TextView 的背景是圆形，从而制造出一个红色提醒小球。这个红色且正中显示白色数字 5 的圆形球，其实是一个普通 TextView，只不过该 TextView 的背景衬了一个红色圆形图。由于 FrameLayout 布局的堆叠、覆盖特性，所以 TextView 将把下面的 ImageView 遮罩住，这样就形成了一个突出的红色小圆球，并且球里面可以显示数字。

round_corner_imageview. xml 依赖两个 xml 资源文件，其分别是 drawable 目录下的 round. xml 和 tips_circle. xml。

(1) round. xml

round. xml 实现一个有颜色的圆角矩形，圆角的 radius 值为 5 dip。

```
<? xml version = "1.0" encoding = "UTF - 8"? >
<shape xmlns:android = "http://schemas.android.com/apk/res/android" >

    <!-- 填充颜色值 -->
    <solid android:color = "#FFA500" />

    <!-- radius 值越大，越趋于圆形 -->
    <corners android:radius = "5dip" />

    <!-- 圆角图像内部填充四周的大小 ，将会以此挤压内部布置的 view -->
    <padding
        android:bottom = "3dip"
        android:left = "3dip"
        android:right = "3dip"
        android:top = "3dip" />

</shape>
```

单独的 round. xml 图形绘制结果如图 1 - 11 所示。

图 1-11 独立的 round. xml 绘制结果

android:radius 的属性控制圆角大小，如果 android:radius 的值设置成一个比较大的数值，那么图 1-11 就变成了一个圆形。通常可以利用 android:radius 这一属性，制造各种弧度的圆角矩形，甚至最终使圆角矩形更圆润，最终成为一个圆。

(2) tips_circle. xml

tips_circle. xml 代码文件内容如下：

```
<? xml version = "1.0" encoding = "utf - 8"? >
<shape xmlns:android = "http://schemas.android.com/apk/res/android"
    android:shape = "oval"
    android:useLevel = "false">
     <solid android:color = "#FF0000" />
</shape >
```

tips_circle. xml 单独加载显示的效果如图 1-12 所示。

尽管 tips_circle. xml 本意只是一个红色的椭圆，但是在前面设置 TextView 的时候，特意把 TextView 的宽、高均限制成相同的值：

```
android:layout_width = "25dip"
android:layout_height = "25dip"
```

那么此时的椭圆也会表现成一个完全的圆球。

至此，如果想实现像短信那样的未读消息提醒，直接控制 TexView 的 setVisibility 参数为 GONE 或者 VISIBLE 即可。在 VISIBLE 情况下，设置 TextView 的数

图 1-12　tips_circle.xml 独立加载，显示椭圆

字，其即为未读消息的数目，本例给 TextView 设置的是 5。

1.7　小　结

本章中的很多图形图像是用 Java 代码创建的，然而要知道的是，创建图像形状未必都得使用 Java 代码实现，xml 代码一样可以实现。至于是用 Java 代码创建还是用 xml 代码文件创建，需要根据实际的情况作出技术路线的选择。通常认为，xml 代码文件创建的图形图像易于维护和管理，松耦合，并且可以实现复杂多变的图形；而 Java 代码在源文件层面创建图形图像则是一件比较自然的事情，毕竟 Android 编程开发最频繁、最经常、最重要的就是 Java 代码编程了，这也是广大 Android 开发者熟悉的。但是直接在 Java 代码中创建图形，实现起来可能要写更多、更重的代码，且后期维护也是一个问题。

程序设计中很重要的复用原则：一处编写，多处使用。但很多程序模块中的代码实现、代码段和块却是“一次性消费品”：代码仅仅适用于这一处，不具备通用性，即离开这个地方，代码就没用了。比如像绘制一个基础的圆角矩形，并且这个圆角矩形不存在被其他代码和模块复用的可能，也就是一个一次性消费的“即用即走”型图形，那么就没必要创建一个单独的 xml 代码文件写圆角矩形了，譬如可以直接在上层的 Java 代码中用 PaintDrawable 设置圆角度数作出一个圆角矩形，这样简单、灵活。而多写一个 xml 文件，不仅给 apk 增加体量，还得绞尽脑汁避免重名，把文件名字取得有意义。

更何况，每在 res/drawable 目录下多堆放一个 xml 文件，就会为后期的代码维护带来麻烦，因为当项目工程越来越庞大时，res/drawable 目录下的 xml 代码文件数量也越来越多。当开发团队的成员越来越多时，res/drawable 目录下 xml 代码文件急速膨胀，这些 xml 布局文件越来越难以溯源，而项目的代码和需求在不断增删，有些 xml 废弃不用，或者有新的替代实现。这时候，多余无用的 xml 像僵尸一样躺在 res/drawable 目录中，虽然被废弃了，但是后期跟进的开发者又不敢轻易删除，因为无法跟踪这些僵尸 xml 代码文件的来龙去脉。就这样日积月累，僵尸 xml 代码文件越来越多，apk 的瘦身工作变得积重难返。

另外，一些复杂的图形图像，仅仅在上层依靠 Java 代码，实现起来极其复杂，并且可能有些情况下 Java 代码无法实现，而此时 xml 代码文件可能是最优解方案。因此，鉴于这种情况，开发者在某一个具体的图形图像实现中要好好权衡，综合考量选择 Java 代码还是 xml 代码文件实现。

第2章

图形图像渲染的梯度渐变

渲染器 Shader 是计算机图形图像学中的一个重要概念。渲染器常用来绘制颜色的深浅渐变过渡和颜色深浅梯度变化。一定的颜色值，经过 Shader 处理后，在视觉上呈现出一定的明暗过渡纹理。Android 中常见的 Shader 渲染器有三种：线性梯度渐变渲染器 LinearGradient、扫描梯度渐变渲染器 SweepGradient，以及放射环状梯度渐变渲染器 RadialGradient。本章将分节介绍这三种梯度渐变渲染器。

2.1 线性梯度渐变渲染器 LinearGradient

Android LinearGradient 是 Android 的线性梯度渐变渲染器。本节介绍 5 个 LinearGradient 线性渐变渲染器渲染后的 View 表现以演示结果。其中，LinearGradient 1、2、3 只是修改渲染器的渲染模式，LinearGradient 1 为重复（repeat）模式，LinearGradient 2 为镜像（mirror）模式，LinearGradient 3 为拉伸（clamp）模式。注意，LinearGradient 3 在拉伸模式下，如果设定的 LinearGradient 不足以渲染整个画面，那么将拉伸最后一个颜色（本节写的这个例子是蓝颜色 Color.BLUE）。

线性渐变的构造函数原型定义：

```
publicLinearGradient(float x0, float y0, float x1, float y1, @NonNull @ColorInt int colors[], @Nullable float positions[], @NonNull TileMode tile);
```

浮点参数值 x0 代表线性渐变开始的起点 x 坐标位置。

浮点参数值 y0 代表线性渐变开始的起点 y 坐标位置。

浮点参数值 x1 代表线性渐变结束的 x 坐标位置。

浮点参数值 y1 代表线性渐变结束的 y 坐标位置。

坐标点（x0，y0）即是线性渐变开始的渐变坐标点位置，坐标点（x1，y1）即是线性渐变结束的坐标点位置。

浮点数组 colors 代表一组线性渐变颜色。

浮点数组 positions 设置 colors 数组里面颜色的位置。一般，可把 positions 设为 null，那么颜色将线性均匀地铺展开。

参数 tile 代表平铺模式。

LinearGradient 4 和 5 则只是为了演示构造 LinearGradient 的 float x0、float y0、float x1、float y1 在复杂设置后形成的画面渲染效果。

以 LinearGradient 4 为例，如果设定 $x_0=0$，$y_0=0$，$x_1=300$，$y_1=300$，那么就是从左上角往右下角沿这个 300×300 的正方形的左上向右下对称轴渲染。

写一个自定义 View，在 View 的 onDraw 里面使用渲染器，绘制结果说明以上内容。

自定义一个 LinearGradientView，这个 LinearGradient 继承自 View，代码如下：

```
public classLinearGradientView extends View {
......
public LinearGradientView(Context context) {
    super(context);

        linearGradient1 = new LinearGradient(0, 0, 300, 0, new int[]{Color.RED, Color.YELLOW, Color.BLUE}, null, Shader.TileMode.REPEAT);
        paint1 = new Paint();

        linearGradient2 = new LinearGradient(0, 0, 300, 0, new int[]{Color.RED, Color.YELLOW, Color.BLUE}, null, Shader.TileMode.MIRROR);
        paint2 = new Paint();

        linearGradient3 = new LinearGradient(0, 0, 300, 0, new int[]{Color.RED, Color.YELLOW, Color.BLUE}, null, Shader.TileMode.CLAMP);
        paint3 = new Paint();

        linearGradient4 = new LinearGradient(0, 0, 300, 300, new int[]{Color.RED, Color.YELLOW, Color.BLUE}, null, Shader.TileMode.REPEAT);
        paint4 = new Paint();

        linearGradient5 = new LinearGradient(0, 300, 300, 0, new int[]{Color.RED, Color.YELLOW, Color.BLUE}, null, Shader.TileMode.REPEAT);
        paint5 = new Paint();
    }

    @Override
    protected void onDraw(Canvas canvas) {
        super.onDraw(canvas);

        int left = 10, top = 20, right = 0, bottom = 0;
        // 渲染到 View 的最右边
        right = this.getWidth() - left;
```

```
        // 渲染的每一个矩形高度，也可以简单理解为坐标系的结束值 y
        bottom = this.getHeight() / 5;

        // 线性渲染器 1
        paint1.setShader(linearGradient1);
        Rect rect1 = new Rect(left, top, right, bottom);
        canvas.drawRect(rect1, paint1);

        top = top + bottom;

        // 线性渲染器 2
        paint2.setShader(linearGradient2);
        Rect rect2 = new Rect(left, top, right, bottom * 2);
        canvas.drawRect(rect2, paint2);

        top = top + bottom;

        // 线性渲染器 3
        paint3.setShader(linearGradient3);
        Rect rect3 = new Rect(left, top, right, bottom * 3);
        canvas.drawRect(rect3, paint3);

        top = top + bottom;

        // 线性渲染器 4
        paint4.setShader(linearGradient4);
        Rect rect4 = new Rect(left, top, right, bottom * 4);
        canvas.drawRect(rect4, paint4);

        top = top + bottom;

        // 线性渲染器 5
        paint5.setShader(linearGradient5);
        Rect rect5 = new Rect(left, top, right, bottom * 5);
        canvas.drawRect(rect5, paint5);
    }
}
```

把 LinearGradientView 作为一个普通 View 加载启动后，显示的绘图结果如图 2-1 所示。

图 2-1 的 LinearGradientView 放置了一组不同渲染效果，作为对比，可以更直

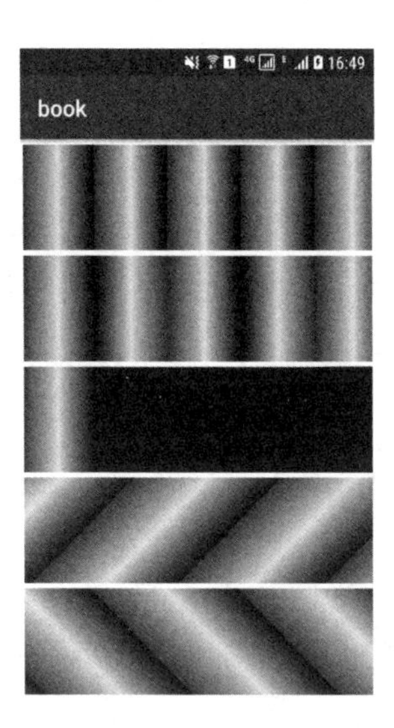

图 2-1　线性渲染器加载后显示的图形

观地看到不同代码实现的异同。

渲染器 Shader. TileMode 平铺模式下有 3 种渲染样式:CLAMP、MIRROR、REPEAT 。

LinearGradient 的构造函数有多个,在前文中,使用 LinearGradient 构造函数初始化 LinearGradient 对象时,是使用 LinearGradient 下面的这个构造函数:

```
    publicLinearGradient(float x0, float y0, float x1, float y1, @NonNull @ColorInt int
colors[],@Nullable float positions[], @NonNull TileMode tile)
```

该 LinearGradient 构造函数所绘制的图像在(x0,y0)与(x1,y1)这两个 Android 坐标点之间划分的矩形区域内绘制图像,LinearGradient 构造函数最后一个参数(TileMode tile),配置渲染器所采取的绘制模式。TileMode 取以下值时,表示不同的渲染模式。

- Shader. TileMode. CLAMP:边缘部分拉伸模式。此种模式下,渲染器将拉伸边缘的像素,使其填满剩余区域。
- Shader. TileMode. MIRROR:镜像模式,类似于平面镜的互相对称反射。这种绘制模式的最大特点是对称,反复对称的渲染着色绘制。比如,以绘制字母 p 为例,镜像模式下,绘制出来的图像序列依次是 pqpqpqpqpqpqpq 这样无限循环下去。
- Shader. TileMode. REPEAT:重复模式,即反复的复制行为渲染。复制是在水平和垂直方向的重复,紧邻的图像之间没有过渡间隙。

2.2　扫描梯度渐变渲染器 SweepGradient

SweepGradient 是 Android 的扫描梯度渐变渲染器。SweepGradient 的使用,重

点在于构造 SweepGradient 的中心点选择。SweepGradient 扫描渐变是和角度密切相关的渐变模式，它以一个点为渐变圆心，根据角度的大小，从 0 开始，像雷达一样扫描 0～n 弧度范围，在 0～n 弧度区间内，进行颜色的梯度渐变。

SweepGradient 围绕中心原点开始进行梯度渐变的扫描渲染绘图。其具体的实现，和本章第 1 节相同，先继承自一个 View，然后在该自定义 View 里面实现 onDraw。

在 onDraw 里面创建一个 SweepGradient，由于 onDraw 需要画笔 Paint，由此把构建好的梯度渐变扫描渲染 SweepGradient 传递进去，然后此时的问题就转化为普通的绘图事务。实现一个自定义的 SweepGradientView，该 SweepGradientView 关键代码 onDraw 重写后如下：

```
@Override
protected void onDraw(Canvas canvas) {
    super.onDraw(canvas);

    mSweepGradient = new SweepGradient(this.getWidth() / 2,
        this.getHeight() / 2, new int[]{Color.TRANSPARENT,
        Color.RED, Color.TRANSPARENT,
        Color.YELLOW, Color.BLUE}, null);
    mPaint = new Paint();
    mPaint.setAntiAlias(true);

    mPaint.setShader(mSweepGradient);

    canvas.drawCircle(this.getWidth() / 2, this.getHeight() / 2, 300, mPaint);
}
```

把自定义的 SweepGradientView 作为普通 View 装载使用，呈现的最终结果如图 2-2 所示。

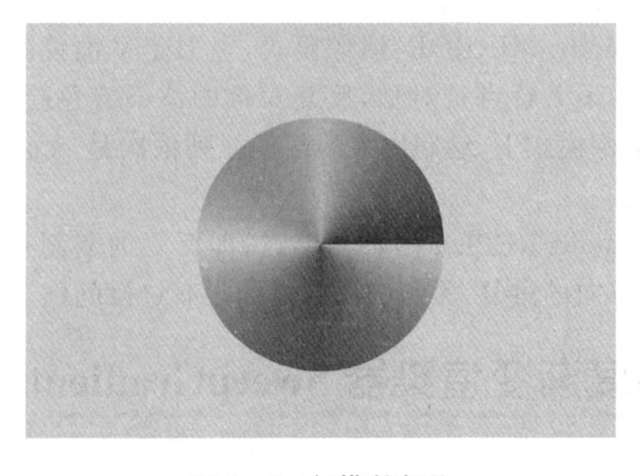

图 2-2　扫描渐变图

图 2-2 的扫描渐变是围绕一个圆心形成扫描状态的渐变。

2.3 放射环状梯度渐变渲染器 RadialGradient

Android 的 RadialGradient 渲染器提供一种环状、发散、以中心为原点的放射状的梯度渐变渲染器。

本例仍使用前几节的方案，自定义一个 View，然后在 onDraw 里面使用 RadialGradient。自定义的 RadialGradientView.java 关键代码如下：

```
privatePaint mPaint = null;
private float radius = 480;
private RadialGradient mRadialGradient = null;

@Override
protected void onDraw(Canvas canvas) {
    super.onDraw(canvas);

    mRadialGradient = new RadialGradient(this.getWidth() / 2,
        this.getHeight() / 2, radius, new int[]{Color.RED,
        Color.TRANSPARENT, Color.BLACK}, null,
        Shader.TileMode.CLAMP);

    mPaint = new Paint();
    mPaint.setAntiAlias(true);

    mPaint.setShader(mRadialGradient);

    canvas.drawCircle(this.getWidth() / 2, this.getHeight() / 2, radius, mPaint);
}
```

RadialGradientView 装载作为一个 View 后呈现的视图结果如图 2-3 所示。

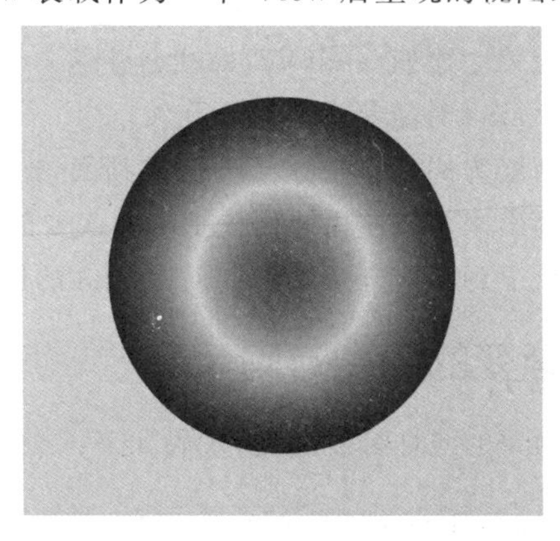

图 2-3 放射环状的渐变

构建 RadialGradient 首先要选定中心原点。RadialGradient 构造函数中传递了三个颜色值：Color. RED（红）、Color. TRANSPARENT（透明）和 Color. BLACK（黑）。由于没有设置 stops 的有效系数值（stops=null），所以 RadialGradient 就均匀地绘制梯度渐变颜色纹理。

2.4 xml 配置线性梯度渐变

在前几节中，梯度渐变的处理均基于上层 Java 代码编程实现了三种渐变效果。可以看到，虽然 Java 代码实现的方式并不是很复杂，但是也略显臃肿，尤其是图像效果日趋复杂后，后期的代码维护将变得棘手。实际上，Android 提供了以 xml 方式配置渐变的实现过程，而 xml 方式的代码布局文件实现各种形式的渐变比较灵活且易于代码管理。下面就介绍如何基于 xml 的 shape 资源文件定义各种渐变实现代码。

Android 的 shape 下，有专门的 gradient 属性配置。先看看 Android 关于 gradient 的关键属性定义：

```
<gradient
    android:angle = "integer"
    android:centerColor = "integer"
    android:centerX = "integer"
    android:centerY = "integer"
    android:endColor = "color"
    android:gradientRadius = "integer"
    android:startColor = "color"
    android:type = ["linear" | "radial" | "sweep"]
    android:useLevel = ["true" | "false"] />
```

这是关于 gradient 的大而全的属性字段定义文档。实际开发中，定义不同渐变效果的时候有些属性字段会失效。换句话说，就是在定义某一种特定渐变效果时，并不是所有属性都得一一配置。比如，android:useLevel 这一属性通常用不上，可以删掉不用，在 LevelListDrawable 时需要启动这个开关。

因此本节先以线性渐变为例，从点到线，再从线到面，把一个线性渐变涉及的关键因素从主要到次要分拣出来加以使用。而先把一些次要的或者不会涉及的属性搁置一边，从简单到复杂、从少到多地分解学习如何以 xml 的形式配置渐变。

2.4.1 线性梯度渐变的角度方向

现在先实现一个最简单的线性梯度渐变，代码如下：

```
<? xml version = "1.0" encoding = "UTF - 8"? >
<shape xmlns:android = "http://schemas.android.com/apk/res/android"
```

```
        android:shape = "rectangle">

        <gradient xmlns:android = "http://schemas.android.com/apk/res/android"
            android:angle = "0"
            android:centerColor = "@android:color/holo_orange_light"
            android:endColor = "@android:color/holo_blue_light"
            android:startColor = "@android:color/holo_red_light"
            android:type = "linear" />
</shape>
```

把这个 shape 作为一个背景资源衬，显示的效果如图 2-4 所示。

配置 gradient 的 xml 实现，首先需要设置该种渐变是何种类型，本例是线性渐变，所以设定 android:type 为 linear(线性)。图 2-4 实现的是红色→黄色→蓝色的渐变。红、黄、蓝三种色系从左往右水平方向渐变。为什么是从左往右而不是从右往左呢？决定渐变方向的是 angle 属性字段：android:angle="0"。

angle 的角度值为 0，即为从左往右。其实 angle 为 0 可以不用写，因为当 type 为 linear 线性的时候，angle 的默认值就是 0，即从左往右渐变。那如果想实现红色→黄色→蓝色的渐变是在水平方向从右往左呢？那就需要设置 angle 的值为 180。

① 当 angle=180 时，线性渐变的效果如图 2-5 所示。

图 2-4　xml 代码文件配置的线性渐变

图 2-5　从右往左的渐变

angle 取值 0 或者 180，决定渐变的方向是水平地从左往右，还是从右往左。angle 字段如果设置成 45 的倍数：45、90、135、180、270，那么渐变的过程，将会从水平线的左边，且再逆时针旋转 angle 度的方向开始渐变，不同 angle 角度设置相应不同的渐变过程。下面配图加以说明。

② 当 angle=45 时，线性渐变方向如图 2-6 所示。

当 angle=45 时，红黄蓝线性渐变从左开始以逆时针旋转 45°斜向上渐变。

③ 当 angle=90 时，线性渐变方向如图 2-7 所示。

图 2-6　angle=45 的线性渐变方向

图 2-7　angle=90 的线性渐变方向

当 angle=90 时，逆时针旋转 90°也就是正下方，于是红黄蓝线性渐变从下方往上方垂直渐变。

④ 当 angle=135 时，线性渐变方向如图 2-8 所示。

当 angle=135 时，逆时针旋转 135°也就是右斜下方，红黄蓝线性渐变从右斜下方往左斜上方渐变。

⑤ 当 angle=270 时，线性渐变方向如图 2-9 所示。

当 angle=270 时，效果刚好和 angle=90 相反，红黄蓝线性渐变是从上往下垂直线性渐变。

⑥ 当 angle=315 时，线性渐变方向如图 2-10 所示。

当 angle=315 时，红黄蓝线性渐变从左斜上方往右斜下方渐变。

图 2-8　angle=135 的线性渐变方向

图 2-9　angle=270 的线性渐变方向

图 2-10　angle=315 的线性渐变方向

2.4.2　椭圆形的线性渐变

本节的前面几个图形例子是矩形的渐变，如果 shape 的类型设置成椭圆形，渐变的原理仍然相同。其代码如下：

```
<?xml version="1.0" encoding="UTF-8"?>
<shape xmlns:android="http://schemas.android.com/apk/res/android"
    android:shape="oval">

    <gradient xmlns:android="http://schemas.android.com/apk/res/android"
        android:angle="45"
        android:centerColor="@android:color/holo_orange_light"
        android:endColor="@android:color/holo_blue_light"
        android:startColor="@android:color/holo_red_light"
        android:type="linear" />
</shape>
```

代码运行后的结果如图 2-11 所示。

可以看到，配置了 android:shape="oval"后，原来的矩形变成椭圆形图案，而渐变的方向没有改变，仍然是从左斜下方的 45°往右斜上方线性渐变。

图 2-11　椭圆形的线性渐变

2.4.3　梯度渐变的开始、中间、结束颜色

在本节的前面，可以看到在 xml 配置了 startColor、centerColor、endColor 三个重要属性。顾名思义，这三个属性分别是渐变的开始颜色、中间颜色、结束颜色，它们的值决定了在颜色渐变过程中经历的色彩梯度变化。其中，centerColor 可以不用配置。如果没有 centerColor，那么渐变的颜色就简化成从 startColor 过渡到 endColor。以一个常见的分割线为例，从透明渐变到黑色，然后再渐变到透明，如下面代码所示：

```
<? xml version = "1.0" encoding = "UTF-8"? >
<shape xmlns:android = "http://schemas.android.com/apk/res/android"
    android:shape = "rectangle">

    <gradient xmlns:android = "http://schemas.android.com/apk/res/android"
        android:angle = "0"
        android:centerColor = "@android:color/black"
        android:endColor = "@android:color/transparent"
        android:startColor = "@android:color/transparent"
        android:type = "linear" />
</shape>
```

代码运行后，效果如图 2-12 所示。

图 2-12 是一个矩形 shape，如果需要把它定制化成一条线，那么只需要控制引

图 2-12　从透明渐变到黑色,再渐变到透明

用这个 shape 的高度即可。当把引用这个 shape 的 View 高度限定到 20 px 时,显示效果如图 2-13 所示。

图 2-13　从透明渐变到黑色,再从黑色渐变成透明,高度为 20 px 的渐变线

2.5　xml 配置放射状梯度渐变

当 android:type 设置属性为 radial 时,通过 xml 代码配置文件写成的 shape 图像形状,将是一个呈现从中心往周边外围放射渐变的图像,中心点颜色最重、最浓,越往外向周边渐变,颜色越淡。放射状梯度渐变从中心圆点开始,往外层渐变过渡。在 xml 中配置放射状梯度渐变需要关注两个重要属性:半径(gradientRadius)和圆心(centerX 与 centerY)。

2.5.1　gradientRadius

放射状梯度渐变的 gradientRadius 决定渐变的尺度,渐变需要在一定的长度范围内完成,就像放射状元素的放射衰变是在一定年限内完成的一样。在 xml 代码配置文件中定义 shape(形状),配置 shape 的属性 gradientRadius,放射状梯度渐变将在 gradientRadius 里面完成,如下面代码所示:

```
<? xml version = "1.0" encoding = "UTF - 8"? >
<shape xmlns:android = "http://schemas.android.com/apk/res/android">

    <gradient xmlns:android = "http://schemas.android.com/apk/res/android"
        android:centerColor = "@android:color/holo_orange_light"
        android:endColor = "@android:color/holo_blue_light"
        android:gradientRadius = "100dp"
        android:startColor = "@android:color/holo_red_light"
        android:type = "radial" />
</shape>
```

运行代码,演示的效果如图 2-14 所示。

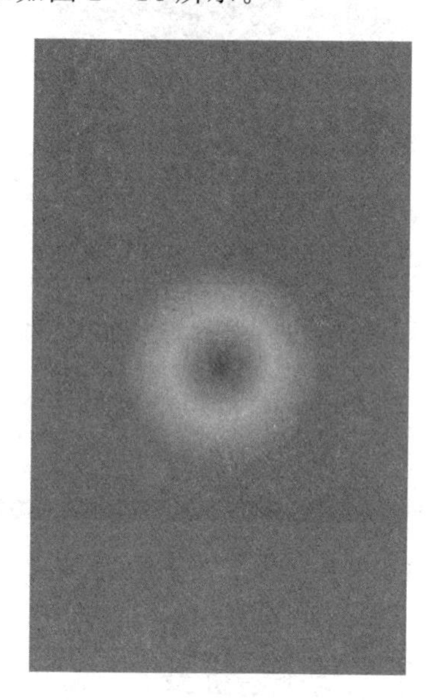

图 2-14 gradientRadius 为 100 dp 的渐变

注意,此处没有设置 centerX 与 centerY 的值,centerX 与 centerY 的值默认为 0.5。下面小节将介绍放射的圆心位置 centerX 与 centerY。

2.5.2 centerX 与 centerY

centerX 与 centerY 决定放射状梯度渐变以什么位置为圆心(中心点)往外放射。如果开发者不设置 centerX 与 centerY,那么 Android 系统将默认的 centerX 与 centerY 设置成 0.5。0.5 的位置表示中间位置。

centerX 与 centerY 设置的值是介于 0 到 1 之间的浮点数。

- centerX 表示水平方向的坐标轴上,即从手机屏幕的最左边开始到最右边,centerX 的值从 0 递增到 1。
- centerY 表示垂直方向的坐标轴上,即从手机屏幕的最顶部开始到最底部,centerY 的值从 0 递增到 1。

通过组合不同的 centerX 和 centerY 值，可以实现若干种典型的基于不同圆心位置的放射状梯度渐变效果。

① 当 centerX=0，centerY=0 时，显示效果如图 2-15 所示。

此时，圆心位置在图形的左上角。

② 当 centerX=0，centerY=0.5 时，显示效果如图 2-16 所示。

图 2-15　centerX=0，centerY=0 时的圆心位置

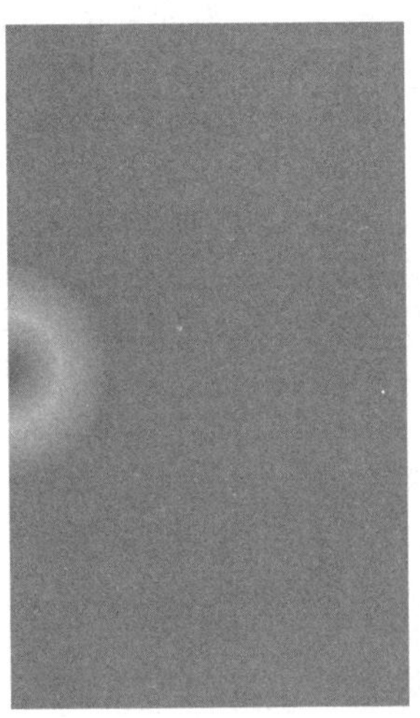

图 2-16　centerX=0，centerY=0.5 时的圆心位置

此时，圆心位置在左侧的中心位置。

③ 当 centerX=1，centerY=0 时，显示效果如图 2-17 所示。

此时，圆心位置处于最右上角。

④ 当 centerX=1，centerY=1 时，显示效果如图 2-18 所示。

图 2-17　centerX=1，centerY=0 时的圆心位置

图 2-18　centerX=1，centerY=1 时的圆心位置

此时的圆心位置在最右下角。

2.6 xml 配置扫描形梯度渐变

有了前一节介绍的 centerX 与 centerY 等基础知识后，sweep 扫描形梯度渐变就容易理解和使用。当配置了 android:type="sweep"时，渐变效果即为扫描形梯度渐变。sweep 扫描形梯度渐变要注意一个关键知识点是圆心位置，而圆心位置由 centerX 与 centerY 决定，如下面代码所示：

```
<? xml version = "1.0" encoding = "UTF - 8"? >
<shape xmlns:android = "http://schemas.android.com/apk/res/android">
    <gradient xmlns:android = "http://schemas.android.com/apk/res/android"
        android:centerColor = "@android:color/holo_orange_light"
        android:centerX = "0.5"
        android:centerY = "0.5"
        android:endColor = "@android:color/holo_blue_light"
        android:startColor = "@android:color/holo_red_light"
        android:type = "sweep" />
</shape>
```

代码运行的效果如图 2-19 所示。

因为 centerX=0，centerY=0，所以图 2-19 的圆心位置为水平和垂直两个方向的正中点，以圆心位置所在的水平线方向右侧开始，顺时针开始扫描形梯度渐变。

如果改变 centerX 和 centerY 的值，那么扫描的圆心位置将发生变化，而扫描的模式依然相同，如图 2-20 所示。

由于 centerX=0.5，所以水平方向上仍是中心位置，但是 centerY=0.2，即垂直方向上的 0.2 处，这导致圆心位置上移到 0.2 处。如果 centerY=0.8，那么扫描的圆心如图 2-21 所示。

图 2-21 和图 2-20 展示了调整 centerY 值将导致扫描的圆心位置上、下偏移。

图 2-19　centerX 与 centerY 均为 0 时的扫描形梯度渐变

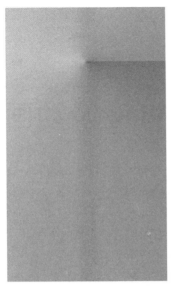

图 2-20　centerX=0.5,centerY=0.2 时的扫描形梯度渐变

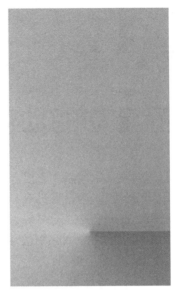

图 2-21　centerX=0.5,centerY=0.8 时的扫描形梯度渐变

2.7 小　结

Android 梯度渐变在拟物化的图形绘制中极为常见,通过颜色和纹理的梯度渐变,实现了逼真和精细的图形绘制。通常在 Android 项目开发的早期阶段,UI 或者 UI 交互团队会要求 App 组成的组件呈现出复杂多变和一定梯度的渐变效果,以达到更高的审美标准,如 App 的标题栏、按钮、分割线、背景颜色等,UI 的需求不是常规的一个恒定颜色值平铺渲染那么简单,因此需要使用 Android 提供的各种梯度渐变效果,以满足 UI 设计团队的需求。往往这些复杂的 UI 渐变效果,一种渐变方式(线性、放射和扫描)不能完全让人满意,实际中要综合使用若干种梯度渐变模式才可以。

但是当 Java 代码或者 xml 方式实现的梯度渐变遭遇复杂纹理渐变时,开发和维护起来颇费时间和精力。这导致在一些时间紧迫、任务重的 Android 项目开发中,整个团队为了能够快速实现版本的上线发布或迭代周期,干脆由 UI 设计团队给出现成的静态图如 png、jpg 等,由 UI 设计团队通过美术、绘图的技术完成高难度、复杂的图像渐变纹理和视觉呈现。但是要注意,这种图片不是由计算机代码动态绘制的,而是一些"死"的静态图(png、jpg 等),因此可能带来不同机型和系统的适配隐患。

而使用 Android 原生代码(Java 或 xml)方式实现的梯度渐变安全得多,其性能和加载效率也高很多。因此开发者要综合权衡两者的利弊,采取适合自己项目的技术解决方案。

第3章

由静至动的动态拖曳 View 及动画

过往静止、沉默的图形图像 View，在现在往往显得过于呆板。在用户体验至上的当今互联网时代，为追求更有趣味的 App 用户体验和感受，交互体验中引入了动态的动画和 View。这些动态的 App 设计和开发技术，为 App 增添了不少有趣的视觉和感官享受，成功的 App 开发者，会积极寻求动态 View 和动画的效果技术，以打造对用户更具吸引力的 App。

旧版 Android 有相应的实现动态 View 的动画呈现技术，但自 Android 3.0 开始，引入了属性动画 Property Animation。为什么要引入属性动画呢？Property Animation 属性动画是在过去 Android 动画解决技术方案如 Tween Animation 动画基础上演进而来的。在过去的 Android 开发中，Tween Animation 动画虽然也可以实现 alpha（透明）、scale（缩放）、rotate（旋转）、translate（位移），但是经由 Tween Animation 做出动画动作后的 View 自身并没有发生变化。比如通过 Tween Animation 的 alpha 把一个 View 半透明，但是 View 执行半透明后，一切又复原了，实际上 View 自身属性并未改变。然而，在某些开发场景中，开发者希望这种动画本身执行的结果直接“写入”，从而真实地改变 View 本身属性，因此 Android Property Animation 属性动画应运而生。

Android Property Animation 是 Android 从 3.0 以后引入的强大、完备和便捷的 Android 动画解决方案。本章将逐节介绍常见的透明、旋转、位移、缩放以及动画集的 Property Animation 属性动画实现方案，同时为了实现常见的 App 开发需要的动态 View 拖曳滑动技术，引出和介绍 ViewDragHelper 技术。

3.1 alpha：透明渐变属性动画

本节先以一个简单的透明渐变例子开始，编写代码实现一个 alpha 属性动画。在 Android 属性动画中，alpha 代表了一类透明渐变的动画展示效果。透明渐变动画改变一个 TextView 的透明度从 1→0.1→1→0.5→1，TextView 对象经历 4 次透明度渐变。浮点数 1 表示要求 View 完全不透明，0 表示完全透明，0.5 是半透明，换言之从 0→到 1，View 将从完全透明逐渐到完全不透明。关键代码片段如下：

```
    //此处将实现 alpha 属性动画的实际执行
private void startPropertyAnim() {
    //直接把 mTextView 这个 View 本身的透明度渐变
    //注意第二个参数:"alpha",标明了是透明度渐变属性动画
    //透明度变化从 1→0.1→1→0.5→1,mTextView 经历 4 次透明度渐变。1.0 是完全
    //不透明,0.0 是完全透明
    ObjectAnimator mObjectAnimator = ObjectAnimator.ofFloat(mTextView, "alpha", 1f,
        0.1f, 1f, 0.5f, 1f);

    mObjectAnimator.setDuration(5000);// 动画持续时间

    // 这里是一个回调监听,获取属性动画在执行期间的具体值
    mObjectAnimator.addUpdateListener(new AnimatorUpdateListener() {

        @Override
        public void onAnimationUpdate(ValueAnimator animation) {
            float value = (Float) animation.getAnimatedValue();
            //Log.d("动画的值", value + "");
        }
    });

    mObjectAnimator.start();
}
```

需要注意的是,动画的执行需要在 Android 应用的主线程中执行。从这个例子可见,属性动画的关键是构造 ObjectAnimator 的 ofFloat 方法。先传递给 ofFloat 方法需要处理的 Android 各种 View(如常见的 TextView 或 ImageView 类),然后选择合适的渐变值以及渐变使用时间 Duration 就轻松实现了属性动画。了解了渐变透明的属性动画实现后,接下来研究旋转属性动画。

3.2 rotation:旋转属性动画

旋转属性动画的目的是实现一个 View 的 360°旋转,顺时针旋转或者逆时针旋转均可。结合一个例子说明,给出旋转动画的关键实现代码:

```
private voidstartPropertyAnim() {
    // 第一个参数是执行动画的主体 View,本例是一个 TextView
    // 第二个参数"rotation"表明要执行的是旋转动画
    // 第三个参数,0f ~ 360f,旋转一定度,可以是负值,负值即为逆时针旋转,
    //正值是顺时针旋转
    // 此处实现把 TextView 从 0°顺时针旋转 360°
```

```
        ObjectAnimator mObjectAnimator = ObjectAnimator.ofFloat(mTextView,
            "rotation", 0f, 360f);

        // 动画的持续时间
        mObjectAnimator.setDuration(5000);

        // 动画执行时候的回调监听
        mObjectAnimator.addUpdateListener(new AnimatorUpdateListener() {

            @Override
            public void onAnimationUpdate(ValueAnimator animation) {
                float value = (Float) animation.getAnimatedValue();
                //Log.d("动画的值", value + "");
            }
        });

        // 正式开始启动动画
        mObjectAnimator.start();
    }
```

旋转属性动画和前一节的渐变透明属性动画基本一致,唯一不同的是构造 ofFloat 方法,用 rotation 设置本次属性动画为旋转类型的属性动画,前一节的渐变透明动画传递给 ofFloat 的是具体的 0 到 1 之间的浮点数,此次传递进去的是 0～360°的角度值。如构造函数:

```
ObjectAnimator.ofFloat(mTextView, "rotation", 0f, 360f);
```

其中,最后一个浮点参数值 360f 为正值,故这个旋转动画为顺时针旋转。若最后一个参数不为正值而是一个负值,旋转动画则逆时针旋转。

属性动画除了可以处理常见的周期性角度旋转效果外,还可以实现特定角度(水平角度和垂直角度)的位移。下节将介绍位移属性动画。

3.3 translation:位移属性动画

本节介绍常见的位移动画。位移分为水平方向上的位移和垂直方向上的位移。水平和垂直方向均是指沿 Android 屏幕的 x、y 坐标轴方向,x 坐标轴被约定为水平方向,y 坐标轴被约定为垂直方向。现给出一个例子,实现 TextView 在水平方向上的位移,关键代码段如下:

```
private voidstartPropertyAnim() {
    //x 轴方向上的位移动画
```

```
    float translationX = mTextView.getTranslationX();

    //向右移动一定量,然后再移动到原来的位置复位
    //参数“translationX”指明在 x 坐标轴位移,即水平位移
    ObjectAnimator mObjectAnimator = ObjectAnimator.ofFloat(mTextView,
        "translationX", translationX, 500f, translationX);

    //动画执行总时长
    mObjectAnimator.setDuration(5000);

    //回调监听
    //根据情况,如果需要监听动画执行到何种“进度”,那么就监听回调
    mObjectAnimator.addUpdateListener(new AnimatorUpdateListener() {

        @Override
        public void onAnimationUpdate(ValueAnimator animation) {
            float value = (Float) animation.getAnimatedValue();
            //Log.d("动画", value + "");
        }
    });

    //正式开始启动动画
    mObjectAnimator.start();
}
```

在构造 ObjectAnimator.ofFloat 方法时,传递的第二个参数为 translationX,即配置该次属性动画执行的方向为沿 x 坐标轴的水平方向。同理,如果配置此参数为 translationY,那么位移的方向将沿垂直方向。

3.4 scale:缩放属性动画

在前面介绍的位移属性动画中,引入了关键参数 translationX(或 translationY)。本节介绍 scale(缩放)属性动画,通过缩放属性动画把一个 View 沿 x 坐标轴方向或者 y 坐标轴方向进行缩放,最终实现一个 Android View 自身的放大或者缩小。本例实现一个在 Android 坐标平面上 y 坐标轴方向的缩放,例子的关键代码如下:

```
private voidstartPropertyAnim() {
    //将一个 TextView 沿 y 轴(垂直)方向先从原大小(1f)放大到 5 倍大小(5f),然后再变
    //回原大小
```

```
        ObjectAnimator mObjectAnimator = ObjectAnimator.ofFloat(mTextView, "scaleY",
1f, 5f, 1f);

        // 动画时长
        mObjectAnimator.setDuration(5000);

        // 动画回调监听
        mObjectAnimator.addUpdateListener(new AnimatorUpdateListener() {

            @Override
            public void onAnimationUpdate(ValueAnimator animation) {
                float value = (Float) animation.getAnimatedValue();
                //Log.d("动画", value + "");
            }
        });

        // 开始启动执行动画
        mObjectAnimator.start();
    }
```

ofFloat 的第二个参数为 scaleY,表明了该属性动画是一个沿 y 坐标轴方向的缩放,若其换成 scaleX,则该属性动画是沿 x 坐标轴方向的缩放。

3.5 AnimatorSet:属性动画集

本章前面的内容分别介绍了渐变透明、旋转、位移、缩放这几类 Android 开发中经常用到的属性动画技术,针对每一类动画(渐变透明、旋转、位移、缩放),给出简单短小的代码例子加以说明。这几类动画在前几节中都是单独的动画效果实现,比如透明渐变动画就专门在一个小节里面介绍单一的透明渐变效果,缩放动画也是在一个小节里面专门介绍缩放动画效果,换句话说,就是把每一种类型的属性动画效果实现分别放在一个单独的小节介绍。

但在 Android 的实际开发中,往往酷炫的动画效果不单单只有一种效果(只有一种透明渐变效果,或者只有一种缩放效果等)的实现,而是要同时,或者按照一定序列联合执行一组(一系列)的动画集,这就是 AnimatorSet 动画集。比如要求一个动画效果是:在透明渐变的同时进行放大或缩小的缩放(scale)动画,这一动画效果就复合(叠加)了两种类型的动画效果实现,一种是缩放属性动画,另一种是透明渐变属性动画,这称为动画集。Android 中用 AnimatorSet 描述这种复合、叠加的动画。平时开发需要实现的动画效果往往比较复杂。比如一个 Android 的 TextView,要求该 TextView 的动画做出以下动作:先水平位移若干距离(translation),然后渐变透明

(alpha),在渐变透明的同时,该 TextView 还将保持一定的旋转角度(rotation),最后执行缩放动画(scale)。

要实现上述动画效果,单单依靠具有某种动画属性的技术就无法完成,所以就需要引入 Android 的 AnimatorSet 属性动画集。

AnimatorSet 可以将上述各个动画片段作为一个子集加入到自己的集合序列中,按照一定的控制逻辑执行。

AnimatorSet 有如下 4 个比较关键的控制函数。

① with(Animator anim):现有动画和参数中的动画 anim 同时执行,此方法可同时执行若干动画。

② after(Animator anim):现有动画在传入的参数 anim 之后执行。换句话说,传入的参数 anim 将排在现在动画之前执行。

③ after(long delay):现有动画延迟 delay 毫秒后执行。

④ before(Animator anim):现有播放的动画将在 anim 之前执行。换句话说,传入的参数 anim 是随后将会执行的动画。

写一个代码例子加以说明,例子中的关键代码片段如下:

```
    private voidstartPropertyAnim() {
        // 透明渐变动画:1 完全不透明→0 完全透明→1 完全不透明
        ObjectAnimator anim1_alpha = ObjectAnimator.ofFloat(mTextView, "alpha", 1f, 0f, 1f);

        // 旋转动画:顺时针旋转 360°
        ObjectAnimator anim2_rotation = ObjectAnimator.ofFloat(mTextView, "rotation",
0f, 360f);

        float translationX = mTextView.getTranslationX();
        // 位移动画:水平右移然后复位
        ObjectAnimator anim3_translationX = ObjectAnimator.ofFloat(mTextView, "transla-
tionX", translationX, 500f, translationX);

        // 缩放动画:原大小→放大 5 倍→复原
        ObjectAnimator anim4_scaleY = ObjectAnimator.ofFloat(mTextView, "scaleY", 1f,
5f, 1f);

        AnimatorSet mAnimatorSet = new AnimatorSet();

        // 动画集持续时间为 10 s
        mAnimatorSet.setDuration(10000);

        // 动画执行的监听回调事件
        mAnimatorSet.addListener(new AnimatorListenerAdapter() {
```

```
        @Override
        public void onAnimationEnd(Animator animation) {
            // 动画结束
        }

        @Override
        public void onAnimationStart(Animator animation) {
            // 动画开始
        }
    });

    // 注意播放的顺序！动画一旦开始
    // 首先执行的是 anim3_translationX
    // 其次执行的是 anim1_alpha 和 anim2_rotation
    // anim1_alpha 和 anim2_rotation 将同时执行
    // 最后执行的是 anim4_scaleY

    mAnimatorSet.play(anim1_alpha).with(anim2_rotation).before(anim4_scaleY).after
                                            (anim3_translationX);

    // 正式启动属性动画集
    mAnimatorSet.start();
}
```

以上的这个属性动画集综合了几种各具特点的属性动画效果，将分散的特征属性动画联合编排在一起作为一个动画集执行，从而实现了复杂多变的动画效果。

3.6 ViewDragHelper:拖曳管控

本章前面几节介绍的属性动画属于 View 自身发生的动态动画效果。在一些人机交互如人与手机屏幕交互的场景中，属性动画虽是动画但也有无法完成的设计需求。属性动画虽然可以实现 View 自身的各种动态变化，但是在接收来自手机屏幕的交互事件输入并作出响应这方面表现很弱。比如，电影中的画面镜头时时刻刻发生精彩绚丽的动态变化，观众只能观看电影中的热闹场景，却不能通过手指触摸荧屏改变电影中的人物、情景等。具体在 Android 开发中，比如在手机屏幕上，一个展示图片的 ImageView 随着手指在手机屏幕上拖曳而发生相应的移动，这个设计需求若想通过属性动画实现则是十分困难和棘手的，甚至是不可能完成的任务。

在以往处理 Android 触控、滑动、拖曳等复杂屏幕事件时，不得不借助于各种 MotionEvent 事件，然后自己再写代码处理逻辑计算。这种情况下，屏幕坐标和手指动作解析事件过程复杂，代码量也十分可观，且极易出现细微差错。即使是一个简单的动作——手指在屏幕上滑动，仅仅对手指在屏幕上的坐标位置的位移改变计算，都要写一大堆代码，更不要说手指在屏幕上加速度上拉、下拉、左拉、右拉了，这些更是复杂。好在 Android 提供了一套新的 ViewDragHelper 技术，其专门用于处理屏幕的拖曳事件，这大大简化了拖曳事件的管控代码处理。

3.6.1 ViewDragHelper 初识

使用 ViewDragHelper 的步骤相对比较固定和简单。首先 ViewDragHelper 需要继承自一个 ViewGroup，原因在于开发者意图拖曳的 View 一般均处于某个 View 的组中(ViewGroup)。

ViewDragHelper 之所以能实现 View 组里面的子 View 拖曳，基本原理是基于 MotionEvent，在 Android 的屏幕触摸事件回调函数 onTouchEvent 中，解析 onTouchEvent 传回的 MotionEvent 对象，分析出有效的屏幕滑动事件。ViewDragHelper 进而通过监听、拦截屏幕的拖曳事件，然后进行子 View 的移动。

如果开发者想要实现一个 Android View 在手机屏幕上被用户拖曳着滑动，那么需要通过 ViewDragHelper 完成以下三步操作。

① 写一个自定义的 ViewGroup，通常这个自定义的 ViewGroup 可以直接继承自某个 layout。比如自己写一个 MyLayout，继承自线性布局 LinearLayout；或者直接继承自某个已经写好的 View，如 ImageView、TextView 等，可以节省更多工夫。

② 在 MyLayout 子类里面初始化 ViewDragHelper，在初始化 ViewDragHelper 的时候需要完成一个 ViewDragHelper. CallBack 回调函数。

③ ViewDragHelper. CallBack 回调函数里面若干个方法需要重写。

下面编写一个简单易读的 ViewDragHelper. CallBack 实现的代码例子。

首先写一个自定义的 ViewGroup，假设这个自定义的 ViewGroup 名字就叫 MyLayout，MyLayout 继承自 ViewGroup。MyLayout 中的关键代码片段如下：

```
public classMyLayout extends LinearLayout {
    private ViewDragHelper mVicwDragHelper;

    public MyLayout(Context context, AttributeSet attrs) {
        super(context, attrs);
        mViewDragHelper = ViewDragHelper.create(this, 1.0f, new ViewDragHelperCall-
                    back());
    }

    private class ViewDragHelperCallback extends ViewDragHelper.Callback {

        @Override
        public boolean tryCaptureView(View view, int pointerId) {
            return true;
```

```
            }

            @Override
            public int clampViewPositionHorizontal(View child, int left, int dx) {
                return left;
            }

            @Override
            public int clampViewPositionVertical(View child, int top, int dy) {
                return top;
            }

            @Override
            public void onViewDragStateChanged(int state) {
                super.onViewDragStateChanged(state);
            }
        }

        @Override
        public boolean onInterceptTouchEvent(MotionEvent event) {
            return mViewDragHelper.shouldInterceptTouchEvent(event);
        }

        @Override
        public boolean onTouchEvent(MotionEvent event) {
            mViewDragHelper.processTouchEvent(event);
            return true;
        }
    }
```

写好上层 Java 代码后，把这个 MyLayout 像其他 Android 布局一样直接写进 xml 布局。在本例中，因为 MyLayout 直接继承自 Android 原生的线性布局 LinearLayout，所以先让 MyLayout 垂直方向放三个不同颜色的 TextView（红、黄、蓝），不同的颜色更容易观察到结果差别。实现的关键代码如下：

```
<?xml version="1.0" encoding="utf-8"?>
<zhangphil.book.MyLayout xmlns:android="http://schemas.android.com/apk/res/android"
    android:layout_width="match_parent"
    android:layout_height="match_parent"
    android:orientation="vertical">

    <TextView
```

```
        android:id="@+id/red"
        android:layout_width="100dp"
        android:layout_height="100dp"
        android:background="@android:color/holo_red_light" />

    <TextView
        android:id="@+id/yellow"
        android:layout_width="100dp"
        android:layout_height="100dp"
        android:background="@android:color/holo_orange_light" />

    <TextView
        android:id="@+id/blue"
        android:layout_width="100dp"
        android:layout_height="100dp"
        android:background="@android:color/holo_blue_bright" />

</zhangphil.book.MyLayout>
```

和其他的 LinearLayout 一样，代码运行后，首先会在垂直方向顺序放三个 TextView。当手指放在任何一个 TextView 上时，拖曳，就会看到该 TextView 随着手指的移动被拖着移动了。如图 3-1 所示，在 Android 手机上把代码例子跑起来以后，手指在手机屏幕上随意拖曳这三个 TextView（红色 TextView、黄色 TextView、蓝色 TextView）后，形成三个 TextView 的新位置。而初始化时（代码运行起来没有任何干预和介入的时候）这三个 TextView 摆放情况，是沿手机屏幕的垂直方向红色 TextView、黄色 TextView、蓝色 TextView 依次从上往下对齐排列的。

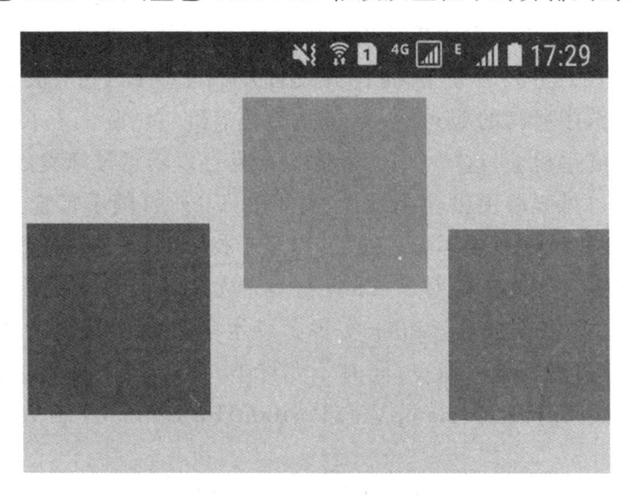

图 3-1　随手指任意拖曳后，三个不同颜色的 TextView 的新位置

ViewDragHelper 功能强大、繁多。作为 ViewDragHelper 的入门介绍，图 3-1 所示拖曳红、黄、蓝三个 TextView 的新位置，仅仅是练习使用 ViewDragHelper 功能的简单开始。接下来，MyLayout 先实现一个简单的功能：MyLayout 里面的子 View 都能实现拖曳操作，即 MyLayout 里面的子 View 会随着手指被拖动。

在重写的 ViewDragHelper. Callback 回调函数里面，onTouchEvent、onInterceptTouchEvent 和其他常规 View 复写规则相同。在 ViewDragHelper. Callback 的 onInterceptTouchEvent 和 onTouchEvent 函数里面，开始接管发生在父 ViewGroup 里面的 MotionEvent 事件，ViewDragHelper. Callback 的 onInterceptTouchEvent 和 onTouchEvent 函数里面的代码写法相对比较固定，直接调用 ViewDragHelper 提供的方法拦截事件填写进去即可。

需要注意一个关键点：一个自定义 ViewGroup 里面的子 View 是否允许被拖曳移动，是由 ViewDragHelper 中的 tryCaptureView 函数返回的布尔值决定的。如果 ViewDragHelper 的 tryCaptureView 函数返回的值为 fasle，则如本节代码例子中自定义的 MyLayout，它将不再支持拖曳，而是蜕化成为一个简单的垂直线性布局，里面摆放的子 View(本例中 MyLayout 作为垂直线性布局，在垂直方向上依次放置三个不同颜色的 TextView)，拖曳操作事件消失，MyLayout 中的子 View 将不再具备随手指拖曳滑动的动态效果。如果 tryCaptureView 返回的是 true，则告诉 ViewDragHelper 开始启动事件的拦截，并做出相应的 View 拖曳动态动作。

3.6.2 ViewDragHelper 拖曳管控以及水平方向的边界约束

前一小节简单介绍了 Android ViewDragHelper 的使用，实现了基本的子 View 拖曳操作，本小节继续深化对 ViewDragHelper 的研究。

注意观察前一小节的代码运行结果：有三个子 View，每个子 View 均可拖曳。但是，它们均可以被拖曳越出边界超出屏幕的显示范围，被拖曳到看不到的地方去。

在某些 Android 开发场景下，也许开发者并不希望子 View 被拖曳到不可见的区域。在 3.6.1 节中所写的 MyLayout 布局里面有红、黄、蓝三个子 TextView，把代码运行在 Android 手机上，这三个子 TextView 是可以随意被拖曳的，甚至可以被用户手指拖曳到不可见区域中去。在设计上，虽然 View 可随手指拖曳滑动是一种新奇的效果，但如果其被拖曳到不可见区域，以至于找不到，不能再次操作，这对用户体验来讲是一种失败。因此需要对子 View 拖曳的范围进行适当的约束和管控，这些管控和约束可通过 ViewDragHelper 实现。以水平方向的拖曳为例，意图控制子 View 在水平方向可见区域内拖曳，同时不允许子 View 超出设备屏幕边界，那么就需要在 ViewDragHelper 的 clampViewPositionHorizontal( ) 函数里面添加约束条件。

水平拖曳的约束条件并不复杂，关键是复写 clampViewPositionHorizontal 函数。顾名思义，该函数控制水平方向的 View 位置。

开始前需要了解 Android 设备屏幕的坐标体系。ViewGroup 进行 getWidth() 获得的是该 ViewGroup 占据的整个屏幕坐标宽度，在本例中，因为自定义的 ViewGroup 宽度属性设置是 MATCH_PARENT，且只有一个布局铺满整个屏幕，所以 getWidth()就是完整的宽度。若用户在水平方向的左侧，拖曳子 View 到极限位置(即将超出设备左边屏幕边界)，那么此时 clampViewPositionHorizontal()的 left 值为负数，负值意味着越界。我们就从这里入手，如果 View 超出屏幕左边的边界，则直接返回一个大于 0 的值即可。

通常在实际的布局中，出于设计美观的要求，会给 ViewGroup 填充一些值。如果此时通过 ViewGroup 的对象用 getPaddingLeft()取出左边填充的宽度值，获得的就是 Android 系统换算后最左边的坐标宽度值，那么此时直接返回 ViewGroup 的 getPaddingLeft()函数值即可；如果没有填充值，返回一个 0 也可以。这种情况要灵活处理。总之，如果要约束子 View 不能超出左边界，那么就返回一个非负值。

屏幕右侧的情况与左边类似，但稍微复杂些。考虑一种极限情况，假设子 View 的右边刚好拖曳到父 ViewGroup 的右边完全重合。

```
getWidth() = pos + childView.getWidth()
```

其中，pos 为子 View 的左边坐标量。

如果父布局(ViewGroup)里面再填充一些值，那么相等式变形为

```
getWidth() = pos + childView.getWidth() + getPaddingRight()
```

通过 ViewGroup 内部的 getWidth()函数取出的宽度值，仅仅是多了一个填充值。

计算得到的 pos 值即为最右边的极限位置。如果 left > pos，那么此时表明子 View 要越界了，须立即返回 pos 值，这样就能控制子 View 无法越界了。

另外，通常一个布局文件里面有很多子 View。在某些情况下，可能开发者希望某些特定的子 View 不可被拖曳。针对这一需求，在 tryCaptureView()里面仅对特定的 View 返回 false 即可。返回 false 值，就是告诉 ViewDragHelper，这个特定的子 View 是不允许被拖曳的；如果返回 true，则允许拖曳。

按照以上原理和思路增强上一小节的 MyLayout，核心改造集中在 ViewDragHelper. Callback 里面，剩余代码可继续保持上一小节中的内容。

```
private class ViewDragHelperCallback extends ViewDragHelper.Callback {

    @Override
    public boolean tryCaptureView(View view, int pointerId) {
        //假设不希望红色的子 View 可以被拖曳，那么就加一层判断，只要是特定 id 的
        //View，直接返回 false，这个子 View 不允许拖曳操作的
        if (view.getId() == R.id.red)
```

```
            return false;
        return true;
    }

    @Override
    public int clampViewPositionHorizontal(View child, int left, int dx) {
        //约束屏幕左边水平方向的拖曳,子 View 不能越界
        //当拖曳的距离超过左边的 padding 值,也意味着 child View 越界,复位
        //默认的 padding 值 = 0
        int paddingleft = getPaddingLeft();
        if (left <paddingleft) {
            return paddingleft;
        }

        //下面代码是约束屏幕右边水平方向的拖曳边缘极限位置
        //假设 pos 的值刚好是子 View child 右边边缘,与父 View 右边重合的情况
        //pos 值即为一个极限的最右位置,超过即意味着拖曳越界:越出右边的界限,复位
        //可以再加一个 paddingRight 值,默认的 paddingRight = 0,所以即使不加,在多数
        //情况下也可以正常工作
        int pos = getWidth() - child.getWidth() - getPaddingRight();
        if (left > pos) {
            return pos;
        }

        //其他情况属于在范围内的拖曳,直接返回系统计算的 left 即可
        return left;
    }

    @Override
    public int clampViewPositionVertical(View child, int top, int dy) {
        return top;
    }

    @Override
    public void onViewDragStateChanged(int state) {
        super.onViewDragStateChanged(state);
    }
}
```

新改造后的 MyLayout 运行结果,如图 3-2 所示。

运行新的 MyLayout 可以观察到,由于代码中新增了水平方向的拖曳约束条件,

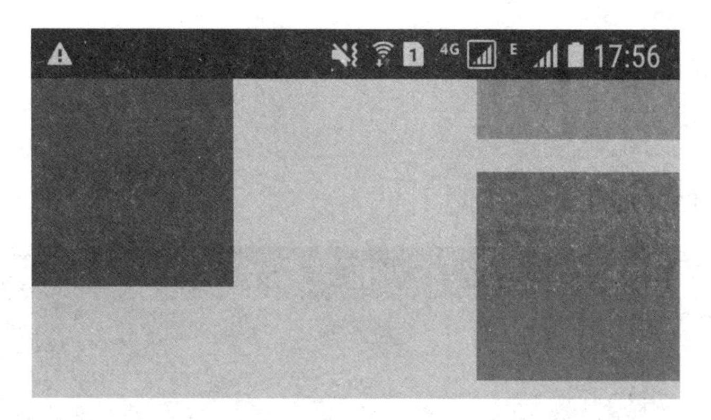

图 3-2　增加约束条件后的拖曳管控，子 View 不能越界

子 View 不能再越界拖曳到视野不可见区域内了，而垂直方向没有增加任何约束条件，所以仍然可以被随心所欲地拖曳移动位置。

3.6.3　ViewDragHelper 控制子 View 垂直方向拖曳边界约束

前一小节介绍了如何控制 ViewDragHelper 在屏幕水平方向上不会被拖曳出边界，以及哪些子 View 可以被拖曳，哪些子 View 不能被拖曳。

还有一些遗漏问题尚未解决：ViewDragHelper 在垂直方向上的拖曳约束。接下来在前一小节基础上加以改进，控制子 View 在垂直方向上的拖曳约束，以实现垂直方向的不越界。垂直方向的拖曳管控约束的实现具体方案和 3.6.2 小节介绍的水平方向拖曳管控实现相似，其原理和 3.6.2 小节中控制水平方向子 View 拖曳不越界原理相同，垂直方向上的拖曳管控只需在 ViewDragHelper.Callback 中的 clampViewPositionVertical()里面增加约束条件即可。clampViewPositionVertical()函数专注于解决垂直方向 View 的位置数量关系，其余代码保持不变：

```
@Override
public int clampViewPositionVertical(View child, int top, int dy) {
    //控制子 view 拖曳不能超过最顶部
    int paddingTop = getPaddingTop();
    if (top <paddingTop) {
        return paddingTop;
    }

    //控制子 View 不能越出底部的边界
    int pos = getHeight() - child.getHeight() - getPaddingBottom();
    if (top > pos) {
        return pos;
    }
```

```
        //其他情况正常,直接返回系统计算的 top 即可
        return top;
    }
```

代码运行结果如图 3-3 所示。

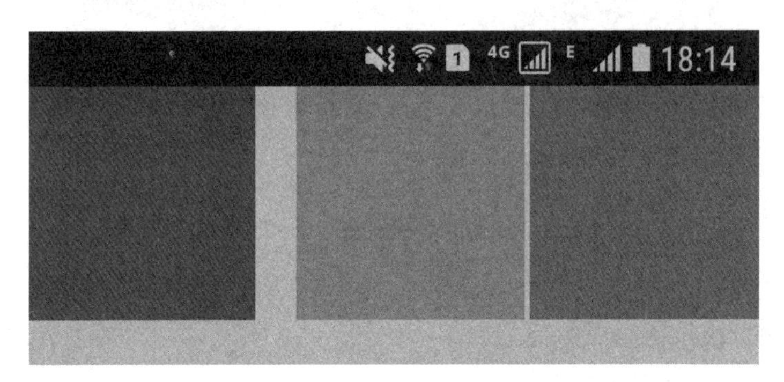

图 3-3　垂直方向上的拖曳约束和管控,不能超越顶部和底部

垂直方向的两个边界有两个:屏幕顶部和底部。代码运行后,无论怎么拖曳红、黄、蓝这三个子 View,这三个 TextView 都不会再超过顶部和底部的边界。这样,目标开发需求便实现了。

3.7 小　结

属性动画和过去的普通动画最大的不同是,经过动画处理后的 View 将发生质的变化。而 Android 3.0 之前的动画执行结束后,一切又复位重置,View 本身重新恢复到动画执行之前的样子,就像这个 View 什么都没有发生过。而属性动画在动画执行完成后,View 本身发生本质的改变,这不同于过去的 Android Tween Animation(补间动画)。比如一个简单的位移:把 View 从 x 坐标轴的原点位置 0,平移到 x 坐标轴 100 的位置。如果是补间动画实现,虽然平移完了,但 View 又重回到原点位置 0。如果是属性动画实现,平移完成后,View 就移动到新的 x 坐标轴 100 的位置了。

虽然属性动画完美解决了 View 的动画效果,但是属性动画的执行是代码操控的结果,换言之,属性动画最擅长炫丽动画效果的输出,而不擅长响应并接收事件的输入(比如手指在手机屏幕上发生的触控操作)。在一些人机交互并且需要对手指在屏幕上发生的操作过程中的行为(左滑、右滑、上滑、下滑等)作出响应的设计中,属性动画实现这种响应将极其困难。而 ViewDragHelper 拖曳管控则恰恰非常善于响应并处理手指在屏幕上发生操作事件,进而控制 ViewGroup 中子 View 的状态变化。

第4章

View 高级特性

Android 系统中涉及视觉呈现的用户图形图像接口类均是直接或间接继承自 View 或 ViewGroup 的。Android 的 View 和 ViewGroup 使用组合设计模式，ViewGroup 通过抽象模型，处于 UI 容器的顶层，UI 容器里面也可有 View 和 ViewGroup。ViewGroup 的子 View 可以以差异化的方式处理 View 组中各个 View 空间位置和呈现。在 Android 中，一个 View 自身的宽高尺寸、其被放置到父布局中的上下左右间隔，以及此 View 在父布局中的重心位置等个性化属性配置，是通过 Android 布局参数 LayoutParams 控制的。LayoutParams 在 Android 的 View 类以及 View 类的子类中均得到继承和扩展，同时每个继承自 ViewGroup 的子类也可以有自身 LayoutParams 的独特实现。

Android 的 View 作为人机交互的输入和输出界面，不管是从系统架构设计角度，还是从开发者的编程角度来看，其都是 Android 系统设计与实现中非常重要的组成部分。在实际的工作中，开发者所做的很大一部分代码编程工作是和 UI 打交道，即如何把 UI 设计师的设计效果图落地实现为能在真实手机上运行和接收用户输入/输出的 UI。而这些 UI 在某种角度上说就是 Android 的 View。深入理解和掌握 Android View 相关技术，对提高对 Android 系统的认知，以及设计实现更精妙的 UI，都具有重要意义。因此本章将介绍 Android View 与 ViewGroup 中涉及的关键绘图机制，以及定制化 View 和 ViewGroup 中的要点内容。

4.1 横竖屏切换不同尺寸的 View

在一些 Android 应用中，如常见的手机视频播放软件，会提供横(即宽屏，也称为大屏，指视频图像宽屏显示，铺满屏幕)竖(窄屏，也称为小屏，指标准屏幕，小屏显示视屏图像)屏切换功能，为用户提供更宽敞的播放屏幕。这就涉及横竖屏切换时的宽高尺寸适配，比如把一个视图或画面转变成不同的宽高大小或比例尺寸(例如视频播放应用程序中把视频画面切换成 16:9或把画面切换成 1 080 P 等模式)。这种应用场景的开发问题有多种解决方案，比如可以重写 View，实现 Android 手机在横竖屏幕切换时，在 onMesure 或者此类 View 的回调方法里面重新测量，进而重新绘制出具有新大小尺寸的 View；还可以在 onConfigurationChanged 里面根据当前的横竖屏切换情况重写设置 View 的长宽比例,等等。

Android 提供了一种比较简单并且灵活的处理方法:通过写两套 xml 布局,配置好在不同 Android 手机横竖屏幕切换状态下的不同大小比例尺寸的图像或 View 资源,然后在 Android 设备横竖屏切换时,由 Android 系统自动加载相应的 xml 布局及其资源。

这种解决方案的关键做法是在 res 里面放置两个同名的 xml 布局文件,它们分别放在 layout - land 和 layout - port 布局资源文件夹下。layout - land 中的布局文件在 Android 系统横屏时被加载,layout - port 中的布局文件在 Android 系统竖屏时加载。开发者只需要写两套同名的布局文件,然后将其分别放在 res/layout - land 和 res/layout - port 文件目录下。这样在横竖屏切换时,Android 系统就会自主决定,自动根据当前横竖屏情景加载相应的布局。

比如最常见的 Android 布局 activity_main. xml,如果需要在横竖屏切换时加载不同的布局,以展示不同的 View 效果,那么就分别写两个同名的 activity_main. xml,但是这两个同名布局文件里面的内容不同,专门针对横竖屏设计。Android Studio 自动生成的工程项目中,在 Android 资源目录下(res/)没有 layout - land 和 layout - port 文件目录,需要手动在 Android 系统的 res 目录下新建 layout - land 和 layout - port 文件目录。

先写一个针对横屏时的布局文件 activity_main. xml(在 res/layout-land/下),代码如下:

```
<?xml version="1.0" encoding="utf-8"?>
<RelativeLayout xmlns:android="http://schemas.android.com/apk/res/android"
    android:layout_width="match_parent"
    android:layout_height="match_parent">

    <TextView
        android:layout_width="200dp"
        android:layout_height="100dp"
        android:layout_centerInParent="true"
        android:background="@android:color/holo_red_light"
        android:gravity="center"
        android:text="横屏布局" />

</RelativeLayout>
```

横屏时的视图表现结果如图 4 - 1 所示。

横屏也即是全屏时的情景。

再写一个针对竖屏时的布局文件 activity_main. xml(在 res/layout-port/下),代码如下:

图 4-1　横屏时的 activity_main.xml 布局

```
<?xml version="1.0" encoding="utf-8"?>
<RelativeLayout xmlns:android="http://schemas.android.com/apk/res/android"
    android:layout_width="match_parent"
    android:layout_height="match_parent">

    <TextView
        android:layout_width="100dp"
        android:layout_height="150dp"
        android:layout_centerInParent="true"
        android:background="@android:color/holo_red_light"
        android:gravity="center"
        android:text="竖屏布局" />

</RelativeLayout>
```

竖屏时的视图表现结果如图 4-2 所示。

竖屏是 Android 系统默认的屏幕方向。

图 4-3 展示的是在 Android Studio 代码工程文件目录下，针对不同屏幕方向（横屏、竖屏）分别准备的两套 xml 代码资源文件结构，land 即横屏（大屏、宽屏），port 即竖屏（小屏、窄屏）。

在 res/layout-port（竖屏）和 res/layout-land（横屏）目录下放置两套同名的布局文件，然后 Android 系统在横竖屏切换时加载相应的布局文件。这一技术解决方案在一些视频播放应用软件中比较有用。视频播放时必然要涉及全屏（横屏）和竖屏（半屏）的反复切换。横竖屏幕切换时，布局中不同的 View 尺寸大小均有对应的变化。控制手机屏幕上显示的窗口视图展示方向，可以使用本节介绍的准备两套不同

图 4－2　竖屏时的 activity_main. xml 布局

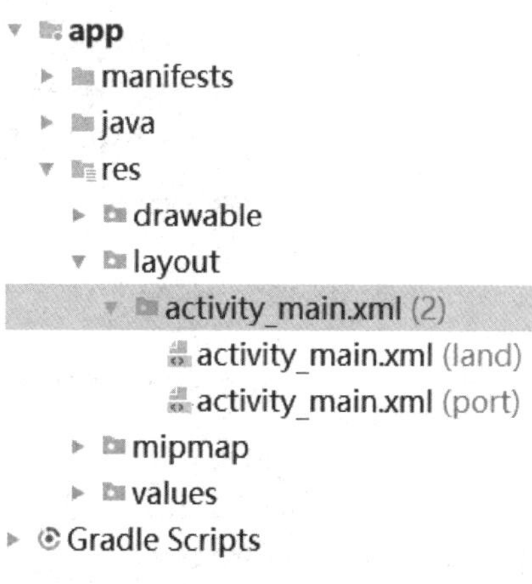

图 4－3　横竖屏切换时，两套 activity_main. xml 文件存放的目录结构

横竖屏情况下的 xml 布局文件实现方案；也可以只单纯地通过 Java 代码在上层的 Activity 对外暴露的 onConfigurationChanged 回调函数里面感知手机方向的变动，进而设置窗口视图的绘制宽高比例，以收到相同横竖屏的切换效果。但是这样做，需要写很多的 Java 代码，控制逻辑也比较繁琐，后期对 Java 代码的维护也不方便。而如果采用本节的两套不同屏幕方向（横、竖）的 xml 布局文件资源解决方案，则可以灵活配置和实现快捷开发，代码和逻辑分类处理，使脉络更清晰。

4.2　onMeasure 控制 View 的尺寸大小

改变一个 View 大小的技术方案，除了像前一节介绍的通过 xml 代码布局文件实现外，在上层的 Android Activity 中也可以通过纯粹的 Java 代码实现。不管以何种方式显示，更深刻地改变 View 尺寸大小的原因在于一个 View 的函数，即 onMeasure 才是从根本上决定 View 尺寸大小的因素。

onMeasure 方法的作用是测量 Android 空间布局中的 View 的尺寸大小。知道一个图像的尺寸是绘图前必需的前置条件，没有尺寸就没法绘制图形。有了具体尺寸，才谈得上绘图。

Android 绘图系统通过回调 onMeasure 获知所绘制 View 的尺寸，进而以 onMeasure 实际测量所得的尺寸数据对 View 进行绘制。View 的尺寸包含宽（measureWidth)和高(measureHeight)。简单来说,onMeasure 函数的作用就是 Android 系统参照当前 View 所在父布局的大小,测量当前 View 的宽和高,进而为接下来的 View 绘制提供具体的宽高尺寸数据依据。

现在以一个 Android View 的 onMeasure 开始研究。自定义开发一个 MyView,MyView 继承自 View,代码如下:

```
public classMyView extends View {
    public MyView(Context context, @Nullable AttributeSet attrs) {
        super(context, attrs);
        this.setBackgroundColor(Color.RED);
    }

    @Override
    protected void onMeasure(int widthMeasureSpec, int heightMeasureSpec) {
        //假设设置 View 的默认宽高最小为 100
        int width = measureWidth(100, widthMeasureSpec);
        int height = this.getDefaultSize(100, heightMeasureSpec);

        //设置最终测量结果
        setMeasuredDimension(width, height);
    }

    private int measureWidth(int size, int measureSpec) {
        int result = size;
        int specMode = MeasureSpec.getMode(measureSpec);//解析出模式
        int specSize = MeasureSpec.getSize(measureSpec);

        switch (specMode) {
            case MeasureSpec.UNSPECIFIED:
                break;

            //设置了 android:layout_width = "wrap_content"
            case MeasureSpec.AT_MOST:
                result = specSize;
                break;

            //设置了 android:layout_width = "match_parent"或一个具体的 dp/pix 值
            case MeasureSpec.EXACTLY:
                result = size;
                break;
        }
```

```
            return result;
        }
    }
```

onMeasure 方法测量的宽、高值决定当前自定义 MyView 的最终宽和高。这里所说的“决定”，是指 onMeasure 函数测量获得当前 MyView 的宽、高后，接着通过 setMeasuredDimension 函数设置 MyView 的宽、高尺寸。setMeasuredDimension 函数是把 View 真正需要绘制的宽、高传达给 Android 系统，从而 Android 系统得到宽、高值，开始 View 绘制的“施工”阶段。

Android 视图系统传递给 onMeasure 两个参数 widthMeasureSpec 和 heightMeasureSpec 的值是经过特殊编码的整型数值，这个值不是一个简单的整型数值。开发者通常不必自己再编解码 widthMeasureSpec 和 heightMeasureSpec，Android 已经为开发者提供了相应的工具函数 getMode，开发者通过 getMode 即可轻松获取 widthMeasureSpec 和 heightMeasureSpec 值代表的具体意义。

顾名思义，widthMeasureSpec 和 heightMeasureSpec 规范了所测量 View 宽、高基本参数值，当然，这里面最重要的是宽和高的具体值。自定义 MyView 最终的宽、高经过 onMeasure 测量后，调用 setMeasuredDimension 方法，把宽、高值传递给 Android 系统的绘图体系“setMeasuredDimension(width, height);”。之后 Android 系统开始绘图，绘制出来的自定义 MyView 具有 setMeasuredDimension 函数设置的 width(宽)和 height(高)。

总结一下，onMeasure 从测量自定义 View(MyView)的宽、高尺寸，到最终绘制 MyView，经历如下两个阶段。

第一阶段：测量阶段。

这一阶段本质就是测量和计算当前自定义 View(本例是 MyView)应该有的宽和高具体值。

这一阶段的工作可粗可细。如果测量做得足够简单，不用像本例中调用 measureWidth 方法那样仔细计算宽的值，而是简单直接写一个具体的整型数值，那么在 onMeasure 函数里面通过 setMeasuredDimension 函数传递给 Android 系统，一样也可以正常工作。相应地，高也可以如此简单设置。

但在实际的开发中，开发者希望以一种更精细化的方式控制自定义 View 的宽和高。更精细的做法是基于宽或高的测量规范模式(MeasureSpec Mode)，开发者在 onMeasure 函数里面精心计算 View 的宽和高。

以自定义 MyView 的宽为例，Android 系统在 onMeasure 方法中，传回了 widthMeasureSpec，该值不是一个简单宽度值，开发者暂时先不用关心 widthMeasureSpec 到底是以何种编码格式形成的，因为 Android 提供了便利的解析函数，可以从 widthMeasureSpec 中解析出开发者最关心的两个值。

自定义 View 的测量模式如下：

```
intspecMode = MeasureSpec.getMode(measureSpec);
```

自定义 View 的宽的具体值如下：

```
intspecSize = MeasureSpec.getSize(measureSpec);
```

在 onMeasure 传回的 widthMeasureSpec 中，其实已经包含了 Android 系统为 View 测量后默认的宽的值，但是现在开发者要自定义这个 MyView 的宽，那么就可以在这里重新测量和计算 MyView 的宽了。

Android 的测量模式为三种。

① MeasureSpec.EXACTLY(精确的，完全)。此种模式下，onMeasure 函数的测量模式对应在 xml 代码布局文件中，把一个 View 设置成宽和高为一个具体值或"match_parent"，如 android:layout_width="match_parent"。

在这种模式下，Android 系统将会使当前 View 的宽和父布局一样(除去 padding)，如果给一个 View 的 android:layout_width 设置一个具体的值，比如 100 dip，那么即是这种测量模式：android:layout_width="100dip"。

② MeasureSpec.AT_MOST(最多，尽可能多)。此种模式下，自定义 View 会尽可能满足所需要的尺寸，Android 系统会尽可能多地为该 View 获取宽、高尺寸。如果给一个 View 的宽设置成"wrap_content"，那么即是这种测量模式：android:layout_width="wrap_content"。

③ MeasureSpec.UNSPECIFIED。此种模式没有明确定义，不常用。

以上三种模式，最需要关注 MeasureSpec.AT_MOST 和 MeasureSpec.EXACTLY。通常，开发者编写 xml 代码布局文件、定义 View 的宽高尺寸的时候即是这三种情况：wrap_content、match_parent，或者设定具体的值，如"pix"或者"dp"值。

本例的 measureWidth 是真正执行测量的代码，包含两个参数，如下：

```
private intmeasureWidth(int size, int measureSpec)。
```

其中，size 是一个初始化值，同时还有一个 specSize。这个 specSize 是 Android 系统为自定义 MyView 测量后默认得出的一个值。measureWidth 函数首先从传递进来的 measureSpec 解析出模式，然后在一个 switch-case 代码块里面匹配不同的模式，赋予最终计算的宽值 result。

如果 specMode 为 MeasureSpec.EXACTLY，那么开发者自定义的值就赋予 result。此种情况相当于开发者在 xml 代码布局文件中定义 MyView 宽时，指定 android:layout_width="match_parent"属性或者写死宽度值，如 android:layout_width="100 dip"。

如果 specMode 为 MeasureSpec.AT_MOST，这种情况其实可以省掉计算，直接使用 Android 系统准备的宽值，故把 specSize 赋予 result。

经过 measureWidth 内部以不同模式(当前 View 的宽、高设置属性是 match_parent,或是 wrap_content,抑或是一个具体的值如 100 dp)进行的计算,最终得到宽值 result。

第二阶段:赋值阶段。

这一阶段相对简单,其核心就是调用 setMeasuredDimension 给自定义的 View 设置具体的宽和高值。

重写好 MyView 的 onMeasure 方法,把 MyView 放在一个线性布局中(该线性布局的宽、高均为"match_parent"),结果如图 4-4 和图 4-5 所示。同样的一个 MyView,仅仅是改变在 xml 代码布局文件中的宽的属性设置,便得到了不同的绘图结果。正常情况下,Android 一个 View 配置成标准的 match_parent 属性后,是铺满父布局的宽或高。结合下面的 xml 代码,在图 4-4 中可以看到宽的属性虽设置成 match_parent 却只有 100 px 的宽度,因为在自定义的 MyView 里面,重新改写了 Android 标准的 match_parent 和 wrap_content 属性。

如果代码如下:

```
<zhangphil.book.MyView
    android:layout_width = "match_parent"
    android:layout_height = "wrap_content" />
```

则绘制结果如图 4-4 所示。

如果代码改写成如下:

```
<zhangphil.book.MyView
    android:layout_width = "wrap_content"
    android:layout_height = "wrap_content" />
```

把宽设置成 wrap_content,则绘制结果如图 4-5 所示。

图 4-4　自定义 MyView 的显示效果

图 4-5　自定义 MyView 的显示效果,改写了 wrap_content 的意义

Android 的 onMeasure 测量计算过程比较复杂，鉴于此，Android 系统提供了一些便捷的方式直接计算宽、高值，如 getDefaultSize、getDefaultSize，其实现和本例中的 measureWidth 相似。本例仅为了对比在不同属性配置(match_parent 或 wrap_content)情景下，MyView 宽度的不同测量和绘制结果，因此对 MyView 的高度测量没有做定制化改造，MyView 的高度仍交给了 Android 系统的 getDefaultSize 计算完成，高度的测量和绘制遵循了 Android 的标准测量和绘制。

4.3 onLayout 控制子 View 的空间位置

Android 自定义一个 View，通常需要重写 View 里面两个最重要的回调函数 onMeasure()与 onLayout()。前一节的 onMeasure 控制 View 的具体宽、高大小，而本节 onLayout 控制 View 的空间摆放位置。在 Android 屏幕绘制图形过程中，虽然通过 onMeasure 知道了需要绘制 View 的宽、高，但是这还不够，因为到目前为止还不知道这个 View 的摆放位置。现在，图形绘制好了，放哪儿呢？这就好比按照一定长、宽、高尺寸定做了一张书桌，书桌是做好了，但是书桌摆放到房间什么位置呢？在 Android 中，思考和决定 View 摆放位置的就是 onLayout。

onLayout 在 onMeasure 之后调用，onMeasure 测量计算出 View 的宽、高，然后把宽、高值传递给 Android 系统。Android 绘图系统根据 onMeasure 测量好的宽、高值把 View 绘制好，然后由 onLayout 负责把 View 摆放到具体的空间位置。这一过程，onMeasure 就好比家具制造厂商，它负责把家具按照规定的宽高尺寸生产、制作好，接下来 onLayout 就如同搬运工人一样把这些家具搬运并摆放到房间的具体位置。

Android 常用的布局如线性布局 LinearLayout、相对布局 RelaiveLayout、帧布局 FrameLayout，它们所做的最关键的工作就是帮助开发者摆放和组合 View 的位置，这一过程的关键也即是 onLayout。如果开发者不使用 Android 已经做好的几套标准布局(如常见的线性布局、相对布局、帧布局等)，而想自定义实现 View 在 ViewGroup 中的位置摆放以及排列组合，那么就得在 ViewGroup 中通过 onLayout 控制子 View 在空间位置上的详细摆放和组合。这一实现过程，可归纳出两个步骤：

① 写一个自定义的视图类，如 MyView 或取名叫 MyLayout，继承自 ViewGroup。

② 再重写 onLayout 函数，在 onLayout 函数里面，为 ViewGroup 的每一个子 View 计算并规划出所摆放的位置。

接下来以一个简单的例子说明，不使用 Android 为开发者准备好的现成的、标准的线性布局，而是通过 onLayout 自定义实现一个常见的水平的线性布局。

简单起见，下面的代码通过关键的 onLayout 函数仅仅实现一个提供水平方向摆放子 View 的线性布局。触类旁通，若是实现垂直方向摆放子 View 的线性布局，与水平方向摆放的不同之处主要体现在测量高度和宽度及子 View 摆放的方向上，实现原理依然相同。

写一个类 MyLayout 继承自 ViewGroup，至于这个类名是叫 MyLayout 还是叫 MyViewGroup 并不重要，这个类名可由开发者自由命名。自定义的 MyLayout 代码如下：

```
public classMyLayout extends ViewGroup {

......

//onMeasure 被 Android 系统在 onLayout 之前调用
    @Override
    protected void onMeasure(int widthMeasureSpec, int heightMeasureSpec) {
        //所有子 View 加起来总的高度
        //取最宽的子 View 作为宽度
        int measuredWidth = 0;
        int measuredHeight = 0;

        int count = getChildCount();
        for (int i = 0; i <count; i++) {
            View v = this.getChildAt(i);
            if (v.getVisibility() != View.GONE) {
                this.measureChild(v, widthMeasureSpec, heightMeasureSpec);

                measuredWidth = Math.max(measuredWidth, v.getMeasuredWidth());
                measuredHeight += v.getMeasuredHeight();
            }
        }

        //仔细检查！不要疏忽掉一些 padding 的值
        measuredWidth += getPaddingLeft() + getPaddingRight();
        measuredHeight += getPaddingTop() + getPaddingBottom();

        this.setMeasuredDimension(measuredWidth, measuredHeight);
    }

    // Android 系统在 onMeasure 之后调用 onLayout
    @Override
    protected void onLayout(boolean changed, int left, int top, int right, int bottom) {
        // 在 left、top、right、bottom 四个坐标参数“框”出来一个盛放子 View 的矩形
        //空间，在此空间内一个一个摆放子 View

        int count = this.getChildCount();
        for (int i = 0; i <count; i++) {
```

```
            View v = getChildAt(i);
            if (v.getVisibility() != View.GONE) {
                int childHeight = v.getMeasuredHeight();

                //在细分的(left, top, right, top + childHeight)框出来的矩形空间
                //内摆放这一子 View
                v.layout(left, top, right, top + childHeight);

                //把顶点的锚定位置往下移
                top = top + childHeight;
            }
        }
    }
}
```

MyLayout 中,第一步需要通过 onMeasure 计算出该布局占用的空间大小。关于 onMeasure 已经在前面做过介绍。

MyLayout 中的 onMeasure 在计算 MyLayout 所需的宽度时,只取 MyLayout 中包含的所有子 View 中最大的宽度作为 MyLayout 自己的宽度。

在高度上,由于是垂直方向从上往下叠加、摆放子 View,因此 onMeasure 计算的高度要累加所有子 View 的高度,即所有子 View 的高度之和。否则如果高度不够,那么子 View 就没有空间位置摆放和显示了。

在 MyLayout 中,最关键的是 onLayout 函数。自定义 MyLayout 中的 onLayout 是基于四个坐标参数值(left、top、right、bottom)"框出"手机屏幕的空间位置,每一个子 View 在这四个坐标值框定的区域内进行逐个摆放。onLayout 接收到的 left、top、right、bottom 四个值,划定了当前这个 MyLayout 在手机屏幕中所占据和所处的空间区域位置,如图 4-6 所示。

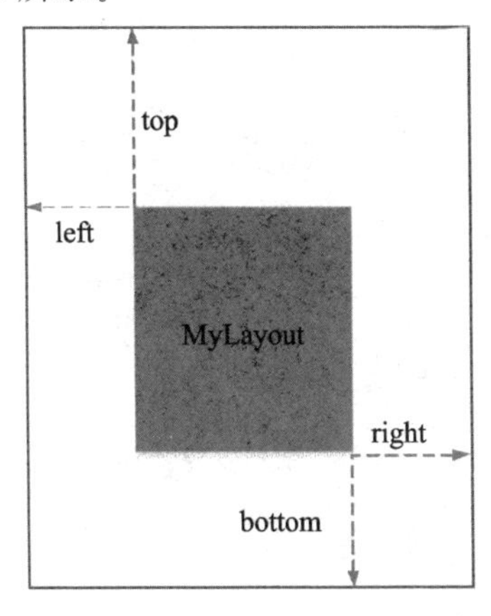

图 4-6　left、top、right、bottom 四个值框出的 MyLayout 范围

由于本例是模拟实现自定义的 ViewGroup 在垂直方向上依次从上往下摆放子 View 的 MyLayout 布局，所以每一次在 MyLayout 所处的空间区域内摆放完毕一个子 View 后，须重新设置子 View 的 top 坐标值，就像是把一个竖直起来的标尺游标往下拨动一样，把 top 的值往下（底部）推进（滑动），推进的距离为当前系统的 top 值，再累加上添加进来子 View 的高度值，即“top＝top＋childHeight;”。

新的 top 坐标，作为在 MyLayout 中 for 循环里面下一轮摆放子 View 新的垂直方向的起始坐标。因为只是垂直方向的子 View 摆放，不涉及水平方向的子 View 摆放，故而可以忽略水平方向子 View 宽度的计算和累加，只专注于垂直方向的 top 计算即可。

写一个布局文件，在这个 xml 文件中，我们不再使用 Android 已经为我们准备好的、垂直方向上的线性布局 LinearLayout，而是使用自己定义的 MyLayout 布局。这个自己编写的 MyLayout 布局实现了 Android 原生的在垂直方向上的线性布局功能。在 MyLayout 布局里面，暂且只摆放三个 TextView 作为子 View，代码如下：

```
<?xml version="1.0" encoding="utf-8"?>
<zhangphil.book.MyLayout xmlns:android="http://schemas.android.com/apk/res/android"
    android:layout_width="match_parent"
    android:layout_height="match_parent">

    <TextView
        android:layout_width="wrap_content"
        android:layout_height="wrap_content"
        android:background="@android:color/holo_red_light"
        android:text="zhang"
        android:textSize="80dip" />

    <TextView
        android:layout_width="wrap_content"
        android:layout_height="wrap_content"
        android:background="@android:color/holo_orange_light"
        android:text="phil"
        android:textSize="80dip" />

    <TextView
        android:layout_width="wrap_content"
        android:layout_height="wrap_content"
        android:background="@android:color/holo_blue_light"
        android:text="book"
        android:textSize="80dip" />

</zhangphil.book.MyLayout>
```

代码运行的结果如图 4-7 所示。

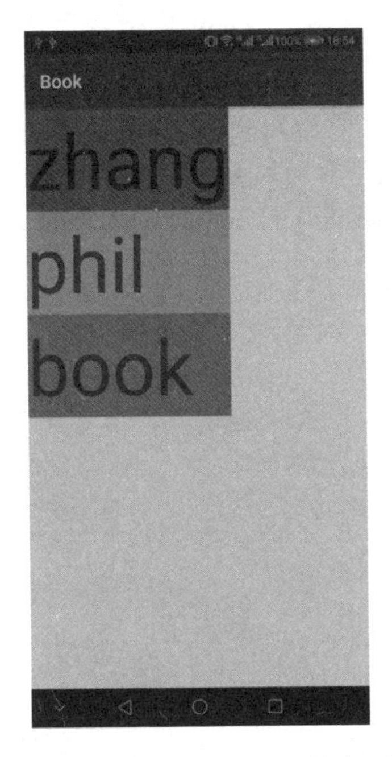

图 4-7 自定义的垂直方向上的“线性布局”MyLayout

由此可以看出，在 onLayout 对 ViewGroup 中子 View 空间位置的摆放处理过程中，onLayout 会根据当前布局中每个子 View 被划定的四个坐标值(left、top、right、bottom)所切分的空间小区域，一个接一个地摆放每个子 View。

4.4 小 结

Android View 核心工作机制聚焦于 onMeasure、onLayout、onDraw 这三个单元，也即完成 View 的宽、高测量、空间位置布局摆放和最后的画制。onMeasure 通过测量确定 View 的宽、高尺寸，onLayout 在测量之后获得 View 的宽、高，进而摆放 View 在 Parent 里面的位置，最终，onDraw 把 View 画制在设备的屏幕上。ViewGroup 中的每个子 View，通过递归遍历，最终得以绘制在设备屏幕上。

Android 平台已经为开发者提供了基础 ViewGroup 和几类布局，如线性布局(LinearLayout)、相对布局(RelaiveLayout)、帧布局(FrameLayout)等最常用到的布局控制文件，以方便开发者快速上手和规划自己 App 中各个 View(TextView、ImageView 等)的绘制和部署。

随着 App 产品对设计提出更高标准和更深度的定制化需求，各种奇异的 UI/UE 设计需求不断出现，Android 常规基础的 View 和布局已很难满足新的要求。这便要求开发者掌握高难度自定义 View 技术。

Android 的 View 的绘制过程非常依赖关键函数 onMeasure 和 onLayout。onMeasure 告诉 Android 系统绘制的 View 具体宽高值是多少，onLayout 告诉 Android 系统摆放子 View 的具体的空间位置。这两个函数是 Android 开发者在实现定制化的自定义控件及 View 时的重要函数，本章围绕这两个关键函数探讨了如何在实际的开发过程中运用。万变不离其宗，读者掌握了这些定制化 View 和控件的关键技术点，即可以此为基础，进而打造出绚丽多彩的 Android 产品。

第5章

高级组件开发

本章介绍几种常见的Android高级组件的开发技术，这些组件技术在App开发中经常会遇到，比如Android设备顶部的状态栏消息通知，消息通知是App比较常用的一种功能，用以及时向用户通告新的消息和软件变化。但是由于Android系统版本更新的原因，有些旧版本Android系统中没有包含这些新的技术实现。Android系统引入和更新了这些高级组件开发技术，为Android开发者提供了更多新的功能。同时，最新的Android产品设计中，UI设计师通常会对通知栏这些组件的样式提出新的审美要求，这就需要研发者有能力完成消息通知的UI定制化操作。

出于良好用户体验设计的原则，App运行的不同模式往往会变换不同的显示风格。比如一些新闻资讯阅读类的App会根据当前时间给用户设置App的显示模式：白天给用户提供白天模式，晚上给用户提供夜间模式。这个功能在资讯阅读类的App中比较重要，有针对性地给用户提供相应的文本文字色调和显示效果，能大大增强用户体验。

5.1 Android设备消息通知

Android设备的消息通知在如今的App中最为常用，如常见的新短信到来通知，未接来电通知，社交软件如微信、QQ新消息的提醒。一些App驻留在后台服务中，启动一个静默的服务代码，等待并接收来自于服务器端推送过来的消息，然后App需要及时把收到的消息推送到App的前台界面，以告知用户有最新的来自于服务器端的消息。在新闻类客户端软件中，推送的实时新闻、摘要等消息需要在手机的状态栏及时展现。

针对这些功能的需求，通常的开发场景是当App有新的即时消息后，在不激活、不弹出整个应用完整界面的情况下，在Android设备的通知栏（亦称为状态栏）推送一条通知信息简报，告知用户此时有新信息、新的动态状况。本节将展开介绍Android通知栏消息通知开发技术点。

开发者要在Android手机上实现发送通知消息到手机的通知栏，需要首先发送消息到手机通知栏（所发送的消息通常是在后台Service中收取到的，然后转送到Android程序的代码前台），既然能把消息发送到通知栏，那么Android也提供了相应的方法，可以把这些展现在通知栏的消息清理掉。要知道，Android 系统通知栏是开放给移动设备上的所有应用的，如果用户手机上安装的诸多 App 都争先恐后往通知栏发通知消息，时间久了，这些通知消息会把手机的通知栏挤满，而严重影响用户的正常使用和体验。因此，开发者把消息通知发送到通知栏后，出于良好的用户体验设计原则，应该在适当的时机将这些通知清理掉。

下面分别介绍发送和清除通知消息的功能。

① 发送通知消息的功能函数 sendNotification()。该功能函数实现发送通知消息到设备的通知栏。

② 清除通知消息的功能函数 clearNotification()。该功能函数实现清除通知栏上的消息通知。

开发者在 Android 通知栏发送消息通知关键在于使用发送函数(sendNotification)和清除函数(clearNotification)，这两个函数的用法如以下代码所示：

```
private finalString channelId = "my channel id";
private int NOTIFICATION_ID = 0xa01;

/**
* 发送通知消息到手机设备的通知栏
*/
private void sendNotification() {
    NotificationManager notificationManager = (NotificationManager)
        getSystemService(NOTIFICATION_SERVICE);

    NotificationCompat.Builder mBuilder = new NotificationCompat.Builder(this,
        channelId);
    mBuilder.setSmallIcon(R.mipmap.ic_launcher_round);
    mBuilder.setContentTitle("通知的 ContentTitle");
    mBuilder.setContentText("通知的 ContentText");

    Notification notification = mBuilder.build();

    // 默认设置为，当发送通知消息到通知栏时，提示声音 + 手机振动
    notification.defaults = Notification.DEFAULT_SOUND |
        Notification.DEFAULT_VIBRATE;

    // 通知消息的时间
    notification.when = System.currentTimeMillis();

    // 发送消息到手机的通知栏
    notificationManager.notify(NOTIFICATION_ID, notification);
```

```
    }

    /**
     * 清除手机设备上包含特定 id 的通知消息
     */
    private void clearNotification() {
        NotificationManager notificationManager = (NotificationManager)
            getSystemService(NOTIFICATION_SERVICE);
        notificationManager.cancel(NOTIFICATION_ID);
    }
```

上面代码是成对的消息通知发送和清理函数。开发者在自己的程序中调用上面的函数,比如调用发送通知消息函数后,设备的通知栏会出现发送出来的消息,如图 5-1 所示。

图 5-1　发送的通知消息到通知栏

当程序代码调用消息的清除函数 clearNotification 后,图 5-1 中的通知消息即被清除。在发送消息通知时,特意设立了一个 NOTIFICATION_ID,删除消息的依据就是这个 NOTIFICATION_ID。试想,如果 App 发送了很多条消息,要删除这么多条消息中的某一条,如不指明具体的某一条消息通知的特征,该怎么删除?所以,程序代码中在删除一条通知栏消息时,必须先设定一个欲要删除的通知消息的 id,该 id 把不同的消息通知区别开来。这样,每一次的更新、删除操作就可以做到有的放矢。

在配置通知消息的时候,开发者可以在程序代码中给通知消息设定几种特殊的系统属性,如振动和声音。

```
notification.defaults = Notification.DEFAULT_SOUND | Notification.DEFAULT_VIBRATE;
```

这样有新消息到来时,不仅通知栏(状态栏)会有文本提示,手机设备还会自动发出提示音并振动。振动的效果需要添加权限:

```
<uses-permission android:name = "android.permission.VIBRATE" />
```

除了声音和振动效果外，还可以增加常见的呼吸灯功能，其配置方法和配置振动、声音一样，在 defaults 后面加上：Notification.DEFAULT_LIGHTS。当新消息到来的时候，Android 系统就会触发系统的呼吸灯闪烁。

这样就完成了 Android 手机上简单的通知消息发送、接收和清理。

5.2 状态栏的通知消息点击触发事件启动后台的 Activity

除了前一节介绍的状态栏通知消息的发送和接收外，在某些情况下，App 寄希望于这条通知消息能完成一次事件触发，比如启动一个被转入后台的 Activity 或者 Service。在手机中下载某些大文件，通知栏会弹出一条通知信息，如果大文件下载完成，用户点击通知消息后，就直接打开或者根据设计意图进行二次跳转。这个跳转动作是借助于消息通知的 PendingIntent 实现的。

PendingIntent 和过去常见到的普通 Intent 很类似，包含了一个即将展开执行的动作。下面以用户点击手机状态栏上的一条通知消息，然后程序代码唤醒之前被切换至后台的 Activity 为例，介绍这种 Activity 功能开发的实现过程。关键代码如下：

```
NotificationCompat.Builder mBuilder = new NotificationCompat.Builder(this, channelId);

    //点击该条通知后跳转目标 MainActivity
    Intent notificationIntent = new Intent(this, MainActivity.class);
    int requestCode = 0;
    PendingIntent notificationPendingIntent = PendingIntent.getActivity(this,
    requestCode, notificationIntent, PendingIntent.FLAG_UPDATE_CURRENT);

    mBuilder.setContentIntent(notificationPendingIntent);
```

和前一节介绍的发送普通通知信息到状态栏一样，在构造阶段，设置一个 PendingIntent，在程序代码中接着传递给构造器 NotificationCompat.Builder，即可让一条普通的状态栏通知消息携带上点击触发的跳转动作。

构造 PendingIntent 需要一个常规的 Android Intent，该 Intent 和常见的、用在 startActivity 中的 Intent 一样。在本例中，程序的目的是唤起 MainActiviy，那么就把 Intent 需要启动的目标 Activity 设为 MainActivity。有了 Intent，再次把 Intent 对象 notificationIntent 作为一个参数，传递给 PendingIntent，PendingIntent 使用静态方法 getActivity 获取一个 PendingIntent 实例。此时的 PendingIntent 实例 notificationPendingIntent 即为一个包含唤醒后台任务功能的增强型 Intent，通过 NotificationCompat.Builder 传入到通知中，由此，当通知消息发送到状态栏后，如果用户点击了这条消息，那么 Android 系统就会执行这条消息包含的跳转命令，接着跳转到

MainActivity。

5.3 消息通知的自定义布局

除了前面介绍的发送通知消息和启动处于后台运行的 Activity 功能外，现在的 Android App 开发对状态栏消息通知的 UI 审美往往会提出更高要求。这就要求状态栏的消息通知支持自定义布局。本节将介绍如何发送一个自定义布局的状态栏消息通知。

消息通知的自定义布局以 RemoteViews 为代表。RemoteViews 代表了一个用户自定义的 View 布局，该 View 布局和 Android 常见的通过 LayoutInflater 加载出来的方式不同，RemoteViews 是通过 new 创建的：

```
RemoteViews mRemoteViews = new RemoteViews(getPackageName(), R.layout.my);
mRemoteViews.setTextViewText(R.id.text, "我的自定义状态栏消息通知");
```

如上述代码所示，RemoteViews 构建的方式需要传递一个布局文件，程序在上述代码中设计实现的是 R.layout.my。出于简单演示的原则，在 R.layout.my 里面只简单定义了一个 TextView 来展示一个文本。R.layout.my 的代码实现如下：

```
<TextView xmlns:android="http://schemas.android.com/apk/res/android"
android:id="@+id/text"
android:layout_width="match_parent"
android:layout_height="30dp"
android:background="@android:color/holo_red_light"
android:gravity="center"
android:textColor="@android:color/white" />
```

然后就可以通过 mRemoteViews 对所加载的 R.layout.my 里面 id 为 R.id.text 的 TextView 进行文本设置。如果自定义布局里面的 View 不是 TextView 而是 ImageView，那么原理一样，在 RemoteViews 里面也是基于 View 的 id 进行资源的设置。比如在 R.layout.my 里面再定义一个 ImageView，该 ImageView 的 id 为 R.id.image，然后通过 RemoteViews 对所加载的 R.layout.my 里面的 id 为 R.id.image 的 ImageView 进行设置。

创建好 RemoteViews 后，把 RemoteViews 配置给 Notification，代码如下：

```
notification.contentView = mRemoteViews;
notification.bigContentView = mRemoteViews;
```

此时发送出去的状态消息通知就具有了自定义的布局，运行结果如图 5-2 所示。

本例简单做出了一个只具有 TextView 的自定义布局，在实际的开发中自定义

图 5-2　自定义布局的状态栏消息通知

布局的复杂程度会很高，比如常见的下载任务通知，需要在状态栏的通知中实时显示下载进度，虽然开发者要实现的这些功能更加复杂，但是基本原理相同。有了自定义布局的基础，其他丰富的布局工作就是工程实施问题了。

5.4　WindowManager 悬浮窗

和状态栏消息通知一样，WindowManager 悬浮窗是一种可以停靠、悬浮在设备窗口的一种独立组件，该组件在应用窗口之上，脱离于应用而存在。悬浮窗创建成功后将悬浮在设备的屏幕桌面上。悬浮窗通常使用情况是，App 需要在从屏幕消失时保留一个操作入口，比如音乐播放器的常驻桌面，需要一个悬浮窗口给用户以操控音乐播放暂停、快进、停止等事件操作。

虽然 WindowManager 悬浮窗可以悬浮在 Android 设备桌面窗口之上，但是 WindowManager 的使用必须先申请权限。在一些定制的 Android 操作系统中，有可能会将 WindowManager 悬浮窗的权限一律屏蔽掉(其中一个原因是防止一些恶意软件的滥用导致悬浮窗口常驻桌面而不退出)，这就导致基于 WindowManager 的 App 功能难以实现。

然而，可以变通地通过设置 WindowManager 的窗口类型，配置 WindowManager 的类型为 WindowManager. LayoutParams. TYPE_TOAST（弹出消息类型），从而不需要申请 WindowManager 悬浮窗权限就可以使用 WindowManager。

先看看这种属性配置后，运行出来的结果如图 5-3 所示。

图 5-3　配置属性为 WindowManager. LayoutParams. TYPE_TOAST 的悬浮窗口

实现的代码摘要如下：

```
    TextView textView = new TextView(this);
    textView.setGravity(Gravity.CENTER);
    textView.setBackgroundColor(Color.RED);
    textView.setText("Zhang Phil");
    textView.setTextColor(Color.WHITE);

    // TYPE_TOAST 类型，像一个普通的 Android Toast 一样
    WindowManager.LayoutParams params = new WindowManager.LayoutParams(WindowManager.
LayoutParams.TYPE_TOAST);

    // 初始化后不首先获得窗口焦点
    // 不妨碍设备上其他部件的点击、触摸事件
```

```
    params.flags = WindowManager.LayoutParams.FLAG_NOT_FOCUSABLE;

    params.width = WindowManager.LayoutParams.MATCH_PARENT;
    params.height = 300;

    //演示接受和触发用户的事件,如点击
    textView.setOnClickListener(new View.OnClickListener() {
        @Override
        public void onClick(View v) {
            Toast.makeText(getApplicationContext(),
                "WindowManager 的悬浮窗", Toast.LENGTH_LONG).show();
        }
    });

    WindowManager windowManager = (WindowManager) getApplication().getSystemService
(getApplication().WINDOW_SERVICE);
    windowManager.addView(textView, params);
```

这样的一个悬浮窗,除非被用户手动删掉本身所依赖的应用,否则就常驻设备的桌面窗口上。悬浮窗中的 View 和组件,像一个普通的 Activity 里面的 View 接受用户的点击和触摸事件一样,在此基础上的编程设计就转化成普通的 View 层面的代码处理。但是该悬浮窗的呈现却没有像 Activity 那样的生命周期控制,且独立于普通的 Activity 或 Fragment。

5.5 白天/夜间模式标准实现

除了前面常见的组件开发外,涉及 UI 交互响应式改变的组件还很多,但是有一种场景比较特殊:白天和夜间模式。

AndroidApp 有时候需要为用户提供白天/夜间模式的切换功能,这一功能在一些阅读、资讯、新闻类 App 中比较常见。这些 App 的共同特点是大量的文本阅读需求,文字呈现的环境在白天和夜间往往是不同的。本节将介绍白天/夜间模式的一种标准实现技术路线。

Android 实现白天/夜间模式的核心控制器在于 UiModeManager。UiModeManager 是 Android 系统中的标准 SDK 设计,用来专门提供白天/夜间模式的控制转换系统。然而仅仅有 UiModeManager 还不够,UiModeManager 只是一套标准化的切换开关管理器,而切换后的 UI 样式则是定制化的,开发者需要同时准备两套白天/夜间模式的资源文件,这些文件放置在 res 目录下的相应路径下。这里涉及的主要资源文件路径为 res/drawable 以及 values/color 的设置。

现在给出一个例子加以说明实现 Android 白天/夜间模式的具体步骤。白天/夜间模式切换触动的 UI 组件主要例如背景颜色(如白天的背景颜色为白色,晚上的背景颜色为深色或黑色)、文本颜色(如白天的文本颜色为黑色,晚上的文本颜色为白色)、按钮颜色等,让它们反相互为衬托和突出白天和夜间的不同色调。通常,这样的 UI 组件在显示布局中会有一些文本或者图,这些图多数情况就是一些 icon 图标和整体窗口的背景颜色。这就是白天/夜间模式最关注的动态切换的 UI 组件。

先给出本例程序白天模式(普通模式,即正常模式)运行的结果,如图 5-4 所示。当点击"夜间模式"按钮后,切换到夜间显示模式,如图 5-5 所示。

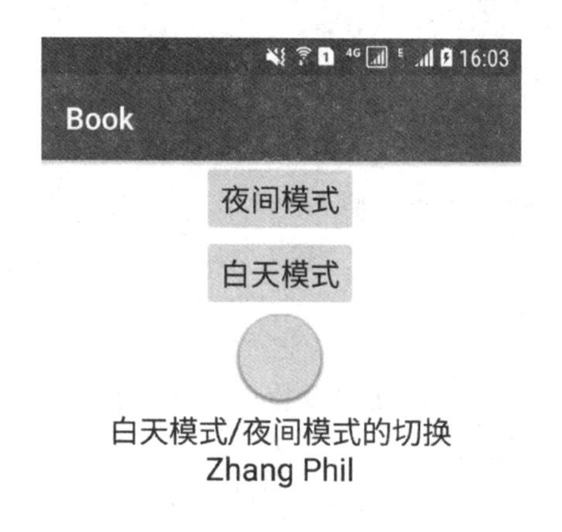

图 5-4　白天模式下的 UI 组件显示状态

图 5-5　夜间模式下的 UI 组件显示状态

在图 5-4 和图 5-5 中,从上往下顺序排列了最具有典型意义的 Android TextView、ImageView 以及整体这个布局的背景颜色。白天(正常)模式下,可以看到按钮和 TextView 的字都是白色的,那个圆球 ImageView 是灰色的,标题栏是蓝色的。当点击"夜间模式"按钮时,按钮和 TextView 的字变成白色,ImageView 圆球的颜色变成白色,整体的背景颜色换成黑色。这一过程中,涉及的上层 Java 代码模块实现起来比较简单,具体步骤如下。

第一部分,先写上层 Java 代码,比如在一个 MainActivity.java 里面:

```
//实现 Android 白天/夜间模式的关键控制器
private UiModeManager mUiModeManager = null;

@Override
protected void onCreate(Bundle savedInstanceState) {
    super.onCreate(savedInstanceState);
    setContentView(R.layout.activity_main);

    mUiModeManager = (UiModeManager) getSystemService(Context.UI_MODE_SERVICE);
```

```
    //点击"白天模式"按钮,切换到白天模式
    findViewById(R.id.day).setOnClickListener(new View.OnClickListener() {
        @Override
        public void onClick(View v) {
            mUiModeManager.setNightMode(UiModeManager.MODE_NIGHT_NO);
        }
    });

    //点击"夜间模式"按钮,切换到夜间模式
    findViewById(R.id.night).setOnClickListener(new View.OnClickListener() {
        @Override
        public void onClick(View v) {
            mUiModeManager.setNightMode(UiModeManager.MODE_NIGHT_YES);
        }
    });
}
```

MainActivity 实现的功能很简单,即白天模式的按钮以及夜间模式的按钮。当点击任何一个模式的按钮时,就切换到相应的模式。

第二部分,该 MainActivity.java 加载的 activity_main.xml 布局文件如下:

```
    <?xml version="1.0" encoding="utf-8"?>
<LinearLayout xmlns:android="http://schemas.android.com/apk/res/android"
    android:layout_width="match_parent"
    android:layout_height="match_parent"
    android:background="@color/background"
    android:orientation="vertical">

    <Button
        android:id="@+id/night"
        android:layout_width="wrap_content"
        android:layout_height="wrap_content"
        android:layout_gravity="center_horizontal"
        android:text="夜间模式"
        android:textColor="@color/text" />

    <Button
        android:id="@+id/day"
        android:layout_width="wrap_content"
        android:layout_height="wrap_content"
        android:layout_gravity="center_horizontal"
        android:text="白天模式"
```

```
            android:textColor = "@color/text" />

        <ImageView
            android:layout_width = "wrap_content"
            android:layout_height = "wrap_content"
            android:layout_gravity = "center_horizontal"
            android:src = "@drawable/icon" />

        <TextView
            android:layout_width = "match_parent"
            android:layout_height = "wrap_content"
            android:layout_centerInParent = "true"
            android:layout_gravity = "center_horizontal"
            android:gravity = "center"
            android:text = "白天模式/夜间模式的切换\nZhang Phil"
            android:textColor = "@color/text" />

    </LinearLayout>
```

因白天/夜间模式切换受影响的主要是背景、颜色、图片等，这些不能像普通的xml布局定义一样写"死"，需要新建相应的资源文件夹，根据不同的模式进行匹配设置。

可以看到activity_main.xml布局文件中几个基本View，只要跟白天/夜间模式有关的改变就写成相应的配置文件。

第三部分，实现白天/夜间模式的关键：资源文件的设置和编写(颜色部分)。

当上层Java代码启动UiModeManager切换白天/夜间模式时，Android系统会自动加载相应的资源。"相应的资源"具体是什么呢？就是res/values-night和res/drawable-night的配置。

先讲讲代码涉及的颜色值。本例涉及的文本颜色值有按钮和TextView，以及整体的背景颜色，这些颜色在默认的res/values/colors.xml中已经定义，这也是白天模式颜色：

```
        <? xml version = "1.0" encoding = "utf - 8"? >
    <resources >
        <color name = "text"> @android:color/black </color >
        <color name = "background"> @android:color/white </color >
        <color name = "buttonBackground"> @android:color/darker_gray </color >
    </resources >
```

要做夜间模式的颜色，就需要在res目录下新建一个res/values-night目录，重新写一套colors.xml文件。在res/values-night/colors.xml文件中，将Android默认的 res/values/colors. xml 中涉及的相关白天/夜间模式属性定义再准备一套，而这套就是提供给夜间模式的颜色加载使用的。这些颜色值将在 Android 系统调用 setNightMode(UiModeManager. MODE_NIGHT_YES)后自动加载使用。res/values-night/colors. xml 代码如下：

```
    <?xml version="1.0" encoding="utf-8"?>
<resources>
    <color name="text">@android:color/white</color>
    <color name="background">@android:color/black</color>
    <color name="buttonBackground">@android:color/darker_gray</color>
</resources>
```

第四部分，实现白天/夜间模式的关键是资源文件的设置和编写(图片部分)。

受到白天/夜间模式影响的还有一些图片资源，仿照处理 colors. xml 的做法，再准备一套夜间模式的 drawable，放到 res/drawable-night 中。在本例中，放在 res/drawable 目录下的 icon. png 需要两个有区别的图片。

第五部分，注意，res/values/colors. xml 和 res/values-night/colors. xml 中定义的 color 必须同名。

同理，res/drawable 和 res/drawable-night 涉及白天/夜间模式使用的图片也必须同名。最终本例的工程目录结构如图 5-6 所示。

图 5-6　准备两套不同的资源文件目录，匹配白天模式和夜间模式

可以看出，对于解决白天/夜间模式，上层 Java 代码主要将 UiModeManager 作为资源调度器来调度加载不同的配置资源文件，而这些资源文件就是开发者事先写好放在相应文件目录下(res/drawable - night 或者 res/colors - night)同名的图片或者 colors. xml 定义的同名颜色值，这样松耦合白天/夜间模式的切换实现起来灵活、可配置性强、可任意扩展，为用户提供了更好的视觉体验。

5.6 小 结

本章介绍了几种常见的 Android 开发和设计中的 UI 组件编程实现技术路线。像这样的高级组件还有很多细节和更为强大的功能，比如状态栏中消息通知本身可以实现更加复杂的高度定制化二次开发，但是其基本原理和实现途径仍然是本章介绍的技术实现方式的深化。还有像本章中介绍的窗口部件技术，读者可在此基础上加以改造和精细化，实现音乐播放器、天气、时钟窗口小部件等。读者理解了这些高级组件的核心要领后，就可以实现更为强大和高级的 UI 组件功能了。

第 6 章

桌面部件 App Widget

Android 桌面部件 App Widget 代表了一类驻留在设备的桌面，可以实现特定控制功能的窗口部件。App Widget 是显示在别的进程中的轻量级应用视图，可接受周期性更新。App Widget 把一个进程的组件植入到另外一个进程的窗口里面运转，如常见的 Android 桌面上的时间日历、天气预报、音乐播放控制器等此类 Android 组件。

实现 Android App Widget 的具体步骤和所需材料有相对固定的规则，开发者掌握了这些基本原理后，就可以实现各种定制化的桌面小部件了。本章将由浅入深、从简单到复杂，讲述如何实现窗口小部件。

6.1 桌面部件 App Widget 的简单实现

先从一个简单的功能实现开始探索桌面小部件之旅。本节实现一个简单的功能：窗口小部件 Widget 只含有两个 Android 的按钮和 TextView 展示文本。当点击桌面小部件的按钮时，系统当前的毫秒时间 System.currentTimeMillis()就更新显示在 TextView 里面。

首先要在 AndroidManifest.xml 文件代码中定义窗口小部件，这类似于广播的静态注册，代码如下：

```
<receiver android:name = ".AppWidget">
    <intent-filter>
        <action android:name = "action_button" />
    </intent-filter>

    <intent-filter>
        <action android:name = "android.appwidget.action.APPWIDGET_UPDATE" />
    </intent-filter>

    <meta-data
        android:name = "android.appwidget.provider"
        android:resource = "@xml/appwidget" />
</receiver>
```

其中需要在 res/xml 目录下新建一个 appwidget. xml，该文件定义 appwidget-provider 相关布局和 UI 属性、显示的样式。代码如下：

```
<? xml version = "1.0" encoding = "utf - 8"? >
<LinearLayout xmlns:android = "http://schemas.android.com/apk/res/android"
    android:layout_width = "match_parent"
    android:layout_height = "wrap_content"
    android:background = "#33000000"
    android:orientation = "horizontal">

    <Button
        android:id = "@ + id/btn"
        android:layout_width = "wrap_content"
        android:layout_height = "wrap_content"
        android:text = "按钮" />

    <TextView
        android:id = "@ + id/text"
        android:layout_width = "wrap_content"
        android:layout_height = "wrap_content"
        android:text = "text" />

</LinearLayout >
```

之所以同时在 AndroidManifest. xml 文件中定义了下面这段代码：

```
<intent - filter >
    <action android:name = "action_button" />
</intent - filter >
```

是因为在这个例子中，将使用按钮触发点击事件。但 Android 窗口小部件的事件传递和处理机制不像普通 Android Activity，可以直接在类似 Button 的 onClick 回调方法内处理业务逻辑，而是通过广播机制把 Button 触发的事件广播出去。这一事件由 Android 系统传导，注册到 AndroidManifest. xml 里面的事件过滤器正是 action_button，Android 系统把包含过滤器 action_button 的事件传给相关的 RemoteViews，然后由 RemoteViews 处理。

RemoteViews 虽然叫 View，但它并不是一个真正常见的 Android 常规 View，它没有 Android 常规 View 的接口函数和方法。它只是一个用于描述 View 的抽象概念，它不必"寄宿"于某个 App，它能独立运行在 Android 系统中，向 AppWidgetProvider 发送广播通知。

AppWidgetProvider 源自 Android 的广播接收器 BroadcastRecevier，在 App

Widget 里面 update、enable、disable 和 delete 函数方法，在接收到相关通知消息时启动。onUpdate 和 onReceive 是常用的函数。开发者可自行写一个类继承自 AppWidgetProvider，假设此类的名字为 AppWidget，它的实现代码 AppWidget. java 如下：

```
public classAppWidget extends AppWidgetProvider {
    private final String TAG = this.getClass().getSimpleName() + "窗口小部件";
    private final String ACTION_BUTTON = "action_button";

    /**
     * 接收广播事件
     */
    @Override
    public void onReceive(Context context, Intent intent) {
        super.onReceive(context, intent);
        Log.d(TAG, "onReceive");

        if (intent == null)
            return;

        String action = intent.getAction();

        if (action.equals(ACTION_BUTTON)) {
            // 只能通过远程对象来设置 App Widget 中的状态
            RemoteViews remoteViews = new RemoteViews(context.getPackageName(),
                R.layout.appwidget_layout);
            remoteViews.setTextViewText(R.id.text, "时间：" +
                System.currentTimeMillis());

            AppWidgetManager appWidgetManager =
                 AppWidgetManager.getInstance(context);
            ComponentName componentName = new ComponentName(context,
                AppWidget.class);

            // 更新 App Widget
            appWidgetManager.updateAppWidget(componentName, remoteViews);
        }
    }

    /**
     * 到达指定的更新时间或者当用户向桌面添加 App Widget 时被调用
```

```
     * appWidgetIds:桌面上所有的 widget 都会被分配一个唯一的 ID 标识,这个数组就是
     * 它们的列表
     */
    @Override
    public void onUpdate(Context context, AppWidgetManager appWidgetManager, int[]
            appWidgetIds) {
        Log.d(TAG, "onUpdate");

        Intent intent = new Intent(ACTION_BUTTON);
        PendingIntent pendingIntent = PendingIntent.getBroadcast(context, 0, intent, 0);

        // 小部件在 Launcher 桌面的布局
        RemoteViews remoteViews = new RemoteViews(context.getPackageName(), R.lay-
                out.appwidget_layout);

        // 按钮的点击事件
        remoteViews.setOnClickPendingIntent(R.id.btn, pendingIntent);

        // 更新 App Widget
        appWidgetManager.updateAppWidget(appWidgetIds, remoteViews);
    }

    /**
     * 删除 App Widget
     */
    @Override
    public void onDeleted(Context context, int[] appWidgetIds) {
        super.onDeleted(context, appWidgetIds);
        Log.d(TAG, "onDeleted");
    }

    @Override
    public void onDisabled(Context context) {
        super.onDisabled(context);
        Log.d(TAG, "onDisabled");
    }

    /**
     * App Widget 创建启用的时候调用
     */
```

```
    @Override
    public void onEnabled(Context context) {
        super.onEnabled(context);
        Log.d(TAG, "onEnabled");
    }
}
```

AppWidget.java 中的代码实现，是窗口小部件的核心关键。AppWidgetProvider（上面的代码例子中 AppWidget.java 重新实现了 AppWidgetProvider 的关键函数和功能，因此 App Widget 是一个 AppWidgetProvider 的完整实现）和 Android 的广播接收类 BroadcastReceiver 事件处理机制类似。桌面小部件从继承 AppWidgetProvider 开始，本例中的名字叫 App Widget。AppWidgetProvider 是 BroadcastReceiver，所以创建的类也是 BroadcastReceiver，AppWidgetProvider 从某种程度上讲是一个 Android 的广播功能效果的实现。本例重新实现的 AppWidgetProvider——App Widget 只是增设了一些针对性的 onUpdate 这些回调方法。

① 更新函数 onUpdate()。此函数在 Widget 更新时回调执行。当用户首次添加 Widget 时，onUpdate() 亦会被回调，此时的 Widget 就能进行必要的配置工作了。此后当更新 App Widget 时，onUpdate 才会被调用。

② 删除函数 onDeleted(Context, int[])。此函数在 App Widget 被删除时触发调用。

③ 开启函数 onEnabled(Context)。此函数在第一个 Android App Widget 实例构建时触发。换句话说，如果用户对同一个 Widget 增加多次（两个实例以上，增加是指手机用户把这个 App Widget 摆放到手机的桌面，比如时钟 Widget，用户在手机桌面添加两次或两次以上的时钟 Widget），那么 onEnabled() 只会在第一次增加 Widget 时触发。

④ 关闭函数 onDisabled(Context)。此函数在最后一个 Widget 实例被删除时触发。

⑤ 接收函数 onReceive(Context, Intent)。此函数和 Android 广播类似，接收到广播时回调，并会在之前介绍的方法之前被调用。

开发者通常只需重点关注和重写 AppWidgetProvider 里面的 onReceive 和 onUpdate 方法，Android 系统把接收和更新的事件数据传到这两个函数里面，开发者把需要发送和更新的事件数据通过 Android 系统传递到这两个函数中，完成一个完整的事件数据传递过程。onReccive 会收到应用程序发送的很多类似广播的事件。如何筛选出感兴趣的事件呢？通过在 AndroidManifest.xml 定义的不同过滤器进行筛选。

App Widget 的 onUpdate 函数完成 View 的初始化操作。在 App Widget 里面，由于窗口小部件与本地代码运行在不同的内存空间，所以 App Widget 只能通过 RemoteViews 处理与相关 View 绑定的事件响应，这是一种跨域的事件操作。

本例的 RemoteViews 需要的布局文件在 res/layout 下的 appwidget_layout.xml 中定义，该布局就是一个简单的水平线性布局，水平依次放置两个 View——Button 和 TextView，代码如下：

```
<?xml version="1.0" encoding="utf-8"?>
<LinearLayout xmlns:android="http://schemas.android.com/apk/res/android"
    android:layout_width="match_parent"
    android:layout_height="wrap_content"
    android:background="#33000000"
    android:orientation="horizontal">

    <Button
        android:id="@+id/btn"
        android:layout_width="wrap_content"
        android:layout_height="wrap_content"
        android:text="按钮" />

    <TextView
        android:id="@+id/text"
        android:layout_width="wrap_content"
        android:layout_height="wrap_content"
        android:text="text" />

</LinearLayout>
```

最终的程序代码工程结构如图 6-1 所示。

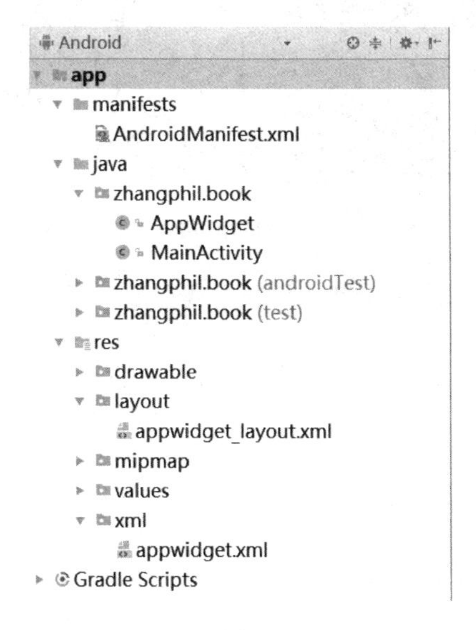

图 6-1 代码存放的工程结构

与 Android 标准 View 需要一个 xml 布局文件复制绘制和实现 UI 界面的机制类似，RemoteViews 将通过 appwidget_layout.xml 这样的 xml 代码文件在手机的桌面窗口实现小部件中的外观 UI 展示。

在 onUpdate 里面完成 View 与事件的绑定后，按照本节的例子所示，对 Button 的点击所产生的事件将会被传递、广播到 App Widget 的 onReceive 中。

App Widget 的交互设计模型是在 onUpdate 里面通过 RemoteViews 把 View 与事件绑定在一起的。之后的事件触发操作，是在 onUpdate 里面通过广播的形式发出去一个 Intent，此广播将由 App Widget 的 onReceive 接收处理。在 App Widget 的 onReceive 中更新桌面小部件的 UI，具体的事件传递路径为 onUpdate 到 onReceive，此过程基于广播机制。

应用程序在手机上安装并启动后，由于该程序是一个 AppWidget 桌面窗口小部件，因此当用户手指长按手机屏幕空白处时，Android 系统就会弹出当前设备所具有的窗口小部件（也称为小组件），然后把本例的小部件拖曳至窗口，就可以对它进行操作了，如图 6-2 所示。

图 6-2　桌面窗口小部件的运行结果

图 6-2 中，点击了“按钮”后，TextView 就正确加载了当前系统毫秒时间。

6.2　桌面部件 App Widget 的定制开发

本节继续对上一节所实现的功能进行增强和改进。本节的程序实现一个相对于上一节例子稍微复杂些的功能：假设桌面小部件只包含一个 Button 按钮和一个 TextView，当点击 Button 按钮后，后台启动一个服务（IntentService 实现），该后台服务每隔一秒就发送一个简单的字符串消息文本数据，然后将此消息数据内容更新到桌面小部件的 TextView 中实时显示。

与上一节相比，这次在 AndroidManifest. xml 有关 receiver 的定义中增加了一个 action：action_update。本节的例子中，Button 按钮的点击事件将触发后台启动服务，后台服务 IntentService 每隔一秒制造一个简单字符串数据，然后将此数据实时以广播形式发给 App Widge，App Widge 收到后，就实时地把最新的系统时间更新写入到桌面小部件的 TextView 中。

1. 定义 App Widget

先在 AndroidManifest. xml 中定义 App Widget，以广播的 receiver 形式定义，本节的定义只增加一个内容，其他内容和上一节中的 AndroidManifest. xml 都保持一致：

```
<intent - filter >
    <action android:name = "action_update" />
</intent - filter >
```

现在有了两个用于广播接收的 action 事件过滤：action_button 和 action_update。其中，action_button 用于在桌面小部件接收用户的点击事件，此 action_button 随即启动后台服务。而后台启动的服务将发送广播数据，数据中的广播过滤器即 action_update。后台广播数据和桌面小部件的更新操作将围绕 action_update 展开。

本例涉及的 res/xml 目录下的 appwidget. xml 代码文件和上一节完全相同，此处不再详列出来。

2. 关键的 AppWidget. java 代码

关键的 AppWidget. java 代码实现如下：

```
public classAppWidget extends AppWidgetProvider {

    ……

    @Override
    public void onReceive(Context context, Intent intent) {
        super.onReceive(context, intent);
        Log.d(TAG, "onReceive");

        if (intent == null)
            return;

        String action = intent.getAction();

        if (action.equals(Constants.ACTION_UPDATE)) {
            String data = intent.getStringExtra(Constants.KEY_DATA);
            Log.d(Constants.KEY_DATA, data);
```

```
            RemoteViews remoteViews = new RemoteViews(context.getPackageName(),
                R.layout.appwidget_layout);
            remoteViews.setTextViewText(R.id.text, data);

            AppWidgetManager appWidgetManager = AppWidgetManager.getInstance(context);
            ComponentName componentName = new ComponentName(context, AppWidget.class);
            appWidgetManager.updateAppWidget(componentName, remoteViews);
        }

        // 点击了“按钮”,开始启动一个后台服务
        if (action.equals(Constants.ACTION_BUTTON)) {
            Intent serviceIntent = new Intent(context, MyService.class);
            context.startService(serviceIntent);
        }
    }

    @Override
    public void onUpdate (Context context, AppWidgetManager appWidgetManager, int[]
                    appWidgetIds) {
        Log.d(TAG, "onUpdate");

        Intent intent = new Intent(Constants.ACTION_BUTTON);
        PendingIntent pendingIntent = PendingIntent.getBroadcast(context, 0, intent, 0);

        // 小部件在 Launcher 桌面的布局
        RemoteViews remoteViews = new RemoteViews(context.getPackageName(), R.lay-
                            out.appwidget_layout);

        // 点击事件
        remoteViews.setOnClickPendingIntent(R.id.btn, pendingIntent);

        // 更新 AppWidget
        appWidgetManager.updateAppWidget(appWidgetIds, remoteViews);
    }

    ……

}
```

RemoteViews 用到的 appwidget_layout.xml,即桌面小部件的布局文件和前一节的相同,故此处省略。

源代码中未对 App Widget 中的 onDeleted、onDisabled 及 onEnabled 进行重写和实现，是因为本例不涉及这些略显次要的技术点；但并不意味着这些回调函数不重要或者无用，事实上，onDeleted、onDisabled 及 onEnabled 三个函数在某些时机或情景下用处颇大，比如当用户删除了桌面小部件，而开发者需要在代码中捕获到用户的删除行为时，就需要在删除桌面小部件时及时接收到系统的回调通知事件，此时就可以在 onDeleted 里面捕获到这一事件。

3. 后台服务 Service

通过 Button 按钮启动一个后台服务，此 Service 服务是一个 Android 的 IntentService，具体实现也可以是 Service。此 Service 功能简单，是由桌面小部件的 Button 按钮触发的，然后在后台启动，启动后在一个 for 循环里面循环产生一个简单的字符串数据，然后以广播的形式广播出去。注意，注入的广播过滤器是之前在 AndroidManifest 定义的 action_update。后台服务的代码 MyService.java 如下：

```
public classMyService extends IntentService {
    private int ID = 0;

    public MyService() {
        super("MyService");
    }

    @Override
    public int onStartCommand(Intent intent, int flags, int startId) {
        return super.onStartCommand(intent, flags, startId);
    }

    @Override
    protected void onHandleIntent(Intent intent) {
        myLongTimeTask(ID++);
    }

    private void myLongTimeTask(int id) {
        for (int i = 0; i <5; i++) {
            Intent intent = new Intent(Constants.ACTION_UPDATE);
            intent.putExtra(Constants.KEY_DATA, "Zhang Phil @ " + id + ":" + i);
            sendBroadcast(intent);

            try {
                Thread.sleep(1000);
            } catch (InterruptedException e) {
```

```
                    e.printStackTrace();
                }
            }
        }
    }
```

不要忘记把 Service 注册到 AndroidManifest.xml 里面,代码如下:

```
<service android:name="zhangphil.book.MyService"/>
```

4. 公共变量 Constants 的定义

公共变量的定义比较次要,但程序中涉及众多公共变量的写入和读出,所以定义了一个单独的 Constants.java 代码类来专门定义公共的变量,代码如下:

```
public classConstants {
    public static final String ACTION_BUTTON = "action_button";
    public static final String ACTION_UPDATE = "action_update";
    public static final String KEY_DATA = "data";
}
```

5. 最终完整的程序代码结构

最后编写完整的工程结构如图 6-3 所示。

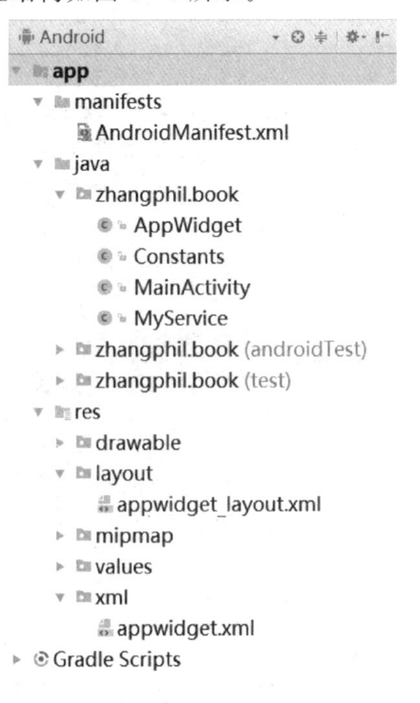

图 6-3　代码的工程目录存放结构

以上代码放到正确的目录文件结构后，在手机上安装并运行程序，长按手机屏幕空白处，就可以调出小部件列表。把自己开发的小部件拖曳到桌面，然后点击“按钮”若干次，在某一时刻显示结果如图 6－4 所示。

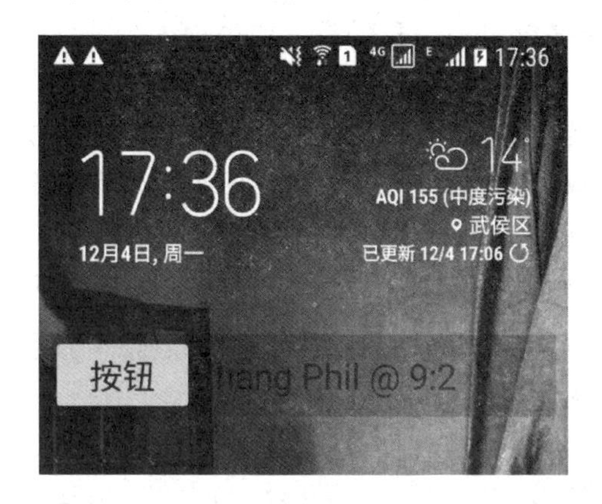

图 6－4　桌面小部件显示按钮事件

掌握了以上要点后，读者就可以在此基础上扩展更加完善和复杂的功能。

6.3　简单音乐播放器的桌面部件 Widget

Android 桌面小部件 AppWidget 比较常用的场景就是音乐播放器。音乐播放器虽然通常在后台播放，但需要在桌面提供一个可以控制播放状态的部件，为用户提供基本的播放、暂停、停止音乐播放的功能，这些功能需要常驻桌面，以等待用户的操控。

在前两节的基础上，本节以一个简单的代码实例说明如何通过桌面小部件实现音乐播放器的播放、停止。简单起见，本例只提供对音乐播放的两种播控功能。

① 播放功能。进入后台的 Service 播放给定的音乐 mp3 文件。之所以要进入后台，利用 Service 播放音乐文件，原因是移动设备在播放音乐的同时，不能妨碍用户的其他操作(Android 播放音乐、播放视频这类的任务的执行，会十分消耗系统资源，比较容易引发内存和 CPU 计算资源的紧张。如果这样的操作直接放置在前台 UI 主线程中执行，势必会和 UI 主线程争抢宝贵的计算资源，极有可能因为 UI 主线程卡顿)，因此播放音乐这一行为是一个典型的后台任务。

② 停止功能。停止播放音乐可以通过 Android Service 的 stopService 直接关闭播放音乐文件的服务，即停止了音乐的播放。

为实现上述目标，需要在桌面的小部件布局中增设两个按钮，这两个按钮分别实现播放和暂停音乐播放功能。这两个按钮不妨就以 Android 系统默认的播放(@android:drawable/ic_media_play)图标和暂停(@android:drawable/ic_media_pause)图标作为 Button 的按钮使用。基本的功能点要求如前所述，当点击了“播放”按钮后，在 Android 的 Service 中就开始启动后台服务播放 mp3 音乐文件(本例暂时随意放置在 SDCard 根目录下一个名为 zhangphil.mp3 的音乐文件作为音频源文件)；当点击了“停止”按钮后，在 Android 的 Service 中就通过 stopService 函数方法停止音乐文件服务，也即停止播放 zhangphil.mp3 文件。

和 6.1 节、6.2 节中的例子相比，本例不需要更新桌面小部件的表现形式，仅需要处理由桌面小部件传导过来的点击事件，对这些响应的点击事件(如在桌面小部件中点击按钮触发了播放音乐的事件，以及在桌面小部件中点击“停止”按钮触发了停止播放音乐的事件)，均放置在 onReceive 里面处理。

在 AndroidManifest.xml 里面定义标准的 widget，代码如下：

```
<receiver android:name = "zhangphil.book.AppWidget">
    <intent - filter >
        <action android:name = "action_play" />
    </intent - filter >

    <intent - filter >
        <action android:name = "action_stop" />
    </intent - filter >

    <intent - filter >
        <action android:name = "android.appwidget.action.APPWIDGET_UPDATE" />
    </intent - filter >

    <meta - data
        android:name = "android.appwidget.provider"
        android:resource = "@xml/appwidget" />
</receiver >
```

本例涉及的 res/xml 目录下的 appwidget.xml 代码文件和前两节相同，故此处从略。

Service 作为后台服务播放音乐，不要忘记在 AndroidManifest.xml 里面定义如下代码：

```
<service android:name = "zhangphil.book.MyService" />
```

MyService 实现了一个 Android 标准的 Service，MyService 将负责在后台播放或者停止音乐播放，代码如下：

```
public classMyService extends Service {
    // 音乐播放器
    private MediaPlayer mMediaPlayer;
```

```
    // 音频文件
    private File audioFile;

    @Override
    public void onCreate() {
        super.onCreate();

        mMediaPlayer = new MediaPlayer();

        // 根目录
        File sdcard = Environment.getExternalStorageDirectory();
        audioFile = new File(sdcard, "zhangphil.mp3");
    }

    @Override
    public int onStartCommand(Intent intent, int flags, int startId) {
        // 重置
        mMediaPlayer.reset();

        // 设置播放器的声音源
        try {
            mMediaPlayer.setDataSource(audioFile.getAbsolutePath());
        } catch (Exception e) {
            e.printStackTrace();
        }

        // 也可以从一个静态资源文件中加载音频数据源
        // mMediaPlayer.create(this, R.raw.xxx)。

        if (! mMediaPlayer.isPlaying()) {
            try {
                mMediaPlayer.prepare();
            } catch (Exception e) {
                e.printStackTrace();
            }

            mMediaPlayer.start();

            // 如果设置循环 true,那么将循环播放
            // mMediaPlayer.setLooping(true)
        }
```

```
            return super.onStartCommand(intent, flags, startId);
        }

        @Override
        public void onDestroy() {
            super.onDestroy();

            mMediaPlayer.stop();
            mMediaPlayer.release();
            mMediaPlayer = null;
        }

        @Override
        public IBinder onBind(Intent intent) {
            return null;
        }
    }
```

MyService 的 onCreate 函数完成音乐播放器 MediaPlayer 和 mp3 音频源文件的初始化工作。在 Android 的 Service 里面，通过 onStartCommand 函数控制音乐播放（播放或停止），onStartCommand 函数启动了一个 Android 的后台任务，此后台任务即通常所说的 Service 后台任务，在此是播放音乐文件。

MyService 如果被停止，就直接回收音乐播放器，从而导致音乐播放停止。该服务播放音乐涉及文件读权限，因此不要忘记在 AndroidManifest.xml 里面增加文件访问权限，代码如下：

```
<uses - permission android:name = "android.permission.READ_EXTERNAL_STORAGE"/>
```

核心关键的 AppWidget.java 代码实现如下（注意与 6.1 节和 6.2 节代码的异同对比）：

```
public classAppWidget extends AppWidgetProvider {
    private final String TAG = getClass().getSimpleName() + "窗口小部件";

    @Override
    public void onReceive(Context context, Intent intent) {
        super.onReceive(context, intent);
        Log.d(TAG, "onReceive");

        if (intent == null)
            return;
```

```
        String action = intent.getAction();

        // 停止播放
        if (action.equals(Constants.ACTION_STOP)) {
            Intent serviceIntent = new Intent(context, MyService.class);
            context.stopService(serviceIntent);
        }

        // 点击了按钮,启动一个后台服务播放
        if (action.equals(Constants.ACTION_PLAY)) {
            Intent serviceIntent = new Intent(context, MyService.class);
            context.startService(serviceIntent);
        }
    }

    @Override
    public void onUpdate(Context context, AppWidgetManager appWidgetManager, int[] ap-
pWidgetIds) {
        Log.d(TAG, "onUpdate");

        RemoteViews remoteViews = new RemoteViews(context.getPackageName(), R.lay-
out.appwidget_layout);

        // 播放图片作为按钮,绑定播放事件
        Intent intentPlay = new Intent(Constants.ACTION_PLAY);
        PendingIntent pendingIntentPlay = PendingIntent.getBroadcast(context, Con-
stants.REQUEST_CODE_PLAY, intentPlay, PendingIntent.FLAG_UPDATE_CURRENT);
        remoteViews.setOnClickPendingIntent(R.id.play, pendingIntentPlay);

        // 停止图片作为按钮,绑定停止事件
        Intent intentStop = new Intent(Constants.ACTION_STOP);
        PendingIntent pendingIntentStop = PendingIntent.getBroadcast(context, Con-
stants.REQUEST_CODE_STOP, intentStop, PendingIntent.FLAG_UPDATE_CURRENT);
        remoteViews.setOnClickPendingIntent(R.id.stop, pendingIntentStop);

        // 更新 App Widget
        appWidgetManager.updateAppWidget(appWidgetIds, remoteViews);
    }

    @Override
    public void onDeleted(Context context, int[] appWidgetIds) {
```

```
        super.onDeleted(context, appWidgetIds);
        Log.d(TAG, "onDeleted");
    }

    @Override
    public void onDisabled(Context context) {
        super.onDisabled(context);
        Log.d(TAG, "onDisabled");
    }

    @Override
    public void onEnabled(Context context) {
        super.onEnabled(context);
        Log.d(TAG, "onEnabled");
    }
}
```

App Widget 中 RemoteViews 用到了布局文件 appwidget_layout.xml，代码如下：

```
<?xml version="1.0" encoding="utf-8"?>
<LinearLayout xmlns:android="http://schemas.android.com/apk/res/android"
    android:layout_width="match_parent"
    android:layout_height="wrap_content"
    android:background="#33000000"
    android:orientation="horizontal">

    <ImageView
        android:id="@+id/play"
        android:layout_width="wrap_content"
        android:layout_height="wrap_content"
        android:src="@android:drawable/ic_media_play"/>

    <ImageView
        android:id="@+id/stop"
        android:layout_width="wrap_content"
        android:layout_height="wrap_content"
        android:src="@android:drawable/ic_media_pause"/>
</LinearLayout>
```

定义公共静态变量 Constants.java，代码如下：

```
public classConstants {
    public static final String ACTION_PLAY = "action_play";
    public static final String ACTION_STOP = "action_stop";
    public static final int REQUEST_CODE_PLAY = 0xd05;
    public static final int REQUEST_CODE_STOP = 0xd06;
}
```

公共变量不是重点，但是会使用到，因此提取出来单独定义。

由于本例中的应用程序播放音乐的功能模块使用了本地的 mp3 音频文件，所以需要事先在设备的外部存储器根目录放置一个 mp3 文件。这个 mp3 文件即是打算播放的音乐文件，本例中的 mp3 文件命名为 zhangphil. mp3。

运行结果如图 6-5 所示。

图 6-5　实现一个简单的音乐播放器控制条

点击"播放"按钮后，音乐播放器就开始播放音乐；当点击"暂停"按钮后，音乐就停止。至此，使用 Android 的 App Widget，我们就实现了桌面的音乐播放控制台功能。

6.4　小　结

Android 的桌面部件 App Widget 是一个重要且功能强大的组件，桌面部件 App Widget 经过复杂的设计和开发，可以实现丰富多彩的控制功能和内容展现功能，比如精简的音乐播放控制条、桌面天气部件、桌面时钟、桌面日历等。

AppWidgetProvider 是 Android 中用于实现桌面小部件的工具类，其本质是 Android 的一个广播 BroadcastReceiver。AppWidgetProvider 继承自 Android 的 BroadcastReceiver，它可以接收 Widget 的广播事件，例如常见的更新、删除、启动和禁用等，以及自定义事件类型。

本章内容从简单的 App Widget 开始，逐步深入到音乐播放器控制条，所介绍的知识点就是以 App Widget 为基础，包含了实现这些桌面功能和 UI 的关键技术。掌握了这些原理和技术点后，剩下的工作就是大量的工程实践，在 App Widget 实现的原理基础上，构筑更为精美和繁复的代码实现。

第 7 章

OkHttp 一揽子网络技术解决方案

OkHttp 是 github 上一个十分流行的网络 I/O 开源项目，其项目主页是 https://github.com/square/okhttp 。截至写作本书时，OkHttp 已经发展到版本 3.9.0 了，即 OkHttp3。

OkHttp 提供了一揽子 Java 和 Android 平台上的稳健的网络编程开发通用解决方案，使得开发者可以轻松、愉快地以同步或者异步方式进行网络数据存取和读写，短短几行代码就可以实现复杂的网络同步/异步编程开发。

Android 平台开源的网络开发框架不少，比如常见的 Volley、AsyncHttpClient 等，OkHttp 是目前相对流行的第三方开源网络编程框架。一些开发者逐渐不再使用原先旧的 AsyncHttpClient，因为 AsyncHttpClient 底层的实现，使用了 Android 旧的网络请求 API，而在新版的 Android SDK 中，这些 API 不再被支持或遭废弃。并且旧式的 Android 平台上的 AsyncHttpClient 不支持数据缓存。OkHttp 与这些网络技术框架相比，凸显出更多的优势。

7.1 OkHttp 异步方式下载

现在用一个简单的例子说明 OkHttp 异步下载的网络编程模型。这个例子很简单，先在一个 xml 布局中放一个 ImageView，然后使用 OkHttp 对某一图片的网络 URL 地址发起请求，将请求得到的图片字节数据组装成 Android 的 Bitmap，然后把这个 Bitmap 设置到 ImageView 显示出来。

布局文件很简单，只有一个 ImageView，这里不再赘述了。上层 Java 代码使用 OkHttp，代码如下：

```
//获得 OkHttpClient 实例
mOkHttpClient = new OkHttpClient();

// 创建 OkHttpClient 请求
Request mRequest = new Request
        .Builder()
        .url(imageUrl)
```

```
        .build();

    Call mCall = mOkHttpClient.newCall(mRequest);

    // 请求加入队列
    mCall.enqueue(new Callback() {
        @Override
        public void onResponse(Call call, Response response) throws IOException {
            // response 代表 OkHttp 从服务器取得的响应数据包
            if (response.isSuccessful()) {
                // response.body()是图片的字节数据
                byte[] bytes = response.body().bytes();
                // response.body().close();//可选

                // 把 byte 字节组装成 Bitmap 图片
                final Bitmap bitmap = BitmapFactory.decodeByteArray(bytes, 0, bytes.length);

                // 回调是运行在非 Android UI 主线程
                // 数据请求成功后,切换到 Android UI 主线程中更新
                runOnUiThread(new Runnable() {
                    @Override
                    public void run() {
                        // 网络图片请求成功,更新到主线程的 ImageView
                        mImageView.setImageBitmap(bitmap);
                    }
                });
            }
        }

        @Override
        public void onFailure(Call call, IOException e) {
            // 此处处理请求失败的逻辑
        }
    });
```

代码使用了 OkHttp 异步加载的方式读取网络数据。OkHttp 的实例化对象 OkHttpClient 操作 OkHttp 的请求装配、任务队列创建等重要工作。

OkHttp 的 http 请求以 Request 为代表,该类代表了一个封装的 http 请求。Request 通过 Request.Builder 构建一个具体的 http 网络请求,比如通过 url()函数接收网络请求的链接地址。每一个网络数据请求都是一个 Request,OkHttp 中的 Request 是对 url、header、body 的封装。

创建配置好的 Request 传入到 OkHttpClient 的 newCall，获得一个在 OkHttp 体系中的 Call。该 Call 进入 enqueue 网络请求队列之后，就预示着 http 的网络请求开始启动了。OkHttp 中的 Call 对象创建之后，它就像 Java 标准 Socket 一样开始连接远程服务器地址，后续的网络读写在本例中是一个异步的 OkHttp，那么当 enqueue 到请求队列之后，在一个 Callback 里面异步等待数据返回即可。

onResponse 代表了 OkHttp 获得的服务器端响应回调方法，Response 实例对象 response 即是开发者需要的数据。response 是服务器返回的数据包。如果服务器返回的是 JSON 数据块，那么 response. body(). string()数据即为 JSON 的字符串数据形式。但要注意的是，response. body()函数的调用是一次字节流的读操作，读操作完毕后，如果开发者再次在代码的其他地方以同样的方式打算通过 response. body()获取数据，那么此时的 response. body()返回的就是空数据了。所以一般的方法是，给 response. body(). string()赋予一个由开发者自定义的字符串对象，然后在这个对象上操作数据。最常见的情况是，开发者想查看服务器返回的数据是什么，如果服务器返回正确的数据，则执行接下来的正常逻辑；否则按照错误的分支逻辑执行，那就需要先查看 response. body()到底是什么数据内容。但是如果先通过 response. body()把数据解析出来，接下来若按正常的逻辑想再次通过 response. body()获取完整的数据，就会发现 response. body()已经关闭（注意，response. body()是 Java 流的数据操作，因此存在流数据读写的关闭或打开状态），此时 response. body()返回的数据为空。

因此一般为 response. body(). string()赋予一个自定义的缓冲数据，代码如下：

```
String s = response.body().string();
```

这样得到字符串 s，就可以把 response. body()的数据存储下来，任意使用。

本例请求的是一张图片。那么这张图片的比特字节数据存放在 response. body()，我们把 response. body()转换为字节，就是所需的 Bitmap 字节数据。

OkHttp 前期所需的 Request 和 Call 构造完毕后，开发者只需重点关注 onResponse 回调函数从服务端读取到数据。在 onResponse 里面拿到期望的数据 response. body()就圆满完成了一次网络请求。但是网络编程往往不是一帆风顺的，可能发生网络超时、网络链接断开、读取意外失败等网络异常情况，故而 OkHttp 为开发者增设了 onFailure 回调函数。

onFailure 函数是在服务器端超时、拒绝服务等网络 I/O 失败时需要做出的善后事件动作。这很有用，因为网络 I/O 请求并不总是成功的，通过 OkHttp 加载成功时可以让 onResponse 按照正常逻辑处理即可，但是网络请求万一失败，也应该有相应的善后和容错机制，这才是一个成熟网络加载框架的标配。

出于对代码健壮性的考量，通常需要在解析 response 之前做一次判断。判断此次的服务器响应是否成功的代码是 response. isSuccessful()。

如果成功，则继续往下走业务逻辑，否则不必进行无意义的操作。

需要注意的是，OkHttp 的 onResponse 回调函数代码运行在一个普通的 Java 线程里，这个线程不是 Android 的 UI 主线程，如果在这里要进行 mainThread(Android UI 主线程)的操作(如把请求回来的图片设置到 UI 界面上去)，就需要在 onResponse 函数里面做一次线程切换，切换到主线程设置 UI 界面元素。本例使用 Android 的 runOnUiThread 把设置 ImageView 动作包裹进主线程操作，通过 runOnUiThread 切换到 Android 的主线程，进行主线程上的 View 操作。

有一点要特别小心，由于本例的 OkHttp 网络数据加载是异步操作，有可能会发生 OkHttp 网络请求还没有结束，Android 代码已经退出的情况。具体的情景常常发生在这样的场合：开发者在代码中用 OkHttp 进行了一个很长的耗时操作任务，这个任务是下载一个大块文件数据，OkHttp 转入异步线程(后台任务)执行，但是手机用户等待一段时间后就很不耐烦了，于是按了 Android 的返回键，导致 Activity 退出，App 应用程序进入 Activity 的 onDestory 生命周期。这种情况下，当异步处理结果执行完再回到前台设置 Activity 里面的 View 操作时，Android 系统就抛出 java.lang.NullPointerException 空指针错误，这将导致 App 崩溃闪退。因此，出于对代码的健壮性考虑，一般的解决方案是，可以在应用程序退出时，在当前执行 OkHttp 任务的 Activity 或 Fragment 里，生命周期函数 onDestory()主动结束 OkHttp 所有同步或者异步网络加载。例如，可在 Activity 的 onDestory 里面结束 OkHttp 同步/异步加载任务，代码如下：

```
@Override
protected void onDestroy() {
    super.onDestroy();
    //取消所有 OkHttp 的网络操作
    mOkHttpClient.dispatcher().cancelAll();
}
```

因为本例是网络加载数据程序访问网络，故需要在 AndroidManifest.xml 中添加网络权限，有了网络权限后本例才能正常运行。这里简单总结一下 OkHttp 异步加载数据的几大步骤。

第一步，需要创建一个网络请求 Request，开发者最关心的莫过于传入的请求链接地址 url。这一步骤的关键在于创建 Request 对象。

第二步，把第一步创建好的 Request 传入 OkHttpClient 的 newCall，这一步的目的是为了获得一个 OkHttp 的 Call。这个 Call 是为下一步启动网络传输做准备。

第三步，有了 Call 对象实例后，Call 对象实例调用函数 enqueue 进入网络加载队列，然后 OkHttp 就在后台启动异步数据加载任务。这一步的关键是把第二步的 Call 通过 enqueue 压入网络请求队列。

最后一步，就是品尝胜利的果实了，直接从回调类 Callback 的函数 onResponse 提取出服务器返回的客户端所需的数据对象 response。response 成功到手后，就代表着一次网络请求顺利执行完毕。

OkHttp 只需这四步就处理完毕一次网络请求，并兼顾了网络异常情况的逻辑切换。这样是不是很简单和优雅呢？

7.2 OkHttp 同步方式加载数据

在网络编程的模型中，加载数据的方式无非就两种：同步方式和异步方式。前一节介绍了如何使用 OkHttp 以异步的方式加载数据。OkHttp 同样可以以同步方式加载数据。在 OkHttp 体系架构中，同步加载方式和异步加载方式的差别在于，当获得 Request 实例后，下一步的操作策略不同。在这里要做出两种选择，这两种选择决定了后续的加载方式是同步抑或异步。

如果是异步方式，那么就像前一节介绍的那样，把该 Request 传给 OkHttpClient，构造一个 Call，再将 Call 压入队列，enqueue 启动网络请求，在 Callback 回调里面以异步的方式等待服务器响应，直到触发 Callback 的 onResponse 或者 onFailure 回调（要么成功，要么失败）。

OkHttp 的异步加载方式能处理绝大多数网络请求开发场景。Android 在绝大多数网络加载的开发场景中，需要的也正是这种异步加载网络数据的方式。

但是在某些特殊网络加载数据情景下，开发者可能仍需要以同步的方式处理网络请求。同步方式加载网络数据的简单过程是：发起一个网络请求，然后阻塞，阻塞式等待，直到服务器的响应数据返回，才接着执行后续代码和业务逻辑。

OkHttp 支持上述的同步加载机制。OkHttp 的同步加载过程，和异步请求加载数据机制相比更为简单。简单地说，先把 Request 对象传递给 OkHttpClient，OkHttpClient 通过方法 newCall 构造一个 Call，得到 Call 对象实例后，由开发者决定是以异步还是同步方式请求网络数据，差别就出现在得到 Call 对象之后。如果是异步，那就把这个 Call 对象实例 enqueue 压入到异步请求队列；如果想以同步方式加载网络数据，那就直接执行 execute。调用方法 execute 后，就是同步加载了。程序代码在调用 execute 函数后进入阻塞（停止运行），execute 函数一直等待，直到服务器响应的应答数据返回，程序才接着执行 execute 之后的代码。

比如开发者自己定义一个方法函数 loadImage，该函数通过入参已经获得了 Request 对象实例（作为函数参数传递过来），然后 OkHttp 同步加载，完成后把 Bitmap 设置到 ImageView 里面。其代码如下：

```
private voidloadImage(final ImageView imageView, Request request) {
    try {
        Response response = mOkHttpClient
                .newCall(request)
```

```
                .execute();
        //阻塞,直到服务器返回响应才执行下面的代码

        if (response.isSuccessful()) {
            byte[] bytes = response.body().bytes();
            final Bitmap bitmap = BitmapFactory.decodeByteArray(bytes, 0, bytes.length);

            runOnUiThread(new Runnable() {
                @Override
                public void run() {
                    imageView.setImageBitmap(bitmap);
                }
            });
        }
    } catch (IOException e) {
        e.printStackTrace();
    }
}
```

在 Android 里面不可能让 loadImage 这样阻塞主线程,所以会把 loadImage 线程化。最简单的处理莫过于新建一个 Java Thread,把 loadImage 放到 Runnable 里面。其代码如下:

```
newThread(new Runnable() {
    @Override
    public void run() {
        loadImage(mImageView, mRequest);
    }
}).start();
```

在这种情况下,loadImage 转入到后台的 Java 线程中执行,但是执行结果由于需要跳回到 Android 主线程触碰 ImageView,因此需要借助 runOnUiThread 包裹 ImageView 的设置动作。

7.3 OKHttp 的 post 上传

常见的 Android 网络开发,不仅需要下载数据,还需要上传(上载)数据。比如常见的上传用户头像,上传用户名和密码以校验用户的有效合法性,其实就是客户端发起对服务器端的一次上传请求。

OkHttp 的上传请求和下载请求主干代码相同,它们的主要差异体现在请求的 Request 构造阶段。OkHttp 在下载和上传阶段初始化代码,从 Request 构建,直到

获得 Call 对象实例为止，上传和下载这一阶段开发者要写的代码相同。但是接下来如果是网络上传任务的代码编写和实现，则需要构造一个 RequestBody，然后在构造 Request 时将该 RequestBody 实例传递给 post 函数。

RequestBody 是请求实体类，是 OkHttp 上传数据的关键所在，RequestBody 的 writeTo 函数可获取输出流，借此可将数据回写到服务器上去。RequestBody 是抽象类，不能直接创建出来进行实例，但可通过 Builder 构造器建造。

1. 上传基本文本键值

如果只是上传给服务器端一些简单的文本键值，可以如下简单处理：

```
RequestBody mRequestBody = new FormBody.Builder()
    .add("key1", "value1")
    .add("key2", "value2")
    .build();

Request mRequest = new Request
    .Builder()
    .url("此处是 post 上传需要的 url 链接")
    .post(mRequestBody)
    .build();
```

2. 上传 JSON 类型数据

如果上传的是 JSON 数据类型，则需要在构造 RequestBody 时定义媒体类型 MediaType：

```
MediaType JsonMediaType = MediaType.parse("application/json; charset = utf - 8");
RequestBody mRequestBody = RequestBody.create(JsonMediaType, "Json 数据块");
```

可采用 ResponseBody.charStream()响应头部的 Content - Type，以指定的字符集编码格式解析数据集，通常默认的字符集编码是 UTF - 8 格式。

核心函数是 RequestBody 的 create 函数，该函数上传字节数据，也可以上传字符串数据和 File 文件。如果开发者只是打算往服务器上传一个常规的字符串数据(如 Java 的字符串)，那么可以使用这个 create 函数。JSON 数据类型可以转换为字符串，字符串又可以转换为字节，那么也意味着通过这个函数可以上传 JSON 数据类型。要知道，Java 的字符串对象和 File 文件是可以转换成字节数组的。然而，通常 File 文件数据量很大，File 文件直接转换成字节数组太消耗内存空间，因此 OkHttp 专门开辟了 File 文件的专属上传函数。

3. 上传单个二进制字节流 Java 文件

如果使用 OkHttp 上传普通的二进制字节流文件，须基于 application/octet-stream 字节流媒体类型进行上传。首先定义一个流字节媒体的 MediaType，然后根据 Java 的 File 创建 RequestBody，代码如下：

```
File file = new File("文件路径");
MediaType mediaType = MediaType.parse("application/octet-stream");
RequestBody mRequestBody = RequestBody.create(mediaType, file);
Request mRequest = new Request.Builder()
    .url("此处是 post 上传需要的 url 链接")
    .post(mRequestBody)
    .build();
```

通过专属的上传文件函数上载 Java 文件，其核心是 create 函数在创建时导入一个 Java 文件对象。接下来，OkHttp 为开发者封装了复杂的 writeTo 服务器的过程，这个底层实现的往服务器写数据过程的实现方式与常规 Java 文件字节数据流读写编程模型相同。

4. 上传多个文件

如果使用 OkHttp 一次上传多个字节流文件，则需要用到 addFormDataPart，以表格 FORM 的形式上传。代码如下：

```
File file1 = new File("文件路径 1");
File file2 = new File("文件路径 2");

MediaType mediaType = MediaType.parse("application/octet-stream");

RequestBody fileBody1 = RequestBody.create(mediaType, file1);
RequestBody fileBody2 = RequestBody.create(mediaType, file2);

RequestBody mRequestBody = new MultipartBody.Builder()
    .setType(MultipartBody.FORM)
    .addFormDataPart("image", file1.getName(), fileBody1)
    .addFormDataPart("image", file2.getName(), fileBody2)
    .build();

Request mRequest = new Request.Builder()
    .url("此处是 post 上传需要的 url 链接")
    .post(mRequestBody)
    .build();
```

构建完 RequestBody、Request 后，剩余的上传（上载）工作，和前面的异步/同步下载代码相同。开发者编写的程序在回调函数 onResponse 里面等待服务器应答和解析相应的上传、下载数据。

7.4 OkHttp 的基本配置

前面两节介绍了使用 OkHttp 进行下载和上传的基本方法。和 Java 标准的 Socket、HttpURLConnection 一样，在正式的网络上传和下载前，OkHttp 允许开发者对网络进行自定义配置，比如配置基础的读超时、写超时以及缓存策略等。本节将介绍 OkHttp 常用的网络配置。

7.4.1 OkHttp 超时设置

网络编程中难免遇到网络质量不佳、服务器响应时间太长或者服务器出现异常等情况。在这种情景下，上层的逻辑处理应在适当的时机规定超时时间，当网络请求的时间超过超时时间时，系统展开相应的超时处理分支逻辑，而不一定非要让代码和用户继续做无谓的等待。代码如下：

```
OkHttpClient.Builder mBuilder = new OkHttpClient.Builder();

//连接超时的阈值。这里是 60 s
mBuilder.connectTimeout(60, TimeUnit.SECONDS);

//在一个连接中的写超时的阈值。这里是 10 s
mBuilder.writeTimeout(10, TimeUnit.SECONDS);

//在一个连接中的读超时的阈值。这里是 10 s
mBuilder.readTimeout(10, TimeUnit.SECONDS);

//如果连接失败则进行重连重试操作
mBuilder.retryOnConnectionFailure(true);

//配置好 OkHttp 后，即可开始正式的网络加载任务了
OkHttpClient mOkHttpClient = mBuilder.build();
```

在以上设置超时时间的函数中，前面是一个具体的 long 类型值，后面通过 TimeUnit 规定该值是一个什么样的时间单位。开发者可枚举指定常见 TimeUnit 类型：秒(TimeUnit. SECONDS)、毫秒(TimeUnit. MILLISECONDS)、分(TimeUnit. MINUTES)、时(TimeUnit. HOURS)、天(TimeUnit. DAYS)等。

如果设置的超时时间太短，则会引发很多不必要的连接超时。比如，当前服务或者物理网络链路可以提供连接服务，由于暂时的负荷超载造成一定程度的拥塞，需要让渡一些时间给服务器和物理网络链路消化，但服务器端和物理网络链路并未瘫痪，这种情况确实需要客户端耐心等待。

如果设置的超时时间太长，那么若物理网络链路和服务器端真的瘫痪，以至于无法对外提供服务时，这时候等待太长的超时时间显然是浪费。因此开发者要结合自身实际的网络质量和服务器性能，权衡超时时间的阈值，超时时间过短或者过长都不合适，要选取合理的超时时间。

7.4.2 OkHttp 配置缓存策略

无论是前一小节的超时时间还是本小节即将介绍的缓存设置，从根本上讲，其目的都是为了取得更佳性能的网络加载效果。说到网络加载，缓存这一块是绕不过去的。毫无疑问，网络加载中，缓存策略使用得当，将极大提高网络加载性能和效能。

先说说为什么需要网络缓存？首先，网络加载一批数据，对于服务器端、网路链接环节以及 Android 客户端来说，都是不小的系统性开销。在计算机领域，提高计算性能的技术和理论，往往从两个角度出发：降低成本和开销；提高资源利用效能。

如果获取资源的计算开销和成本无可避免，那就提高资源的利用率，资源充分利用，发挥出最大利用价值。这就是 OkHttp 引入缓存概念性设计的原因和背景。试想，刚刚根据一个图片的 URL 链接地址，从服务器端读取了一张较大尺寸的图片，大小为 MB 量级，这张图片经过物理网络链路花费了较长时间总算加载到 Android 设备上，可是，程序很快又要加载一张同样的图片。那么，现在有必要再次花费同样的代价下载一张一模一样的图片吗？显然不必。此时应该把之前的图片缓存下来，不管采取什么样的缓存策略，如果后续在一定时间内程序代码请求同样的图片，那么就无须通过网络访问服务请求，而是直接将本地缓存的图片取出来复用。这么做有两大好处：第一，速度快；第二，节省了各种开销，包括物理的网络链路开销和 Android 客户端本身的计算开销。

之所以“在一定时间内”请求同样的图片使用缓存，是因为缓存的数据和内容是有有效期的，经过较长一段时间，本地的数据和缓存内容就会过期失效，和服务器端最新的数据和内容就不同步了。因此，但凡缓存策略和机制，均有缓存过期时间（亦称有效期）阈值，短则几秒，长则数天，具体缓存时间视具体情况而定。

OkHttp 也是这样制定缓存策略和机制的。

1. OkHttp 缓存时间

OkHttp 缓存时间的代码如下所示：

```
Request mRequest = new Request.Builder()
        .cacheControl(new CacheControl.Builder()
        .maxAge(60, TimeUnit.SECONDS).build())
        .build();
```

OkHttp 缓存时间是在构造 Request 时配置的，由 CacheControl.Builder()这一构造器的 maxAge 制定。maxAge 函数第一个参数指定了具体的数值，第二个参数是时间单位，在上面的代码中，指定了该缓存时间有效期为 60 s。也就是说，如果在 60 s 内，程序发起了对同样数据内容的网络请求，OkHttp 将直接从本地缓存中取数据，而不会再通过网络到服务器中取数据。如果超过了 60 s 这一时间阈值，那么意味着缓存数据将失效；之后若再有网络请求，那么接下去的网络请求将直接到服务器中读取新数据。

2. 强制使用最新的服务器数据

但是有的时候，可能服务器的数据变化非常快，比如投票、计数、消息服务器等，这些数据的特点是变化很快，瞬息万变，因此，必须每次都获取最新数据，代码如下：

```
Request mRequest = new Request.Builder()
     .cacheControl(CacheControl.FORCE_NETWORK)
     .build();
```

这一设置将强制 OkHttp 在发起的网络数据请求中忽略本地任何缓冲数据或者缓存策略。实际上，OkHttp 在内部实现 CacheControl. FORCE_NETWORK 缓存策略时，Request 的缓存策略构造器创建的是 noCache（即不使用缓存），看一看 OkHttp 内部实现该机制的源代码：

```
public static finalCacheControl FORCE_NETWORK = new Builder().noCache().build();
```

在 OkHttp 的 Request 请求参数中，配置了缓存控制策略为 CacheControl. FORCE_NETWORK 后，系统将强制 OkHttp 每一次网络数据请求绕开缓存，不再使用缓存。

3. 强制使用本地缓存数据

强制 OkHttp 一直使用缓存数据的代码（不过这种场景不是很常见）如下：

```
Request mRequest = new Request.Builder()
     .cacheControl(CacheControl.FORCE_CACHE)
     .build();
```

缓存是有有效时间的，超过了缓存的有效时间，缓存将失效。这是各种网络请求框架实现缓存策略的基本机制。而 OkHttp 强制使用本地缓存 CacheControl. FORCE_CACHE 的内部源代码实现，其实是给 OkHttp 缓存设置了一个几乎无限长（Integer. MAX_VALUE）的缓存超时时间，也即缓存“永”不失效，且看 OkHttp 内部实现 CacheControl. FORCE_CACHE 的源代码：

```
public static finalCacheControl FORCE_CACHE = new Builder()
     .onlyIfCached()
     .maxStale(Integer.MAX_VALUE, TimeUnit.SECONDS)
     .build();
```

强制使用缓存的情况较少，但亦有其用途。如果 App 遭遇较长时间的断网或服务器故障，开发者可以在程序中根据一定的应急预案规则，机动配置 App 暂时读取和使用缓存数据，这样至少还能提供给用户数据和内容，而不会导致 App 因为断网或连接不上服务器读不到任何数据。

4. 构造专属的 OkHttp 缓存文件目录系统

所谓缓存，就是把数据暂时存储到本地文件系统中。如果开发者没有主动配置 OkHttp 缓存文件系统，那么 OkHttp 会采取默认的缓存文件夹缓存数据。当然，开发者可编程定制缓存文件目录路径，代码如下：

```
//缓存文件路径
File cacheFile = new File(getExternalCacheDir().toString(), "my_okhttp_cache");

//最多缓存 10 MB 数据
int cacheSize = 10 * 1024 * 1024;

Cache mCache = new Cache(cacheFile, cacheSize);

OkHttpClient mOkHttpClient = new OkHttpClient.Builder()
    .cache(mCache)
    .build();
```

OkHttp 的缓存配置是通过 Cache 类实现的，缓存的数据无疑是通过文件的形式存储到设备本地(手机存储器上)，OkHttp 可以通过 Cache 类配置和管理缓存网络数据的缓存文件，这需要给 Cache 类指定文件路径和大小。上面的代码构建了开发者自己专属的 OkHttp 缓存文件路径，可缓存 10 MB 大小的数据，位置位于 Android 系统的缓存目录下名为 my_okhttp_cache 的文件中。

7.5 OkHttp 的 http 网络请求头部 header

除了前一节介绍的配置 OkHttp 自身的网络和缓存属性外，在产品级 Android App 开发中，通常网络下载/上传过程会要求客户端添加若干头部 header 信息。比如服务器和客户端会话阶段，服务器端会要求客户端提供必要的元数据，如客户的用户名、设备类型、系统版本、时间戳、缓存 Cookie、Content-Type、User-Agent 和 Cache-Control 等。这些元数据对服务交互系统来说有极大的利用价值，比如针对不同的移动客户端版本加载可甄别的数据内容，根据用户不同的系统版本推送不同版本适配的样式等。在 OkHttp 中，这些元数据可通过 OkHttp 的 header 头部追加。

OkHttp 追加 http 的 header 头部有两种简单的方式，这两种方式均是在构建 Request 阶段追加的。

方式 1　以 header(key,value)的方式

```
Request mRequest  = new Request
        .Builder()
        .url(imageUrl)
        .header("key1","value1")
        .header("key2","value2")
        .build();
```

如果开发者希望在网络请求的头部添加 <K, V> 键值对这种形式的元数据，可直接使用 Request 的 header 函数加进去。如果原先的 header 里面已经存在相同的键，那么后面添加的新值将替换掉即覆盖该键映射的旧值。

在 OkHttp 的内部实现中，header()操作本质是针对存储头部的 Java List 的更新和添加操作。OkHttp 内部通过 header 函数添加网络请求的头部元数据，header 函数把接收到的 <K,V> 键值存储到一个名为 headers 的对象中。下面是 OkHttp 的内部源代码实现 header(K, V)：

```
publicBuilder header(String name, String value) {
    headers.set(name, value);
    return this;
}
```

headers 是一个 Headers. Builder 对象实例。先看看 Builder 内部维护的关键头部存储 List 列表，代码如下：

```
finalList <String> namesAndValues  =  new ArrayList <> (20);
```

OkHttp 内部创建了一个长度为 20 的 Java List 对象 namesAndValues，namesAndValues 列表存放通过 header(K, V)设置进来的 http 头部键值对。headers 对象的 set 操作是，首先检查该列表中是否存在该键，如果存在，则删除掉该键和值，然后重新添加一组 <K, V> 到列表中；如果不存在，则直接添加到队列中，如 OkHttp 源代码所示：

```
publicBuilder set(String name, String value) {
    checkNameAndValue(name, value);
    removeAll(name);
    addLenient(name, value);
    return this;
}
```

Builder 内部的 set 方法是，checkNameAndValue 先检查 name 是否合法，如果检测到传递进来的 name 和 value 不符合 http 头部规范，则 checkNameAndValue 就抛出异常；接着，removeAll 函数删掉 List 中该 name 及其 value 值。代码如下：

```
publicBuilder removeAll(String name) {
    for (int i = 0; i <namesAndValues.size(); i + = 2) {
        if (name.equalsIgnoreCase(namesAndValues.get(i))) {
            namesAndValues.remove(i); // name
            namesAndValues.remove(i); // value
            i - = 2;
        }
    }
    return this;
}
```

这两步工作完成后，最后在 List 的尾部，通过 addLenient 先后追加两个字符串元素值，一个是 name，接着是 value。代码如下：

```
Builder addLenient(String name, String value) {
    namesAndValues.add(name);
    namesAndValues.add(value.trim());
    return this;
}
```

OkHttp 存储 http 的 header 元数据过程中，没有使用 Java 的 ArrayList <HashMap <String, String>> 数据存储模型，而是使用了 Java 的 ArrayLsit <String> 这样的单节点线性存储模型。两种存储模型各有长处。ArrayList <HashMap <String, String>> 存储模型简单易懂，而 ArrayLsit <String> 存储模型效率更高。

方式 2　addHeader(key, value)

```
Request mRequest = new Request
    .Builder()
    .url(imageUrl)
    .addHeader("key1","value1")
    .addHeader("key2","value2")
    .build();
```

addHeader 方式添加效果和方式 1 相同，也是逐个添加头部 header。OkHttp 在内部实现 addHeader 相对比较简单，代码如下：

```
publicBuilder addHeader(String name, String value) {
    headers.add(name, value);
    return this;
}
```

addHeader 函数在内部 headers.add(name,value)添加操作时,其实更深层次它是调用了 Headers.Builder 内部的 add 函数,add 函数不像前面的 set 方法执行一次删除工作,而是直接在存储 http 头部的队列尾部追加。看看 headers.add(name, value)的内部源代码实现:

```
publicBuilder add(String name, String value) {
    checkNameAndValue(name, value);
    return addLenient(name, value);
}
```

从 OkHttp 的源代码实现中可以分析得知,addHeader 和 header 方法虽然均能添加 http 的头部 header 的 <K,V> 键值对数据,但两者有所不同。header 函数在内部源代码实现上,比 addHeader 多了一套流程,就是删除和此次 name 相同的头部,然后再添加这个头部,这可以认为是一次更新操作。而 addHeader 则不分青红皂白,直接在 OkHttp 存储头部的 List 尾部直接添加,这样添加的结果会导致出现这种情形:如果多次添加的(name, value)中 name 刚好相同,那么在 http 头部中会出现在相同 name 下存在多个不同的 value 值的情况,而 header 则可以避免这种情况。header 添加(name, value)过程中,首先检查 http 头部元数据中是否已经存在 name 这个键,如果不存在 name 键,则直接追加(name, value)到头部;如果已经存在 name 这个键,则用新的 value 覆盖掉 name 键名下原先旧的 value 值。

7.6 小　结

借助 OkHttp 技术,在 Android 平台上进行网络编程开发的优势和效率是非常明显的。在过去,作为一名 Android 开发者,不得不使用 Java 提供的标准 Socket 或者 HttpURLConnection 等的方式进行 Android 网络编程开发(在更早以前甚至使用 Android 自有的 AndroidHttpClient! 而 AndroidHttpClient 在新版 Android 中已经被废弃,并且谷歌 Android 官方推荐开发者使用 OkHttp 进行 Android 平台的网络编程设计)。

虽然基于 Java 的这些标准网络 I/O 流式编程模型已经大大降低了网络编程的复杂度,也提升了效率,但是在 Android 平台上,像网络读写这样的耗时任务必须放置在非主线程(后台线程)中运行。这就要求开发者时时刻刻维护像 Socket 或者 HttpURLConnection 这样的网络读写代码运行时的线程环境(当前的网络读写代码是运行在 Android 主线程,还是普通的 Java 线程),还要在后台的线程化后的网络加载任务、读写数据完毕后,切换到 Android UI 主线程,去更新主线程中的 View 内容等。

如前所述,在 Android 中完成一个简单的网络请求,所涉及的技术有很多:Socket 或 HttpURLConnection 的网络数据请求代码逻辑编排以及网络请求代码运行的线程环境;数据从服务器返回后如何在普通 Java 线程传回给 Android 的 UI 主线程;网络发生异常时如何解决容错等细节问题,这里面的技术层级深度已非单纯的 Java 网络编程可以实现的。所以 Android 平台推出了像 AsyncTask 这样的异步任务框架,以简化处理繁杂的主线程与非主线程之间的切换工作。除此之外,Android 网络编程还要处理各种网络输入输出异常,这更使得问题越来越复杂;而这正是 OkHttp 所要解决的问题以及 OkHttp 的优势所在。

如今随着 OkHttp 的成熟和普及,绝大多数网络编程场景均已切换到 OkHttp 框架上去,一些大的技术厂商或在 OkHttp 之上做多层封装,以定制化自身业务逻辑。Android 官方的一些底层网络框架就是使用 OkHttp 改造的,足见 OkHttp 的强大及其业界技术地位。

第8章

图片加载利器 Glide

Android Glide 是一个开源的图片加载、缓存处理的第三方框架。和 Android 的 Picasso 库类似，但是比 Android Picasso 更为流行、更好用。Android Glide 自身内部已经为开发者实现了图片缓存，使得开发者摆脱 Android 图片本地或者网络加载的琐碎存取、缓存事务，专注业务逻辑代码。Android Glide 使用便捷，短短几行简单明晰的代码，即可满足绝大多数图片从网络（或本地）加载、显示及特殊效果处理的功能需求。

Glide 自 v3 到 v4 版本不断迭代更新和加强，不管是性能还是功能方面，都发生了较大改变，使用方式和编程模型也有新的变化。新版的 Glide 引入了新技术内容实现和方式，原先基于旧版本 Glide 的开发者需要一个学习和消化的过程。Glide v4 提供了宽泛、开放的编程接口，便于开发者自定制，以适应自有项目特殊的定制化开发需求。本章将基于 Glide v4.7.1，介绍 Glide 的新变化、新模型的使用方式。

8.1 Glide 最简单的网络图片加载方式

以一个常见的开发场景为例，给定一个字符串类型的链接，然后从该图片链接加载一张网络图片到 ImageView 里面。假设一个名为 imageUrl 的字符串存放了一个指向网络图片的链接地址，那么 Glide 加载网络图片到 ImageView 的关键代码如下：

```
ImageView imageView = findViewById(R.id.image);
Glide.with(this).load(imageUrl).into(imageView);
```

可以看出，Glide 最基本的用法仅仅包括两点：

① load()　加载所需的图片资源的地址。地址可以是网络链接地址，也可以是本地的图片资源 id，比如 R.drawable.* 这样直接存放在 Android 工程目录 res/drawable 目录下的图片资源。

② into()　把从网络服务器中加载成功的图片放置到目的 ImageView 中去。

这两点只要具备，剩下的工作由 Glide 搞定。通常，加载网络图片时，为了提升网络加载速度以及性能开销，开发者不得不处理图片缓存问题。这种情况 Glide 也可以一并处理（后面小节将专门介绍 Glide 的缓存机制）。

可以做一个有趣的测试，在设备连接到网络的情况下，Glide 像上例一样，根据一个网络图片的 url 链接地址，加载显示出了图片。如果此时断开网络，退出应用程序，再次启动，结果图片仍能正常显示。为什么还能正常显示图片呢，明明网络已经断开了？这是因为 Glide 内部已经为 Android 开发者实现了针对请求连接 url 作为键的缓存策略。当 Glide 在网络连接正常情况下，成功地把一张网络图片根据链接地址 url 加载出来后，Glide 内部会以键 url、值 Bitmap 的形式把该图片缓存到本地。如果在后续的业务逻辑中，发起的网络图片请求链接刚好是之前请求过的某个 url，因为此前 Glide 已经缓存了 url 作为键相对应的图片资源，那么此时 Glide 不会再多此一举去发起重复请求，而是直接从缓存中，根据 url 这个键取出已缓存的 Bitmap 给上层应用代码复用。

注意，因为加载网路服务器中的图片资源时需访问网络，所以开发者要在 AndroidManifest. xml 中添加网络访问权限。

8.2 Glide 加载 gif 动态图

前一节介绍了 Glide 加载静态图片的内容，接下来介绍 Glide 加载动态图。

Android 的 ImageView 不能直接成功加载 gif 图片，如果不做任何处理就把 gif 这样的动图加载到 ImageView 中，那么 ImageView 只会把 gif 图当作普通的 jpg、png、bmp 等这类静态图片做静态处理，这将导致 ImageView 显示的是 gif 残缺静态帧而非动态图。

针对此问题，业界给出了不少解决方案，也有许多开源项目，定制专属的 gif View 用于加载 gif 图。这些解决方案通常借助 Android 的 Movie，把 gif 图片资源作为输入流，解析成 Android Movie 显示。这些定制的基本思想就是先检测该图片资源是否是 gif 图，若是，则按照 Android Movie 解析。

而 Glide 加载 gif 图片很方便，只需把 gif 动态图当作普通的图片一样，加载 gif 图到 ImageView 中，然后就和普通的 Andriod ImageView 设置一张静态图片资源 R. drawanle. xxx 一样展现出动态效果。在新版的 Glide 中，开发者不用关心这个图片资源到底是 gif、jpg 格式还是 png 格式，就可以直接将其当作一个普通的图片加载。至于该图片资源格式的判断处理及绘制，则有 Android Glide 全程代劳操办。

比如在 res/drawable 目录下放置了一个名为 loading. gif 的动态图，开发者在程序代码中打算把这个 loading. gif 动图加载到一个标准 Android 的 ImageView 里面，其模式和加载一张普通图片资源一样。代码如下：

```
ImageView imageView = findViewById(R.id.image);
Glide.with(this).load(R.drawable.loading).into(imageView);
```

在旧版的 Glide 里面，如果是加载一张 gif 动图，则需要使用 Glide 的转换方法

asGif，新版的 Glide v4 不再需要转换，直接加载即可。

注意，在过去的 Android 编译器中，findViewById 得到的实例需要强制类型转换成目标 View，比如：

```
ImageView imageView = (ImageView) findViewById(R.id.image);
```

而在新版的 Android Studio 编译处理中则不需要强制类型转换，Android 系统会进行智能匹配转换。但是在一些旧版本的编译系统中仍需要做强制类型转换，如果开发者仍使用旧版本 Eclipse 作为 IDE 编写 Android 程序，则仍需要做繁琐的强制转换。

8.3 Glide 占位图 placeholder

前两节介绍了 Glide 如何加载图片，加载的图片资源类型包含普通图片和 gif 这样的动态图。如果是图片加载，尤其是通过访问远程网络加载的图片资源，因为网络情况复杂，极可能大量耗时才能加载出来，也可能服务器没有响应，加载失败。如果发生这种网络加载异常情况，但又想把代码做得比较完善以及给用户一个较好的体验，则可以考虑设定在不同情境下目标图片的默认占位图。比如最常见的就是，从网络加载一张大图需要较长时间，那么就在成功加载服务图片前，在当前位置放置一个动态旋转的菊花；如果这张网络图片没有加载成功，服务器失败返回了，就设置一个叉符号形状⊗的图片图标，以让用户了解当前的状况。

Glide 提供了一些方法，开放给用户设置以上情境下的 UI 占位表现，如以下代码：

```
RequestOptions mRequestOptions = new RequestOptions()
    .placeholder(R.drawable.loading)                //加载过程中占位图
    .error(android.R.drawable.stat_notify_error);   //加载失败后的占位图

Glide.with(this).load(imageUrl).apply(mRequestOptions).into(imageView);
```

旧版的 Glide 加载过程占位图(placeholder)、加载失败占位图(error)，是直接跟在 Glide.with 后面设置的。新版 Glide v4 后，加载过程占位图和加载失败占位图等很多特殊配置已做优化调整，不能直接跟在 Glide.with 后面设置了，而转移到 RequestOptions 里面设置，通过 Glide 的 apply 启用 RequestOptions。

① 加载过程占位图可以实现 Glide 加载完成之前的占位显示，其用处是在网络加载的"漫长"耗时过程中，显示一个正在加载的图片，比如旋转的菊花，让用户知晓当前代码正在后台执行加载任务。如果无任何展示和提示，也许会让普通小白用户错误地以为 App 程序死掉了，尤其是当时间太久图片还没有加载出来时。

② 加载失败占位图是 Glide 加载失败后的占位图。这种情况一般发生在网络异

常、服务不可达、服务器宕机等时候,图片加载不出来,那么,加载失败占位图图片占位显示,告知用户发生的情况,以便让用户决定下一个操作:返回退出或者重试加载。

Glide 提供加载过程占位图和加载失败占位图这样的预处理和善后机制,在一定程度上是站在用户角度考虑,方便开发者研发出更适合用户体验的产品。

8.4 Glide 加载图片的特殊效果

Glide 除了提供一般的图片加载能力外,还提供了对图片进行一定的效果处理方法,比如常见的对图片的淡入渐变、缩放裁剪、圆形修饰、高斯模糊等功能。

8.4.1 Glide 淡入动画

Glide 提供了 crossFade 函数,此函数可以使图片在加载过程中呈现出淡入动画效果。crossFade 指定一个参数 duration,在加载图片到 ImageView 过程中,使得图片不是突然显示出来,而是以指定的 duration 时间长度、平滑淡入显示渐变出来,如以下代码:

```
Glide.with(this)
    .load(R.drawable.pic)
    .transition(new DrawableTransitionOptions().crossFade(3000))
    .into(imageView);
```

此处的代码 Glide 是将 res/drawable 目录下的 pic.jpg 以 3 000 ms(3 s)的时延、平滑淡入显示出来。Glide 通过 transition 实现了这一效果,在 transition 里面传递 DrawableTransitionOptions 过渡动画选项设置,这里的关键就是设置 crossFade。

在 Glide 的旧版本中,crossFade 可以直接跟在 Glide.with.＊＊＊.crossFade(int duration)中设置。但是在新版 Glide 里面,这部分代码需要转移到 transition 中,通过 DrawableTransitionOptions 实现。

8.4.2 Glide 实现图片多种缩放裁剪效果

在实际的开发中,虽然 Glide 解决了快速高效的加载图片问题,但还有一个问题悬而未决:用户的原始头像资源往往是从服务器端读出的一个普通矩形图,但是 UI 设计一般要求 App 端的用户头像显示成圆形头像,那么此时虽然 Glide 可以加载,但加载出来的是一个矩形,如果 Glide 在加载过程中就需要把矩形图转换成圆形图,那么开发者就要在 Glide 中通过 RequestOptions 先做一层转化。又或者,产品设计要求对图片进行一定模式的缩放,那么就要通过 RequestOptions 配置缩放模式,进而对通过网络加载出来的原始图片以不同模式进行缩放,然后放到 ImageView 里面去。常见的缩放有中心缩放、填充缩放等。

作为对比,下面的代码实现了在一个 xml 垂直线性布局里面放置 4 个 Image-

View，它们的宽为 200 dp，高为 100 dp，背景颜色设置为灰，以凸显不同的显示效果。

```
<ImageView
    android:id="@+id/image1"
    android:layout_width="200dp"
    android:layout_height="100dp"
    android:background="@android:color/darker_gray" />

<ImageView
    android:id="@+id/image2"
    android:layout_width="200dp"
    android:layout_height="100dp"
    android:background="@android:color/darker_gray" />

<ImageView
    android:id="@+id/image3"
    android:layout_width="200dp"
    android:layout_height="100dp"
    android:background="@android:color/darker_gray" />

<ImageView
    android:id="@+id/image4"
    android:layout_width="200dp"
    android:layout_height="100dp"
    android:background="@android:color/darker_gray" />
```

三个 ImageView 都使用 Glide 加载显示同一张放置在 res/drawable 中的图片 pic.jpg，代码如下：

```
Glide.with(this).load(R.drawable.pic)
    .apply(new RequestOptions().circleCrop())
    .into(imageView1);

Glide.with(this).load(R.drawable.pic)
    .apply(new RequestOptions().centerCrop())
    .into(imageView2);

Glide.with(this).load(R.drawable.pic)
    .apply(new RequestOptions().centerInside())
    .into(imageView3);

Glide.with(this).load(R.drawable.pic)
    .apply(new RequestOptions().fitCenter())
    .into(imageView4);
```

代码运行结果如图 8－1 所示。

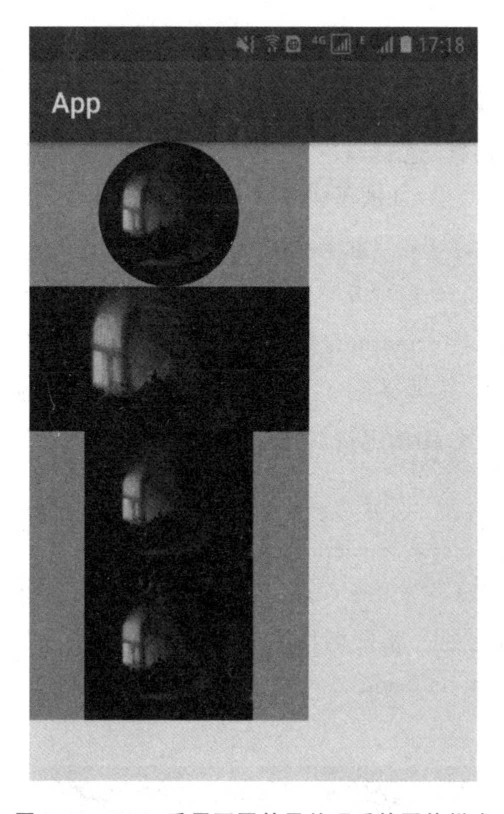

图 8－1　Glide 采用不同效果处理后的图片样式

对照图 8－1 中 4 个从上往下排的尺寸相同的 ImageView（宽都是 200 dp，高都是 100 dp）发现，当 ImageView 通过 Glide 加载同一张原始图片后，如果 Glide 使用不同缩略裁剪方式把一张相同尺寸的原始图片展示在相同尺寸的 ImageView，最终加载显示出来的图片效果和样式风格迥异，其原因仅在于 RequestOptions 的不同设置。

- circleCrop()。将原始图片裁剪为圆形图，这种开发需求在 Android 图形图像处理中最为常见。
- centerCrop()。保持原图缩放比进行缩放，铺满整个 ImageView，但是整张图将会被裁剪，以适应 ImageView 的尺寸。可以看到第二张图片的上方和下方为了适应宽度的扩展，被裁剪掉了。原图的水平方向被保留，但是垂直方向被裁剪。
- centerInside()。保持原图缩放比进行缩放，以中心为原点缩放图片，直到图片尺寸碰到 ImageView 边界。
- fitCenter()。保持原图缩放比进行缩放，使得缩放后的图片达到 ImageView 边界为止。

除了以上 Glide 自身提供的丰富的图片预处理功能外，由于 Glide 在 Android 技术界的广泛使用，开源社区对于 Glide 的辅助和增强支持也很广泛。比如在 github 上一个第三方的开源项目 glide-transformations，其对于 Glide 预处理图片功能进一步加强。项目中引入 glide-transformations 后，不仅可以实现一般的图片圆形处理，而且可以实现如高斯模糊、色彩调色、各种奇异形状的编辑等功能。glide-transformations 的使用方法很简单，直接在项目的 gradle 里面添加引用即可：

```
implementation'jp.wasabeef:glide-transformations:3.3.0'
implementation 'jp.co.cyberagent.android.gpuimage:gpuimage-library:1.4.1'
```

下面利用 glide-transformations 实现对一张图片常见的高斯模糊（有些地方也称之为磨砂玻璃的效果）处理效果，在上层 Java 代码中实现，代码如下：

```
ImageView imageView = findViewById(R.id.image);
Glide.with(this)
    .load("https://avatar.csdn.net/9/7/A/3_zhangphil.jpg")
    .apply(bitmapTransform(new BlurTransformation(25, 3)))
    .into(imageView);
```

上面代码的意图是把一张网络图片加载到一个 ImageView 中，通过 bitmapTransform(new BlurTransformation(25, 3))将其进行高斯模糊处理。运行结果如图 8-2 所示。

图 8-2　利用 glide-transformations 对一张图片进行高斯模糊

图 8-2 所处理的原图是图 8-1 中出现的图片。其中的关键是使用了 BlurTransformation：

```
publicBlurTransformation(int radius, int sampling)。
```

构造 BlurTransformation 的时候，前一个参数传递高斯模糊的半径 radius，在采样 sampling 值相同的情况下，该值越大，高斯模糊程度越强。如下调校半径参数：

```
Glide.with(this)
    .load("https://avatar.csdn.net/9/7/A/3_zhangphil.jpg")
    .apply(bitmapTransform(new BlurTransformation(10, 3)))
    .into(imageView);
```

半径 radius 的值由原先的 25 变成 10，运行的结果如图 8－3 所示。

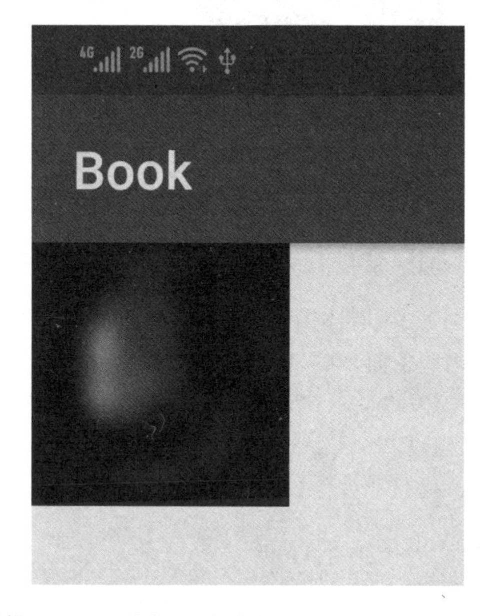

图 8－3　采样 sampling 值相同时，半径 radius 值变小，高斯模糊效果变弱

对比图 8－2 和图 8－3 不难发现，在采样 sampling 值相同情况下，BlurTransformation 半径 radius 值越小，高斯模糊的程度越弱。如果半径 radius 相同，调校 sampling 值会发生什么情况呢？我们略微修改代码，观察效果：

```
ImageView imageView = findViewById(R.id.image);
Glide.with(this)
    .load("https://avatar.csdn.net/9/7/A/3_zhangphil.jpg")
    .apply(bitmapTransform(new BlurTransformation(10, 9)))
    .into(imageView);
```

这次保持半径不变，采样 sampling 值由原先的 3 变为 9，运行结果如图 8－4 所示。

图 8－3 和图 8－4 中半径 radius 都是 10，但图 8－3 的 sampling＝3，图 8－4 的

图 8-4 半径 radius 相同时,采样 sampling 值越大,高斯模糊程度越强

sampling=9,运行结果图 8-4 对比图 8-3 明显高斯模糊程度增强。

从以上实验可以得出一条简单的规则:构造 BlurTransformation 时,radius 和 sampling 两个值,一个保持恒定,另外一个变大,就会使得高斯模糊程度增强,反之则高斯模糊程度减弱。事实上,构建 BlurTransformation 的半径不可能无限大,半径值超过 25 就变得没有实际意义了。我们来看看 BlurTransformation 内部实现的源代码:

```
private static intMAX_RADIUS = 25;
private static int DEFAULT_DOWN_SAMPLING = 1;

private int radius;
private int sampling;

public BlurTransformation() {
    this(MAX_RADIUS, DEFAULT_DOWN_SAMPLING);
}

public BlurTransformation(int radius) {
    this(radius, DEFAULT_DOWN_SAMPLING);
}

public BlurTransformation(int radius, int sampling) {
    this.radius = radius;
    this.sampling = sampling;
}
```

BlurTransformation 内部维护了一个叫作 MAX_RADIUS 的最大半径值，默认为 25。BlurTransformation 内部实现高斯模糊最关键的代码是借助了一个开源的广为流传的 FastBlur 快速高斯模糊算法：

```
FastBlur.blur(bitmap, radius, true);
```

关于 glide-transformations 还有很多有趣的图形图像处理效果和实现方法，限于篇幅，本节先介绍到这里。其他各种有意思的图片效果，读者有兴趣的话可以灵活配置实验，把代码运行起来观看具体效果。

8.5 Glide 内存缓存和硬盘缓存

前一节介绍了 Glide 在上层视图层面的展现性质特效处理，本节介绍 Glide 在底层的物理存储层面对图片数据的缓存机制和策略。Glide 加载图片一个明显的特点就是速度快。之所以速度快，是使用了缓存机制。Glide 的图片缓存机制设计优良，涉及的具体应用场景也面面俱到。大体上，Glide 把缓存划分为两大基础单元：内存缓存和硬盘缓存。

默认状态下 Glide 自动开启内存缓存，如果要禁止内存缓存，只需设置函数 skipMemoryCache(true)，就可禁止 Glide 内存缓存功能。Glide 把不使用的图片用 LruCache 进行缓存存储备份。

Glide 在加载图片时内部默认使用的缓存机制分为两级：第一级是内存缓存，第二级是硬盘缓存。基本过程是：缓存的发起动作首先是在内存中产生的，然后将加载的图片资源缓存到硬盘，这样就可以在随后的二次加载中直接使用缓存而非低效地从硬盘中以文件 I/O 的形式读写恢复出来。

Glide 在取缓存时，首先依据键 url 检查内存这一层级是否缓存了相应的 Bitmap 缓存，如果有，则直接使用；如果没有，则深入到硬盘缓存中检查。如果有，则取出使用，如果到这一层级仍然没有，那么 Glide 就只能加载针对这个 url 的图片资源，将其作为一个全新的图片资源加载。

从这个过程中可以看到，Glide 使用缓存无疑大大提高了上层代码的性能以及加载速度，同时减少了开销，但是，在有些特殊开发情景下，这种缓存策略可能并不合适。比如，App 中有一个头像，该头像是从一个固定链接 http://xxx. xxx. xxx/xxx. jpg 读取的，假设 Glide 第一次读取此头像后，将其缓存到了本地。然而，几分钟后用户上传了新的头像图，即用户头像图片更新了，但是链接仍然是 http://xxx. xxx. xxx/xxx. jpg。随后若干小时、若干天后，Glide 以同样的链接 http://xxx. xxx. xxx/xxx. jpg 读取头像图，Glide 在加载时检查缓存发现，针对 http://xxx. xxx. xxx/xxx. jpg 键的图片资源已经缓存。那么 Glide 就不再从服务器读取，而是直接加载本地缓存。这样就造成了 Glide 加载出来的图片资源不是最新的，可实际的需求是要最新的图片。后面将针对这一问题,介绍如何避免 Glide 加载陈旧的资源图片。

总结一下,新版 Glide 缓存机制虽然提升了性能,但是如果开发者在一定时期内、长时间针对固定 url 链接请求图片资源,可能的结果是,开发者实际得到的图片资源是陈旧的而不是最新的。因为 Glide 把之前针对 url 请求成功后的图片资源放置到缓存里面了,后续开发者再次使用 Glide 请求相同的图片资源,Glide 优先使用本地缓存中的图片资源而不是远程服务器中的资源。这样就不能保证本地缓存的图片资源和远程服务器中最新的图片资源一致,本地资源极可能是陈旧的,而远程服务器中 url 指向的图片资源已经更新了。换句话说,如果给定资源链接地址下的资源是频繁更新的,而资源地址是固定,则 Glide 的缓存策略在此种情况下就显得不太合适。

导致这种问题的原因有两个:Glide 自身内部使用了缓存;Glide 在缓存图片资源时使用的是 <K, V> 键值对模型,如果每次都使用 http://xxx.xxx.xxx/xxx.jpg 这个 url 链接,键相同,这意味着 Glide 查询缓存池时,永远可以从缓存中返回与键对应的值。

针对这个问题的解决方案有如下四个。

解决方案一　从 Glide 提供的缓存键值对 <K, V> 结构模型入手,重写缓存的 <K, V> 键值策略,就可以解决相同地址下资源更新问题了,但是这种方案实现比较复杂,不推荐,除非必需。

解决方案二　Glide.get(this).clearMemory()清理内存中的缓存。

解决方案三　Glide.get(this).clearDiskCache()清理硬盘中的缓存。此方法应该放置在后台进程中执行,因为函数会以阻塞形式执行。

以上三个方案将清除全局性的内存缓存和硬盘缓存,虽然可以一劳永逸地解决缓存导致的资源陈旧问题,但是会严重影响全局性能,除非是 App 整体要做全新的开始或者重置原始状态,否则尽量避免使用。

解决方案四(推荐)　通过 Glide 的 RequestOptions,启用内存缓存 skipMemoryCache 控制策略和 diskCacheStrategy 硬盘缓存控制策略。关键代码如下:

```
RequestOptions mRequestOptions = new RequestOptions()
        .skipMemoryCache(true)
        .diskCacheStrategy(DiskCacheStrategy.NONE);

Glide.with(this)
        .load(mImageUrl)
        .apply(mRequestOptions)
        .into(mImageView);
```

skipMemoryCache　函数内部默认参数值是 false,其表示使用内存缓存。

diskCacheStrategy　函数内部默认参数值是 DiskCacheStrategy.AUTOMAT-

IC，其表示由 Glide 自行决定硬盘层级缓存。

skipMemoryCache 和 diskCacheStrategy 两个函数联合使用，使得 Glide 针对每一次、每一个 url 链接指向的图片资源加载都在局部代码中启用个性化、定制化的缓存控制策略。局部代码中的个性化、定制化的缓存控制策略不影响 Glide 在全局层面设定的总的缓存控制策略，Glide 在当前局部代码中的缓存控制策略仅对这一次这一个 url 链接请求有效。如果 skipMemoryCache 设置为 true，diskCacheStrategy 设置为 DiskCacheStrategy.NONE，则告诉 Glide 不要使用内存缓存和硬盘缓存，这样就使得 Glide 从给定的资源地址发起全新的网络资源加载，而非从旧有的内存或硬盘缓存中取缓存复用，这种配置下的缓存机制适合频繁发生更新变动的图片资源。

8.6 小 结

Android Glide 和过去曾经风靡一时的图片加载库 Picasso 类似，熟悉 Picasso 的 Android 开发者可以非常容易就切换到 Glide 框架下，但是 Glide 比 Picasso 更适合 Android 平台绝大多数场景的图片加载需求。开发者过去使用 Picasso 在自己项目中编写的加载网络图片资源的代码，只需花费很少的时间和精力就能把 Picasso 的代码改造成 Glide 代码。换言之，把 Picasso 技术实现方案换成 Glide 技术实现方案，过程很简单。Android Glide 体系内部已高效实现图片内存空间和硬盘本地缓存策略，Android 开发者从而摆脱了 Android 图片加载的琐碎处理逻辑，可专注上层业务代码。Android Glide 简洁便利，短短几行代码就能完成绝大多数图片加载，不管这种加载是本地的还是远程网络的。

Glide 通过网络加载远程服务器中的图片资源，加之 Glide 的本地硬盘缓存机制优于 Picasso，存取效率更高。还有一点很关键，Glide 通过内部代码的优化，大大减少了运行时的内存溢出(Out of Memory Error)概率。Glide 不仅支持常见的 png、jpg、bmp 等类型图片，还支持 gif 动图，这是一个亮点。Glide 还支持与 Android 生命周期的协同切换，Glide 与 Android 的 Activity、Fragment 等重要的应用程序组件生命周期相互协作、联动，省去了开发者对网络加载过程中不同生命周期状态的代码维护。

在过去，Picasso 等图片加载框架技术是 Android 开发者最常用的。另外，比较老旧的图片加载技术 UniversalImageLoader 使用起来并不是很顺手。UniversalImageLoader 在代码的初始化阶段配置相对繁琐，其原作者虽然意图开放更多的属性配置功能，从而提供给 Android 开发者更自由灵活的定制化需求，但 UniversalImageLoader 过多的冗余配置常导致开发者不知所措。

对比以上网络图片加载技术框架，Glide 的优势更凸显，以至于 Google Android 官方在自家发布的一些 App 中，就大量使用 Glide。这是对 Glide 这一网络图片加载技术的一种肯定，也足见 Glide 面向开发者的吸引力和技术的优越性。

第 9 章

高阶 Java 多线程在 Android 中的运用

在 Java 程序设计语言中，多线程是一个重要和有效的软件设计议题。事实上在一定规模的产品级软件研发中，并行任务处理几乎无可避免，所以多线程开发无可避免，因此研究好多线程、使用好多线程、让代码并行计算，是高级软件研发工程师亟须掌握的本领。Android 平台上的软件设计开发语言承袭自 Java 语言，由此 Java 中的多线程技术可以直接在 Android 软件设计中使用。

但是 Android 系统中涉及 UI 图形绘制和围绕图形产生的 UI 事件派发及处理等系统逻辑处理代码，是放置在 Android 主线程（在有些文献中，Android 主线程亦被称为 UI 主线程、UI 线程等。最常见的 Activity 里面各个生命周期如 onCreate、onStart 等，均属于 Android UI 线程）中操作的。如果开发者在 Android 编程设计中，直接在 UI 线程中编写了过于“耗时”的计算任务，如网络访问、数据库读写、文件 I/O 等 CPU 密集型任务，那么就会导致开发者编写的程序代码因为耗时操作而延误 Android 系统 UI 线程的操作，造成 Android 手机“卡顿”。例如，点击一个手机 App 中的一个按钮，手机 App 在很长时间内就像“死”了一样没反应（就是俗话说的手机“假死”），这无疑给用户带来很糟糕的体验。

卡顿的原因不言而喻：Android 系统级的 UI 线程中，代码串行执行，开发者所创建的密集型、耗时操作代码使用了过多的 CPU 资源，使得后面的 UI 绘制代码无法运行。这在视觉上的感受就是 UI 卡顿。

更严重的结果是，如果开发者的代码阻塞主线程超过 5 s，那么就会引发著名的 ANR（Application Not Responding，应用程序无响应）。Android 作为实时操作系统，必须迅速、及时响应输入或产生输出，如果某一处开发者编写的代码影响 Android 系统的实时、快速响应，Android 就将其直接关闭。

鉴于 Android 系统特有的 UI 线程机制，Android 平台上运行的线程需要再次区分，区分为 UI 主线程和非 UI 主线程这两套线程模型。Android UI 主线程内不允许写任何耗时代码，如常见的网络、数据库、文件 I/O 等，这些耗时代码必须后台线程化。Java 提供的线程技术，在 Android 后台线程化中得以运用和发挥。虽然 Android 本身也提供了线程技术集，但是 Java 平台原生的线程技术优势也是十分明显的，更为重要的是，开发者在理解了 Android UI 线程机制后，Java 线程技术可直接拿来为 Android 所用。因此，本章将介绍几种在 Android 开发中常见的原生 Java 线程技术,以充实 Android 的平行开发技术。

9.1 多线程技术概述

通常所讲的计算机程序是一个静态的概念。Java 源代码文件经过编译产生的 class 文件,以及 Windows 中的一个 exe 可执行文件包含了人们告知计算机要执行的逻辑步骤。当 class 文件或 exe 文件启动加载后,一个计算机的进程就形成了,从一定角度上说,可以认为静态的程序运行起来了。计算机执行程序是先把编译后的代码放置到计算机物理内存中的一片区域,但并不是立即交由计算机的 CPU 执行,至此只是说计算机为程序代码的开始执行预备好了所需的资源和空间,这称为“进程”。进程产生后,也不会立即执行,从这个角度上讲,进程更多是在描述计算机分配给一个程序代码的内存空间和所需的计算资源的概念。常说的进程执行是指进程的主线程入口函数执行开始,在 C 和 Java 程序设计语言中,这也即是入口函数 main() 方法被调用的开始,因而说计算机实际运行的是线程。

Java 体系中,Java 虚拟机负责线程调度。线程调度的本质是按照一定策略为多个线程分配 CPU 的使用权。经典线程调度机制有两个:分时调度和抢占式调度。分时调度是所有计算机线程在一定时间内,轮流获得 CPU 使用权,计算机把这一段时间切分成若干片段,每一小片时间段内,让众多线程中的某一个线程使用 CPU。这一小片时间段过后,计算机系统把当前这个线程调度走,再换其他线程上来使用 CPU,如此一来,使得所有线程均能使用 CPU。抢占式调度机制是根据线程的优先级获取 CPU 的使用权,优先级高的线程较多获得 CPU 使用权,而优先级低的线程则较少获得 CPU 的使用权。线程的优先级通常用一个整型值表示,值越大,表明优先级越高。

在 CPU 的计算模型中,时间被切分成一片一片小的 CPU 时间片,单核 CPU“同时”运行多进程程序。CPU 在调度 CPU 时间片,在这个 CPU 时间片执行进程 A,到了下一个 CPU 时间片执行进程 B(把 A 挂起),再到了下一个 CPU 时间片又执行进程 C(B 又被挂起),如此这般。即便同时执行几个、几十个线程,依然可以在很短时间内把所有进程均执行一遍,看起来就像是在同时执行所有进程一样。在单核 CPU 时代,多线程根本不可能得到真正的并行执行。在多核 CPU 出现后,不同线程才能被不同 CPU 上的核真正意义地并行执行。

Java 程序设计语言是最先支持多线程开发的语言。理想状态下,一个 Java 线程被放置在一个核上执行,一个 Java 程序运行在多线程环境中,如同多个 CPU 在同时运行这个 Java 程序。

Java 程序代码运行在 Java 虚拟机中,即 Java 虚拟机内部。启动一个 Java 程序,就自然启动了一个 Java 虚拟机进程。在一个 Java 虚拟机进程中有且只有一个进程,也就是 Java 虚拟机自身。比如,启动一个最简单的“Hello, World”应用程序,就启动了一个 Java 虚拟机进程，Java 虚拟机寻找程序的入口函数 main()，然后调用 main()函数，就产生了一个 Java 线程。这个 Java 线程是主线程。当 main()函数代码执行完后，Java 的主线程就运行结束，Java 虚拟机进程也随之退出系统。

9.2 Java 线程池 ThreadPoolExecutor

具备了关于线程的基础常识后，本节开始在具体的代码层面深入认识 Java 线程 Thread。Java 的线程通过 java.lang.Thread 类实现，一个 Thread 对象是一个线程。创建一个 Java 线程有两个渠道。第一个渠道是，直接继承自 Thread 类。新建一个 Thread 对象，一个新的线程就开辟出来了。Java 线程是通过 Thread 的函数 run()完成线程化代码执行的，run()也被称为线程体方法。第二个渠道是，实现 Runnable 中的接口函数 runnable。

以往创建一个标准 Java 的 Thread 线程开始启动线程后，该线程就会立即进入 run 执行阶段。试想，如果并发的代码都不加控制地创建出 n 个线程并跑起来，可想而知系统负荷瞬间将会吃紧到何种程度。

比如一个简单的开发场景，在 Android 一个 ListView 列表里面，每个子 item 均需加载一张高清大图，而这些高清大图在初始化阶段均需从远程网络加载，因此需要开启线程在后台加载图片数据。但是此时的 ListView 含有十几条或者几十条甚至更多的 item，简单的处理方式是为每一个 item 新建一个线程任务，在线程里加载图片数据。但是这样的加载方案意味着需要创建少则十几个，多则几十个线程任务。

更糟糕的是，当用户手指不停翻动 ListView 时，又会触发更多的 item 滚动出来，也意味着更多的线程被创建并执行。最后的结果就是，原本只为显示 ListView 可视区域内的若干个 item，却不得不创建一大堆系统开销极大的线程在后台运行，降低了系统运行性能。显然，这样的线程编程模型不可取。

Java 线程池应运而生。Java 线程池模型用于批量线程并发执行时的线程管理和调度机制。池化线程的概念是，Java 将线程放入一个“池子”里面，根据需求调度执行后台线程，而不是让所有线程不加选择地执行。

线程池的模型通过 ThreadPoolExecutor 得以体现，目的是为了解决以下关键线程问题。

- 线程池中的线程重新复用，以减少众多线程在创建和销毁时的系统资源开销。
- 维护和管理众多并发(杂乱无章)的线程，使其以一定秩序运行。

ThreadPoolExecutor 自适应地调整线程池里的线程数量。通过 execute 函数执行新线程时，若当前线程池里面的线程数量小于核心线程数 corePoolSize(核心池尺寸)，就创建新的线程来执行新请求，不论当前正在运作的线程是否空闲。若执行的线程数超过 corePoolSize，但是不超过 maximumPoolSize，并且当线程队列已满时，那么就创建新线程。通过调整 corePoolSize 使其等于 maximumPoolSize，就能创建恒定容量的线程池。如果配置 maximumPoolSize 是一个极大值 Integer. MAX，就几乎是创建了一个自适应任意数量的超大规模线程池。通常，依据实际的场景，在构造函数时配置好 corePoolSize 和 maximumPoolSize。同样，也可借助 setCorePoolSize 与 setMaximumPoolSize 函数在运行时根据现实情境，动态调整线程池的容量和尺寸。

配置一个 Java 线程池 ThreadPoolExecutor 本身需要设置诸多繁琐的细节参数，所以通常并不直接使用 ThreadPoolExecutor，而是通过更简洁的 Executors 静态方法 newFixedThreadPool 配置线程池，如以下代码所示：

```
// 为了容易理解线程池的概念，假设容量只有 2 的线程池
// 实际使用过程中当然可以更多
private final int NUMBER = 2;

    //创建容量为 2 的线程池
    ExecutorService mExecutorService =
        Executors.newFixedThreadPool(NUMBER);

    for (int i = 0; i <10; i++ ) {
        Thread thread = new TestThread(i);
        System.out.println("线程池执行线程 id:" + i);
        mExecutorService.execute(thread);
}

// 关闭线程池
mExecutorService.shutdown();
```

本例的 TestThread 只是一个极为普通的 Java Thread，运行后睡眠 5 s 结束任务，以模拟耗时操作。给 TestThread 传递 for 循环里面的 i，i 作为线程 TestThread 的标记，代码如下：

```
private class TestThread extends Thread {
private int id;

public TestThread(int id) {
    this.id = id;
}

@Override
public void run() {
    System.out.println("线程:" + id + "→运行...");
```

```
            try {
                // 假设线程耗时很长时间完成一个任务操作
                Thread.sleep(5000);
            } catch (Exception e) {
                e.printStackTrace();
            }

            System.out.println("线程:" + id + "→结束!");
        }
    }
```

Executors 通过 newFixedThreadPool 返回一个指定容量为 2(NUMBER)的线程池。如何理解线程池容量为 2 呢?在 for 循环里面,创建出了 10 个线程,然后由 ExecutorService 的 execute 执行这 10 个线程。但是,由于在 newFixedThreadPool 中已经指定了线程池的容量为 2,所以,几乎同时创建的 10 个线程虽然已经放入了线程池,然而并不会立即得到执行,而是在线程池的调度服务器 ExecutorService 的管制下,进入待执行的线程队列中。然后线程池先执行 2 个线程任务,当这 2 个线程任务执行完毕后,Java 线程池将会依次释放出 2 个线程再继续执行,就这样每次执行指定容量大小的线程任务条数。

代码运行后的 System.out 输出表明了这些技术点:

```
线程池执行线程 id:0
线程池执行线程 id:1
线程池执行线程 id:2
线程池执行线程 id:3
线程:1→运行...
线程池执行线程 id:4
线程:0→运行...
线程池执行线程 id:5
线程池执行线程 id:6
线程池执行线程 id:7
线程池执行线程 id:8
线程池执行线程 id:9
线程:0→结束!
线程:1→结束!
线程:3→运行...
线程:2→运行...
线程:2→结束!
线程:3→结束!
线程:4→运行...
线程:5→运行...
```

```
线程:4→结束!
线程:6→运行...
线程:5→结束!
线程:7→运行...
线程:7→结束!
线程:6→结束!
线程:8→运行...
线程:9→运行...
线程:8→结束!
线程:9→结束!
```

总之,线程池把一堆亟待运行的线程打包分成一小批的任务,轮番使用线程池分批执行线程的策略,复用线程池资源,直到所有线程执行完成。线程池的设计,降低了系统开销,同时提供了并发线程执行的灵活性和可控性,尤其适合在 Android 这样的移动设备上使用。要知道,移动设备时时刻刻都有资源紧张的紧迫性,所以必须把降低代码的能耗和优化代码运行效率作为重要设计目标。

9.3 Java 线程池的调度 ScheduledThreadPoolExecutor

虽然前节介绍了 Java 线程池的技术概念,但是关于线程池,还有一个问题需要解决,即如何有秩序可调度地执行线程池中的线程? Java 线程池提供了一种可供调度的线程调度机制 ScheduledThreadPoolExecutor。

Java 5 以后建议使用 ScheduledThreadPoolExecutor。ScheduledThreadPoolExecutor 继承自 ThreadPoolExecutor,因此 ScheduledThreadPoolExecutor 具有普通 Java 线程池的一切功能和特点。ScheduledThreadPoolExecutor 通常用来实现定时线程计算:规定若干时延后执行线程,以及周期性重复运行线程。

与此同时,ScheduledThreadPoolExecutor 实现了 ScheduledExecutorService。ScheduledThreadPoolExecutor 扩展了 Java 线程池的一个功能点——调度执行。下面介绍三个比较重要的函数。

1. scheduleAtFixedRate

```
publicScheduledFuture <? > scheduleAtFixedRate(Runnable command,
          long initialDelay,
          long period,
          TimeUnit unit);
```

该函数在 initialDelay 时延后首次启动线程,然后每间隔 period 时间单位(unit),重复运行线程。period 从线程启动后计时。线程启动后,每间隔 period 时间,检测线程结束与否,如果结束就重复启动线程,否则就等线程完成后才重新执行线程。

2. scheduleWithFixedDelay

```
publicScheduledFuture <? > scheduleWithFixedDelay(Runnable command,
        long initialDelay,
        long delay,
        TimeUnit unit);
```

该函数在 initialDelay 时延后首次启动线程，此后每当线程运行结束后，等待 delay 时延，再次重复运行线程任务。

3. schedule

```
publicScheduledFuture <? > schedule(Runnable command,
        long delay, TimeUnit unit);
```

该函数常用来调度运行单个线程任务，说明 schedule(Runnable command，long delay, TimeUnit unit)函数的代码如下所示：

```
private static class TestThread implements Runnable {
    private String TAG;

    public TestThread(String tag) {
        TAG = tag;
    }

    @Override
    public void run() {
        System.out.println(TAG + "@" + System.currentTimeMillis());
    }
}

public static void main(String[] args) {
    ScheduledThreadPoolExecutor mScheduledThreadPoolExecutor = new ScheduledThread-
PoolExecutor(2);

    int DELAY = 3; // 延迟 DELAY 秒数后执行

    TestThread thread1 = new TestThread("zhang");
    TestThread thread2 = new TestThread("phil");

    //DELAY 秒后执行
    mScheduledThreadPoolExecutor.schedule(thread1, DELAY,
        TimeUnit.SECONDS);
```

```
        // 在上一个任务的 DELAY 秒数后执行
        mScheduledThreadPoolExecutor.schedule(thread2, DELAY * 2,
            TimeUnit.SECONDS);
    }
```

ScheduledThreadPoolExecutor 在配置阶段仍需要指定线程池的容量大小，本例设定线程池容量大小为 2。ScheduledThreadPoolExecutor 对线程池中任务的调度，主要体现在 schedule 函数中 delay 参数的配置情况。该函数的定义如下：

```
schedule(Runnablecommand, long delay, TimeUnit unit)
```

schedule 的第三个参数 unit 为时间单位，指明该调度线程池的时间单位是什么，如常见的秒、分、时、天等。

当一个 Java 线程传递进 schedule 后，如果 delay 值为 0，即立即执行 command 线程任务，那么 ScheduledThreadPoolExecutor 将会退化成常规的线程池任务。

如果配置的 delay 值为一个有意义的常数，那么 command 线程任务将会时延 delay 个时间单位 unit 后得到调度执行。这一点在 Android 开发中比较有用。比如播放一个视频，需要在视频播放一定时间后，弹出一个广告，那就要启动一个定时任务，利用 ScheduledThreadPoolExecutor 就可以实现这个简单功能。

9.4 Future、Callable 类获得线程返回结果

在 Java 多线程编程中，Runnable()虽然被经常使用，但其有一个弊端，即无法直接获取该线程的返回值，因为 Runnable 内的 run 方法，被 Java 定义为 void 类型，无返回。

前几节有关 Java 线程的介绍，用到的线程没有返回值，因为线程体 run 函数返回类型是 void，没办法返回结果。可是在很多情况下，绝大多数后台线程任务 run 结束后，都希望获得运行结果加以利用，显然仅靠 run 函数已经不合时宜了。

如果开发者需要在线程中进行耗时操作，并有必要将线程计算结果返回给主程序使用，那么就必须在线程里自己实现一套机制，把线程运行结束后得到的结果透传出去。这样做无疑增加了开发工作的代码量，对开发者的技术要求也相应提高。同时，在并发的线程任务中，实现线程任务和结果的同步比较麻烦，还容易出错，开发者极有可能因为对线程及其同步机制不熟悉，造成不必要的线程 bug。

鉴于此，为弥补线程中无返回类型函数 run 的短板，从 Java 5 开始，Java 在语言层面增加了支持线程返回结果的 Future 和 Callable，此举增强了 Java 线程的表达和实现能力，如下代码所示：

```
private class TestThread implements Callable <String > {
private int id;

public TestThread(int id) {
    this.id = id;
}

@Override
public String call() {
    System.out.println("线程:" + id + "→运行...");

    try {
        Thread.sleep(5000);
    } catch (Exception e) {
        e.printStackTrace();
    }

    System.out.println("线程:" + id + "→结束.");
    return "返回的字符串" + id;
}
}
```

Java 新的 Callable 相当于原先线程中的 Runnable,但与 Runnable 中的 run()不同的是,Callable 中重载方法 call()将返回自定义的泛型结果。

第一步,定义一个线程实现 Callable,开发者在 Callable 中实现 call()函数,call()函数将在线程体结束任务后返回泛型结果。

第二步,用 Java 线程池提交第一步实现的 Callable。

```
// 创建容量为 NUMBER 的线程池
ExecutorService mExecutorService =
        Executors.newFixedThreadPool(NUMBER);

ArrayList <Future <String > > mFutures = new ArrayList <Future <String > > ();

for (int i = 0; i <6; i++ ) {
    TestThread thread = new TestThread(i);

    Future <String > mFuture = mExecutorService.submit(thread);
    mFutures.add(mFuture);
}
```

之所以在这一步中把线程返回的 Future 装入一个名为 mFutures 的 ArrayList

列表中,是为了后续遍历 mFutures 列表队列,取出线程池处理的每一个 Future,然后提取 Callable 中 call 返回的结果。

第三步,在第二步中向 Java 线程池提交线程时,返回的 Future 就是未来要获取线程运行结果的句柄。本例同时跑了 6 个线程,为了获得这 6 个线程的结果,那么就遍历 mFutures。

```
System.out.println("获取结果中...");
for (Future <String> future : mFutures) {
    try {
        System.out.println(future.get());
    } catch (Exception e) {
        e.printStackTrace();
    }
}
System.out.println("得到全部结果.");
```

Future 和 Callable,通过线程池提交线程任务的时候建立联系。Future 的 get 方法在获取结果的时候进入阻塞,阻塞直到 Callable 中的 call 返回,这一点需要特别注意。

由此,在 Java 中,联合使用 Future 和 Callable,就可以成对接受 Java 线程运行后的返回的结果了。Callable 相当于过去的 Runnable,只是 Callable 中的 call 方法对外提供了数据返回。call 返回的数据去哪儿了呢? 通过 Future 的 get 方法,获得的就是 call 返回的结果。

有时候出于健壮性要求,Future 读取 Callable 返回结果的过程需要设定一定的超时时间,以防止无限的阻塞,故 get 有一个方法定义:

```
V get(long timeout, TimeUnit unit);
```

这里,设置超时时间单位 unit,在超时时间 timeout 后就立即返回,而不会傻傻等待下去。

除了上面的 get 函数外,Java 的 Future 定义了三个重要函数。

① booleancancel(boolean mayInterruptIfRunning)。该函数用于取消线程任务。若线程任务被成功取消就返回布尔值 true,若线程任务取消失败就返回布尔值 false。cancel 函数的唯一入参 mayInterruptIfRunning 指示是否允许取消正在运行的线程。若传入参数值为 true,那么意味着可取消正在运行的线程。如果任务已经完成,传入的参数值将被忽略,直接返回 false。若线程还没有被执行,那么 mayInterruptIfRunning 的值将被忽略,直接返回 true。

② booleanisCancelled()。如果线程在结束前被取消,那么返回 true。

③ booleanisDone()。如果线程任务结束,那么返回 true。但是要注意,如下几种情况,均会造成 isDone 返回 true。

- 线程正常执行完毕，退出代码。
- 在线程代码内部产生异常，如抛出了 java. lang. NullPointerException 异常，导致代码提前终结。
- 被程序中其他地方调用 cancel，取消线程任务。

通过以上阐述，明确了 Java 的 Future 准备了三种特性，辅助开发者了解当前线程运行状况：线程是否结束；是否可中断线程；接收线程计算产生的返回值。

然而，Java 线程包中的 Future 设计成一个接口，而非一个具体的 Java 类，无法直接操纵，在某些场景下仍不能满足开发者需要，所以 Java 准备了 FutureTask 充实 Future。

9.5 FutureTask 线程类详解

FutureTask 和前节介绍的 Future 类似，FutureTask 不仅实现了 Future，又实现了常规的 Runnable，可以说兼顾了两者的优点。FutureTask 也可以直接当作一般的 Runnable 使用。

FutureTask 可以中止正在进行的线程任务。FutureTask 实现 Future 的重要方法，可查询线程是否已结束，还可读取任务返回结果。返回值在线程结束后获取，get 函数就是用来取值的，get 函数以阻塞的形式读取线程结果，直到线程任务完成。FutureTask 常用于组装 Callable 或者 Runnable。从 FutureTask 的源代码定义：

```
public classFutureTask <V> implements RunnableFuture <V>
```

可以得知 FurtureTask 实现了 RunnableFuture。而 RunnableFuture 的类源代码定义：

```
public interfaceRunnableFuture <V> extends Runnable, Future <V>
```

实现了常规的 Java 线程中的 Runnable，因此 FutureTask 可提交至 Excutor 执行。

接下来，就可以在程序中借助 FutureTask 的取值函数 get 读取线程计算返回值。因此，FutureTask 比较适合长时间的后台线程任务，主程序把耗时任务丢给 FutureTask 执行，当 FutureTask 运行完毕计算出结果后，主线程通过 FutureTask 的 get 取出想要的线程结果。

FutureTask 有一个特性：不管代码启动了 run 函数多少次，FutureTask 只运行一次 Runnable 或 Callable 代码体。其 cancel 方法可放弃 FutureTask 的运行。

下面的代码简要说明 FutureTask 的特性：

```
public Book() {
    ArrayList <FutureTask <String> > mFutures =
```

```
        new ArrayList <FutureTask <String> > ();

    for (int i = 0; i <6; i++ ) {
        TestThread thread = new TestThread(i);
        FutureTask <String> futureTask = new FutureTask <> (thread);
        mFutures.add(futureTask);

        new Thread(futureTask).start();
    }

    System.out.println("获取结果中...");
    for (FutureTask <String> task : mFutures) {
        try {
            System.out.println(task.get());
        } catch (Exception e) {
            e.printStackTrace();
        }
    }
    System.out.println("得到全部结果.");
}
```

此处的代码和前一节相比,有两处不同。

① 使用 FutureTask 替换掉 Future。

② 因为 FutureTask 本身实现了 Runnable,所以在本例中没有直接使用线程池作为 FutureTask 的载体,而是直接把 FutureTask 包装进一个普通的线程。至于 TestThread,沿用前一节的代码不做任何改动。

代码运行的结果输出如下:

```
线程:4→运行...
线程:5→运行...
线程:2→运行...
线程:1→运行...
线程:3→运行...
线程:0→运行...
获取结果中...
线程:4→结束.
线程:3→结束.
线程:1→结束.
线程:5→结束.
线程:2→结束.
线程:0→结束.
```

```
返回的字符串 0
返回的字符串 1
返回的字符串 2
返回的字符串 3
返回的字符串 4
返回的字符串 5
得到全部结果.
```

在本例中，没有再使用线程池调度执行线程任务，所以新建的 6 个 FutureTask 线程任务在 for 循环里面全部并发执行。然后代码快速进入获取结果阶段，和 Future 一样，FutureTask 同样在获取结果 get 时，以阻塞的方式取出 TestThread 中 call 返回的结果。

9.6 Java 线程安全的 LinkedBlockingQueue 类和 ConcurrentLinkedQueue 类

虽然绝大多数多线程程序设计代码都比单线程程序设计代码在逻辑上简洁易懂，但涉及某些特定的场景，比如多线程并发读写访问同一数据时，这一部分代码就需要特别进行精心设计，维护好线程同步和数据一致性的问题。前面所介绍的内容就是为线程同步开发打基础的。

不同线程在存取相同资源时的同步问题变得复杂，如果不做好线程安全性设计，代码运行的结果是不可测的。不正确线程同步酿造的错误结果难以发现，修复也比较棘手。在 Java 多线程编程的模型中，经典的生产者－消费者模型作为同步机制和案例，可以用同步和线程锁机制实现。但是随着生产者－消费者模型的业务逻辑和结构更加复杂，当代码量膨胀到一定程度时，线程同步和锁的机制在代码层面就显得繁琐且难以维护。

生产者－消费者模型的关键点之一就在于如何同步和管理好数据仓储的队列。因为生产者－消费者模型是多线程的并发编程环境，针对同一个数据队列，若干个同时并发的线程有可能往数据队列存放数据，而与此同时，又有可能存在若干个同时并发的线程从数据队列取出数据。维护这样一个能满足线程安全的队列，实非易事。幸好在新版的 Java 语言中，新增了一些支持并发环境下多线程安全操作队列，比如 LinkedBlockingQueue。

从名字可以看出，LinkedBlockingQueue 是一个阻塞式的链式队列。阻塞式的队列与开发者经常使用的常规队列（如 ArrayList）的不同在于，阻塞式队列支持以阻塞的方式在队列中添加和删除数据元素。

- 阻塞式添加元素。当前队列已满时，队列会阻塞掉试图添加新元素到队列的线程操作，直到队列元素腾出空间，才允许线程发起新的元素添加操作。
- 阻塞式删除元素。当前队列已空时，队列会阻塞掉试图删除队列中元素的线程操作，直到队列元素不为空，才允许线程发起新的元素删除操作。

从 LinkedBlockingQueue 构造函数源代码可以看出：

```
publicLinkedBlockingQueue() {
    this(Integer.MAX_VALUE);
}
```

若没有指定大小，则默认大小为 Integer.MAX_VALUE。可以在构造函数中指定队列大小。

当线程从 LinkedBlockingQueue 中读取数据时，队列的 take 方法将会阻塞式地读取，直到该队列中有数据。而往 LinkedBlockingQueue 中 put 存放数据时，如果开发者指定了 LinkedBlockingQueue 的尺寸大小，而刚好此时队列已满，那么也将阻塞式地等待队列有多余存储空间时才把数据放入这个队列。其代码如下：

```
public static void main(String[] args) {
    //线程操作安全队列,用以存放数据
    LinkedBlockingQueue <String> mQueue = new LinkedBlockingQueue <String> ();

    //消费者线程:不断消费队列中的数据
    //该线程不停地从队列中取出队列中最头部的数据
    new Thread(new Runnable() {
    @Override
    public void run() {
        while (true) {
            try {
                String s = mQueue.take();// 阻塞式地从队列头部取出并删除该条数据
                System.out.println("取出数据:" + String.valueOf(s));
            } catch (InterruptedException e) {
                e.printStackTrace();
            }
        }
    }
}).start();

// 生产者线程:不断生产单个数据并装入队列中
// 该线程模拟生产者不停地往队列中装入一个数据
new Thread(new Runnable() {
        @Override
        public void run() {
            int count = 0;                //计数

            while (true) {
```

```
                    System.out.println("装载数据:" + count);
                    try {
                        mQueue.put(String.valueOf(count));

                        Thread.sleep(2000);// 假设生成数据耗时 2 s
                    } catch (InterruptedException e) {
                        e.printStackTrace();
                    }

                    count++;
                }
            }
        }).start();
    }
```

上面代码中，创建了一个没有指定尺寸大小的 LinkedBlockingQueue，Java 将会自动根据当前队列的存储容量弹性调整，以满足存储需求，然后创建两个单独的并发线程任务。

第一个线程从队列 mQueue 中取数据，取的过程是阻塞式的 take，直到读取到数据才返回。第二个线程往队列 mQueue 中存放数据，存放也是阻塞式的 put。本例中的 mQueue 没有指定队列的大小，那么意味着 mQueue 足够大。阻塞式的 put 只有在 mQueue 队列存在大小限定且刚好队列已满的情况下才阻塞。故而，本例中的 put 不存在这些问题，可以直接在 mQueue 尾部追加一条数据。

代码运行后的日志输出如下：

```
装载数据:0
取出数据:0
装载数据:1
取出数据:1
装载数据:2
取出数据:2
装载数据:3
取出数据:3
……
```

由于代码中各线程均没有终止代码，因此后面会无限输出。

LinkedBlockingQueue 除了成对使用的 take(取)和 put(存)外，还有 poll(取)和 add(存)。这些方法同样可以实现数据在 LinkedBlockingQueue 中的存取。每一次取数据后，都会从队列中删掉这条数据。

① add 方法非阻塞，直接在队列尾部追加元素，然后返回。这意味着当前队列如果配置了大小尺寸，那么此方法在调用时若队列已满就会发生异常。

② poll 方法也非阻塞，从队列头部取数据然后删掉队列头部的数据。

③ 有时候开发者从 LinkedBlockingQueue 这样的队列中取数据，可能并不希望读取即删除这种方式，而可能只是想读出数据并维持队列中数据不变，那么可以使用 peek。peek 从队列的头部读出数据，但是不删除这条数据。

Java 中还有 ConcurrentLinkedQueue 队列，该队列是一个线程安全的实现。ConcurrentLinkedQueue 的实现使用了有效的"无等待 (wait-free)"算法。

ConcurrentLinkedQueue 存储的元素结点，以链表形式相连。数据元素入栈出栈方式以先进先出的规则对结点实施排序。在添加一个数据元素时，ConcurrentLinkedQueue 将添加该元素到队列尾部，当取一个元素出来时，返回该队列头部元素。ConcurrentLinkedQueue 由头部的 head 结点和尾部 tail 结点构成，默认情况下 head 结点元素为空，tail 结点与 head 结点等同。每个结点以 Node 元素和指向下一个结点的指针 next 组建，结点和结点间通过 next 指针勾连在一起，链接成为一个单向无边界的列表，形成了一个形似 C 语言中的经典链表数据结构队列。队列中不能使用 null 这样的空数据元素。ConcurrentLinkedQueue 保证存取元素的一致性，放入什么样的元素，读出来的就是什么样的元素。ConcurrentLinkedQueue 的使用方法和 LinkedBlockingQueue 大同小异，两者皆是 Java Queue 的线程安全实现。

9.7 小　结

多线程编程的目的是最大限度地利用 CPU 资源。Java 多线程编程开发包中提供了不少适合多线程场景下的高性能数据结构，包括队列和集合类对象等。比如 BlockingQueue 这一线程安全阻塞式队列，若队列已满，再往队列添加数据就会阻塞；若当队列空，取数据也会阻塞，从这个角度上看，这一队列很适合解决经典消费者一生产者模式下的线程编程开发。

但是多线程编程也带来一些线程同步和并行编程的难题。多线程编程实现了一个程序在计算设备上并发执行，这样无疑会对相同的内存空间和数据进行并行的读写操作。设计不佳的多线程代码不仅不能提升效率，甚至可能会降低性能。当一个对象得到了线程的锁，将导致其他尝试竞争锁的对象处于挂起状态。像这样的锁机制，在一定意义上束缚了多线程的并行快速读写。若能把代码做到既不阻塞，又能确保多线程代码执行逻辑的正确性，那么多线程设计出来的代码，才会有最佳执行效果。

第10章 大数据、多任务、断点续传下载管理

如果 Android 涉及的网络数据请求是耗费时间较短且数据量较小(几十 KB 到几百 KB、1 MB 左右)的零星数据,可以使用 Android 原生或 Java 自身的 http 网络请求框架进行网络 I/O 编程,还可以使用更轻便的第三方开源框架如 Okhttp 等异步网络数据加载技术快捷完成网络开发任务。

然而如果下载的数据块大(MB 量级),如常见的 Android 操作系统本身的系统更新升级包,是几十 MB 到几百 MB 甚至 GB 量级的数据,那么网络下载任务必然耗时,甚至用户极有可能会调整正在执行的下载任务,比如移动设备从 WiFi 网络切换到 4G 网络,或者网络不可达导致下载任务中断。此种情形非常需要下载任务支持断点续传,要从中断或者失败的下载任务现场重新恢复任务,并保存已经下载成功的数据块。因为本质上,下载的数据块是一个本地数据文件,如果该文件较大,且已经成功下载了一部分数据,那么再次重启针对相同数据块的下载任务时,就没有必要从头到尾全新覆盖下载。合理的做法是,从未完成的部分开始下载,即通俗的说法:断点续传。此种策略,第一可以节省网络开销,毕竟大数据的下载对于移动网络资费是敏感的;第二可以更快速为用户下载完成所需的大数据块。

Android DownloadManager 就是为了支持大数据下载、断点续传这类典型下载任务而设计的。用户比较关心一个耗时的下载任务在下载过程中的状态和进度,开发者在有些情景下还需要监听 Android 系统发送出来的下载事件通知。

10.1 DownloadManager 开发简介

现在很多手机应用市场和商城,给用户提供多任务并行下载 App 安装文件到本地设备上的功能,而这些所要下载的目标 App 安装文件,小则几 MB,大则上百 MB,那么这种开发场景就应该考虑使用 Android DownloadManager。

Android DownloadManager 从一个给定的 URL 发起下载动作,把一个相对较大数据文件(从几 MB 到上百 MB 不等)下载到本地设备的存储介质上。DownloadManger 有两个重要的类:Request 与 Query。Request 类配置下载任务的常规属性。Query 类用于查询 DownloadManager 名下所有下载任务的下载进度、地址、存储路径等基础信息。

Android 平台提供了两个标准的 Request 和 DownloadManager 类用于实现大文件数据下载任务，Request 类提供了如下一些常规下载任务开发中常常遇到的功能设置函数。

① publicRequest setTitle(CharSequence title)　下载任务通常需要弹出消息或在任务管理器中告知用户目前具体下载的情况，该函数设置下载任务的标题。

② publicRequest setDescription(CharSequence description)　它和 setTitle 配合使用，设置下载任务的描述性信息。

③ publicRequest setNotificationVisibility(int visibility)　当下载任务正在后台进行或已经结束的时候，该函数设置是否在手机状态栏中显示关于这个下载任务相关的系统通知消息。如果开启这项功能，那么 DownloadManager 将会弹出下载任务状态栏系统通知消息。通常，作为默认配置，如果下载任务正在进行，Android 系统会自动在手机的通知栏弹出一个通知信息。参数 visibility 可以设置以下三个在 Request 中已经定义好的常量值。

- VISIBILITY_VISIBLE　它表示要显示系统状态栏的通知信息，通知的信息在下载任务运行过程中显示。如果下载任务完成了，那么就自动清除状态栏消息，通知栏通知清除后就消失不可见了。这个值是默认的配置。
- VISIBILITY_VISIBLE_NOTIFY_COMPLETED　它表示在下载任务执行过程中，系统的状态栏将持续展现下载任务的消息通知，下载任务结束后，用户点击这个通知消息或手动清除通知消息。简言之，Android 系统会在任务下载进行中以及下载结束展现给用户通知消息，用户可以选择删除状态栏的下载通知消息。
- VISIBILITY_HIDDEN　它表示不在系统的状态栏展示下载通知消息。如果使用这个特性，需要申请权限 DOWNLOAD_WITHOUT_NOTIFICATION。Android 这样设计是担心该特性被滥用，故需要额外申请。因为长时的下载会产生大量流量，若用户手机处于移动漫游使用流量进行联网状态下，将很可能为用户带来资费开销。对于流量敏感型用户来说，如果让用户在不知情的情况下下载一个大文件，这会给用户体验带来恶劣的影响。

④ publicRequest setAllowedNetworkTypes(int flags)　该函数限定下载任务时使用的网络类型，比如移动网络或者 WiFi 网络。该函数比较有用，虽然现在 4G 网络已经普及，且流量资费已经相对比较优惠，但用户仍不希望一个大文件通过流量有偿资费的形式下载，而是比较希望在 WiFi 网络连接时下载。该函数可以传递下面的值，这些常量值已经在 Request 中定义过。

- NETWORK_MOBILE　该值允许通过移动网络下载任务。
- NETWORK_WIFI　该值仅允许在 WiFi 网络连接时才执行任务下载。

⑤ publicRequest setAllowedOverRoaming(boolean allowed)　该函数设置是否允许在漫游时执行下载。传入的值为 true，表示允许，false 表示不允许。

⑥ public staticLong getRecommendedMaxBytesOverMobile(Context context) 该函数获取系统推荐的通过移动网络下载的数量大小。如果下载任务长时间通过移动网络下载，耗费了一定流量后，这个函数可用来提醒用户是否继续通过移动网络下载，避免用户是因为误操作或者在不知情的情况下，耗费了移动网络的昂贵资费。

⑦ public voidallowScanningByMediaScanner() 该函数允许系统的媒体扫描器扫描到自己程序中下载的文件。

⑧ publicRequest setVisibleInDownloadsUi(boolean isVisible) 该函数设置下载的文件是否可以在系统下载管理器中可见。true 值表示可见，false 值表示不可见。

作为默认设置，DownloadManager 把下载的文件存储在 Android 系统共享下载文件目录中，并使用 Android 系统为其自动生成文件名。DownloadManager 允许程序代码为每个下载文件指定一个特定位置，该特定位置通常是开发者自己设置的一个文件夹（文件目录），但是这个开发者自己设置的文件夹需要放置到系统内部以外的外部存储中。因为涉及读写外层存储器数据，需要在 AndroidManifest. xml 中设置存储器读写权限：

```
<uses - permission android:name = "android.permission.WRITE_EXTRANL_STORAGE" /> 。
```

⑨ publicRequest setDestinationUri(Uri uri) 参数 uri 标明下载文件的目的 Uri 资源定位，通常根据一个 Java 的 File 文件创建 Uri。注意，创建的 File 文件需要位于外部存储设备中。

⑩ publicRequest setDestinationInExternalFilesDir(Context context, String dirType, String subPath) 在外部存储器中存储一个 subPath 指向的子目录文件。dirType 是外包存储的主目录路径，比如可以传递以下值：

```
mRequest.setDestinationInExternalFilesDir(this, Environment.DIRECTORY_DOWNLOADS ,"
my.png");
```

这句代码的意思为在系统下载根目录下存放一个名为 my. png 的图片文件。如果 dirType 换成 Environment. getExternalStorageDirectory()，那么就是指在外部存储器的根目录下存储 my. png 图片文件。由此可见，dirType 和 subPath 合起来拼成了一个完整的文件存储路径。

⑪ publicRequest setDestinationInExternalPublicDir(String dirType, String subPath) 该函数值在系统公开的外部存储目录中，以 dirType 父目录和 subPath 子路径拼成的路径来存储一个文件。dirType 可以是如下参数：

- Environment. DIRECTORY_DOWNLOADS 指系统公开的下载存放目录。通常是外部存储器的根目录的 download 目录，即 /mnt/sdcard/download。
- Environment. DIRECTORY_DCIM 指系统公开的相机照片目录。
- Environment. DIRECTORY_DOCUMENTS 指系统公共的文档目录。

- Environment.DIRECTORY_PICTURES 指系统公共的图片目录。需要注意的是，各大厂商定制后的 Android 系统对默认的公共文件存放路径会做一些调整，也就是说，同样图片的存放公共路径(文件路径)会有所不同。

⑫ publicRequest addRequestHeader(String header, String value) 该函数像 http 网络请求一样，设置请求的 http 头部信息，比如编码格式、支持的元数据类型等。

下面给出一个简单的代码例子加以说明。

```
……
    private DownloadManager mDownloadManager;
    private long Id;

    @Override
    protected void onCreate(Bundle savedInstanceState) {
        super.onCreate(savedInstanceState);
        setContentView(R.layout.activity_main);
        Button deleteButton = (Button) findViewById(R.id.button);
        deleteButton.setOnClickListener(new View.OnClickListener() {

            @Override
            public void onClick(View v) {
                // remove将依据下载任务的Id号取消相应的下载任务
                // 可批量取消,remove(id1,id2,id3,id4,...);
                mDownloadManager.remove(Id);
            }
        });

        mDownloadManager = (DownloadManager) getSystemService(Context.DOWNLOAD_
SERVICE);

        // 假设从这一个链接下载一个大文件
        Request request = new Request(Uri.parse("http://apk.mumayi.com/2017/05/17/
118/1181291/xingxiangyi_V4.0.1_mumayi_6180b.apk"));

        // 仅允许在WiFi连接情况下下载
        request.setAllowedNetworkTypes(Request.NETWORK_WIFI);

        // 通知栏中将出现的内容
        request.setTitle("我的下载");
        request.setDescription("下载一个大文件");
        // 下载过程和下载完成后通知栏有通知消息
```

```
            request.setNotificationVisibility(Request.VISIBILITY_VISIBLE | Request.VIS-
IBILITY_VISIBLE_NOTIFY_COMPLETED);

            // 此处可以由开发者自己指定一个文件夹存放下载文件
            // 如果不指定则 Android 将使用系统默认的
            // request.setDestinationUri(Uri.fromFile(new File("")));

            // 默认的 Android 系统下载存储目录
            request.setDestinationInExternalPublicDir(Environment.DIRECTORY_DOWNLOADS,
"my.apk");

            // enqueue 下载任务进入队列,开始启动下载
            Id = mDownloadManager.enqueue(request);
    }
```

从以上代码可以看出,利用 DownloadManager 下载大文件的过程相对比较简单,关键的地方只需要三步就可以完整实现下载任务。

① 获取系统的 DownloadManager 服务,拿到 DownloadManager 的对象实例。

② 创建一个下载任务的 Request 实例。该 Request 包含必要的下载链接,如一个大文件的 Uri 等。本例是从一个应用市场下载一个 3 MB 左右大小的 App 安装文件,应用市场的 App 安装文件下载路径是已知的,然后用 Java 的 Uri 把该下载链接解析成一个 Uri 传递给 Request。虽然本例中需要下载的 apk 文件不是非常大,但是其基本原理和过程与大文件下载是相同的。

③ 有了 DownloadManager,又有 Request 实例,剩下的工作就是把 Request 任务放进 DownloadManager 的下载队列中:Id = mDownloadManager.enqueue(request)。

这样就启动了一个大文件的下载任务。enqueue 把下载任务排进下载队列,展开下载工作,并返回该下载任务的 Id。至此之后,这个长时间的大数据文件下载任务就无须开发者维护,开发者也不必关心断点续传等繁琐的问题。这些功能已经由 Android 系统实现好了。

若开发者编写程序从用户体验角度考虑,当一个大文件下载完成后,程序要主动提示用户下载任务已经完成,让用户决定后续操作,则可以在 Request 中增加通知栏提示消息。上面的代码中实现了一个简单功能,即把给定链接的 apk 文件下载到本地后,就弹出一个标题为“我的下载”,描述详情为“下载一个大文件”的通知栏消息。

注意,每一个下载任务进入下载队列后,DownloadManager 就会为开发者返回一个长整型值的 id,这个 id 在一定程度上是每一个下载任务的序号。拿到这个 id 后,开发者可以查询和删除某一特定 id 的下载任务。本例布局中有一个删除按钮,当点击此按钮后,程序代码就根据 id 删除这个下载任务。

因为涉及网络访问，存储文件数据写入到手机设备，同时用到了 Android 系统的下载服务功能，故而需要添加相应的权限：

```
<uses-permission android:name="android.permission.INTERNET"/>
<uses-permission android:name="android.permission.WRITE_EXTERNAL_STORAGE"/>
<uses-permission android:name="android.permission.ACCESS_DOWNLOAD_MANAGER"/>
```

如果下载进行了一段时间，用户想取消下载任务，怎么办呢？可以通过 DownloadManager 提供的删除下载任务方法 public int remove(long... ids)来完成。

函数 remove 接受的不定长参数 ids 是下载任务 enqueue 加入下载队列时返回的 id，id 作为下载任务的索引，开发者可以传入一个或若干个。给 remove()函数传入一个 id，即只删除一个具有该 id 的下载任务；给 remove()函数传入一批 id，则删除一批具有这些 id 的下载任务。

10.2 DownloadManager 下载状态查询

前一节简单介绍了 Android 的 DownloadManager 如何根据一个常见的下载链接完成一个大文件下载任务。较大任务的下载往往耗时比较长，且任务在下载时的状态会发生切换。比如正在下载，突然网络中断了，然后此时的下载任务就处于暂停状态，而当网络恢复后，任务又被 DownloadManager 自动重启，此时的下载任务即从暂停状态切换到运行状态。

一个长时、大文件的下载任务状态如何变动，用户和开发者都比较关心。DownloadManager 提供了任务下载时状态的查询机制。本节在前一节基础增加一个状态查询的函数代码块，该方法函数可实时获取下载任务的状态。

```
// 根据每一个下载任务的 id,查询某个具体下载任务的状态
……

    // 根据放入下载队列的 id 进行查询
    query.setFilterById(Id);

    // 查询结果放入一个数据库中的游标
    Cursor cursor = mDownloadManager.query(query);

    String statusMsg = "";
    if (cursor.moveToFirst()) {
        // 从游标的 COLUMN_STATUS 列取出下载任务的状态整型值
        int status = cursor.getInt(cursor.getColumnIndex(DownloadManager.COLUMN_
                                   STATUS));

        //根据状态值筛查出对应下载状态
```

```
        switch (status) {
            case DownloadManager.STATUS_PAUSED:          //暂停
                statusMsg = "STATUS_PAUSED";
                break;

            case DownloadManager.STATUS_PENDING:         //展开
                statusMsg = "STATUS_PENDING";
                break;

            case DownloadManager.STATUS_RUNNING:         //运行中
                statusMsg = "STATUS_RUNNING";
                break;

            case DownloadManager.STATUS_SUCCESSFUL:      //成功
                statusMsg = "STATUS_SUCCESSFUL";
                break;

            case DownloadManager.STATUS_FAILED:          //失败
                statusMsg = "STATUS_SUCCESSFUL";
                break;

            default:
                statusMsg = "未知状态";
                break;
        }
    }
```

程序代码需要查询下载进度或状态时，就创建一个 DownloadManager. Query 函数做查询，query 函数返回 Cursor 游标。接下来，开发者在代码中即可按需所取，根据每一个具体的字段列就能查询 DownloadManager 内部维护的以 COLUM_打头数据列。

DownloadManager 查询下载状态的流程是根据先前入栈时的任务 id 号，从 DownloadManager 内部维护的数据库中取出游标 Cursor。注意，游标的位置要移动到最前，否则程序代码取不出所需数据。这个 Cursor 和普通 Android 数据库中 Cursor 相似，Cursor 游标在它自身存储的数据结构中，存放了下载任务的状态值，该状态值是一个整型值。程序代码取出该整型值之后，通过简单的 switch 比对判断逻辑，一个一个地和 DownloadManager 内部定义的下载状态常量值比对，从而筛查出下载任务的实时状态。query 方法传递一个 DownloadManager. Query 对象作为参数。DownloadManager. Query 的 setFilterById 函数帮助筛出具有该 id 的目标下载任务。

10.3 DownloadManager 下载进度、存放目录等

对于下载或者更新升级一个耗时的大文件，用户最关心的莫过于下载进度。同时，由于不同厂商对于系统的定制，下载文件默认存放目录可能和标准的 Android 平台不同。另外，一些下载管理软件本身，支持用户自定义选择大文件下载的目录文件夹归类。所以这里有两件事情需要特别告知用户。

① 告知用户任务下载的进度。根据需要下载的文件长度，以及当前已经下载的部分，从而计算得出下载的百分进度比值。

② 下载完成后，告知用户文件存放的具体位置。因为手机设备不同于计算机，用户可以快速方便知道下载的文件在什么地方。而很多时候，手机即便把一个文件下载到本地，用户也不知道文件具体存放到哪儿去了。这里隐含了一条 App 产品的设计原则：不要假定用户是高级的手机使用能手，代码设计要尽可能为广大的手机小白用户降低使用门槛。所以在文件下载完成后，如果有必要，系统要告知用户文件的具体存放位置。

为了实现上述两点内容，需要增加针对下载任务的查询代码。在此写入一个函数内实现，代码如下：

```
//查询下载文件的进度，文件总大小多少，已经下载多少
private void query() {
    DownloadManager.Query query = new DownloadManager.Query();
    query.setFilterById(Id);
    Cursor cursor = mDownloadManager.query(query);

    if (cursor != null && cursor.moveToFirst()) {
      int fileName = cursor.getColumnIndex(DownloadManager.
                                    COLUMN_LOCAL_FILENAME);
        int fileUri = cursor.getColumnIndex(DownloadManager.COLUMN_URI);

        //文件名
        String name = cursor.getString(fileName);

        String uri = cursor.getString(fileUri);

        int totalSizeBytesIndex = cursor.getColumnIndex(DownloadManager.
                                                COLUMN_TOTAL_SIZE_BYTES);
        int bytesDownloadSoFarIndex = cursor.getColumnIndex(DownloadManager.
                                            COLUMN_BYTES_DOWNLOADED_SO_FAR);

        // 下载文件的总大小
```

```
            int totalSizeBytes = cursor.getInt(totalSizeBytesIndex);

            // 截至目前已经下载文件的总大小
            int bytesDownloadSoFar = cursor.getInt(bytesDownloadSoFarIndex);

            cursor.close();
        }
    }
```

程序代码通过 Android 系统提供的下载任务查询函数查询下载状态，查询函数的基本定义是 public Cursor query(Query query)。通过 query()函数查询的过程仍然从下载任务的 Id 号开始，取出下载状态记录数据库中一行记录 Cursor。query 查询函数返回的 Cursor 游标，存放一个下载任务的细节内容。开发者可以分别根据列名取出对应的值，这一过程和上一节下载状态查询相同。上面这部分查询代码中，有三个有意义的变量值：文件名(name)、文件总大小(totalSizeBytes)以及截至目前下载数据的大小(bytesDownloadSoFar)。通过这些有价值的数据，开发者编写的 App 程序就可以告诉用户当前下载的进度以及文件存放的路径了。

简单回顾一下，DownloadManager 是如何感知下载的状态以及基础下载信息的。通过之前章节和本节的介绍，可以概括出以下三步：

第一步，根据下载任务的 Id 号，取出下载数据库状态记录的游标 Cursor。

第二步，根据 DownloadManager 定义的常量值，取出游标 Cursor 某一个特定列的特征值。这里虽然取得了 Cursor 游标特定列的值，但是这个值不能直接用。此值可以理解为类似于 HashMap 中存储数据对的 Key 键，而 Value 需要通过 Key 键取出。那么，这一步的关键就是取出 Key 键。

第三步，Cursor 游标通过第二步拿到的 Key 键取出相对应的值，然后取出总的文件大小、已下载数据的大小等真正需要的可读数据。

10.4 DownloadManager 下载完成事件监听

前几节中，介绍了如何从下载信息数据库中查出一个下载任务的状态。然而，我们从编写的程序代码中可以看到，所实现的代码是同步的。假设要实现一个简单的功能：在文件下载完成后，此时程序代码也需要及时通知用户已经完成下载任务。如果开发者在自己的程序代码实现中，以同步形式实现下载状态的查询，那么要实现这个功能就很棘手了，最可能的做法就是不停地轮询下载信息数据库，从而获知下载状态。因此，DownloadManager 提供了异步回调的机制实现下载事件的监听。具体的实现技术方案是，当系统通过 DownloadManager 下载完成一个文件后，会发送一个广播，开发者可以动态或者静态注册一个广播监听，然后在程序中监听 Android 系统广播出来的下载消息通知。比如开发者可以监听一个常见的下载完成广播消息通知:DownloadManager. ACTION_DOWNLOAD_COMPLETE,开发者就可以在App程序中实时地监测到下载完成事件了。其代码如下:

```
Id= mDownloadManager.enqueue(request);
listener(Id);
……
privateBroadcastReceiver mBroadcastReceiver;

private void listener(final long Id) {
    // 动态注册广播监听,监听系统广播的下载完成事件
    IntentFilter intentFilter = new IntentFilter(DownloadManager.
                                              ACTION_DOWNLOAD_COMPLETE);
    mBroadcastReceiver = new BroadcastReceiver() {
        @Override
        public void onReceive(Context context, Intent intent) {
            long ID = intent.getLongExtra(DownloadManager.EXTRA_DOWNLOAD_ID, -1);
            if (ID == Id) {
                // 收到下载任务完成的 Android 系统广播
                // 展开任务下载完成的业务逻辑
                Toast.makeText(getApplicationContext(),
                              "任务:" + Id + "下载完成!",Toast.LENGTH_LONG).show();
            }
        }
    };

    registerReceiver(mBroadcastReceiver, intentFilter);
}
```

上面的代码简单演示了监听一个下载完成广播通知消息的骨干代码实现。这里有三个关键逻辑流程需要特别注意。

① 程序代码首先需要在下载任务放入下载队列后,启动监听,将 Android 系统的广播事件监听和下载事件建立关联。在上面的代码中是通过 listener()函数实现的。

② 在广播的过滤器 IntentFilter 中,此处只监听下载完成的广播(事实上开发者可以根据具体场景的需要,增加更多其他广播事件的监听,比如下载发生异常广播通知、网络变化的广播消息通知等),因此只增加一条 DownloadManager. ACTION_DOWNLOAD_COMPLETE。

③ 在广播监听事件的接收 onReceive 函数中,将接收到的广播中 Intent 包含的 DownloadManager. EXTRA_DOWNLOAD_ID 特征值与自己下载任务的 id 进行比

对，如果相同，则表明这条广播即是针对自己下载任务完成后的广播，因为之前的下载监听是监听 Android 系统广播出来的下载完成广播，而现在在程序代码中收到了 Android 系统广播出来的下载完成广播，并且收到的这条广播中包含的下载任务 id 就是自己的下载任务 id，从而也就知道 Android 系统通过 DownloadManager，已经把具有序列号 id(本例代码中 id)的下载任务完成。

除了下载完成事件可以通过广播监听外，还有一系列与下载相关的 Android 系统广播事件可以监听，如常见的 DownloadManager. ACTION_NOTIFICATION_CLICKED。源代码中关于其的定义是：

```
public final staticString ACTION_NOTIFICATION_CLICKED =
        "android.intent.action.DOWNLOAD_NOTIFICATION_CLICKED";
```

此广播事件将在用户点击通知栏通知消息后触发。当任务下载完成后，用户点击了通知栏中的消息提示，Android 系统会主动发出一个 ACTION_NOTIFICATION_CLICKED 事件广播，开发者可在程序代码中监听这样的广播，进而决定用户点击了这条通知后的业务逻辑处理。比如，应用本来是在后台下载，但是点击该按钮后，就弹出正在下载的对话框；应用下载好后，可以直接执行安装操作。

开发者可以根据实际的场景需要，利用 Android 系统提供的丰富下载事件监听广播，实现自己的业务逻辑。具体的代码设计工作和流程，与之前的下载完成的监听逻辑相同。

10.5 小 结

Android DownloadManager 是 Android 原生平台提供的系统级下载管理器，专门用于解决长时间耗时执行的网络下载任务服务。在 Android 手机中，DownloadManager 根据一个资源 URI，下载一个大数据文件。这样的耗时下载任务必然运行在后台中，Android 客户端在后台和远端服务器交互进而展开远程下载任务。对于下载失败、网络连接发生变化，或者某种特定情况下需要重启下载任务等复杂多变的手机端下载任务的维护和管理工作，DownloadManager 均能胜任。在人机交互层面，DownloadManager 可以方便用户在 Android 系统管理界面查阅最新的多任务下载进度信息。DownloadManger 内置两个重要的类：Request 和 Query。Request 类代表了 DownloadManager 中的一个下载任务请求，同时还可以配置下载任务的相关属性(如允许以何种网络下载、下载后的文件存放路径等)。Query 查询当前下载任务的游标 Cursor。Cursor 类似数据库中的游标，我们可通过该游标查出下载任务的进度、下载地址、文件存放目录等数据。

DownloadManager 有以下三个比较突出的优点。

① 它可以长时间运行于后台线程任务中进行网络数据的 I/O 读写操作，使得开

发者不用关心移动设备网络类型的切换、网络断开、网络重新连接、网络读写失败等诸多围绕网络异常衍生出来的问题。

② 它可以在系统的通知栏中显式展现下载任务的进度，帮助开发者实现了一套在系统状态栏中的下载进度呈现功能。

③ 它可以简洁地查询、删除所维护和管理的下载任务。

在绝大多数涉及下载大块数据文件的开发场景中，采用 Android 提供的标准原生 DownloadManager 是一个相对较好的选型。并且，DownloadManager 对于下载过程中的断点续传给予了良好的支持，这一特点非常值得称赞。

第11章 内存与物理存储高效缓存及策略

缓存思想是计算机科学领域一个非常重要的技术概念。之所以要在软件设计中使用缓存技术，最重要的目的是为了解决数据访问性能问题。工业界经过多年来的技术创新，如今 IT 基础设施的硬件计算和数据处理能力越来越强，有了更大的内存、更高的 CPU 计算速度、更多的 CPU 计算核心数。然而与此同时，数据量却也是以指数级在海量增长，计算任务负载也越来越重，尤其在当前大数据时代背景下，性能问题越发凸显出来。

具体到移动设备，我们更要考虑移动设备的特殊设备情况。移动设备的运行，需要更低功耗、更省电、更低系统开销、更节能的方式，以及更持久的续航。换言之，为移动设备开发程序代码，要把性能和节能作为重要的设计目标，寻求两者的平衡点，在有限的计算资源基础上，更高效地完成计算任务。

在寻找更快更高效的数据访问解决之道上，业界一直沿着两条主线发展：其一，更强大的计算机硬件设备；其二，更高效的数据访问策略。Android 移动设备一旦出厂，硬件设备的内存和外存（外部扩展存储设备），以及 CPU 处理器速度就恒定不变了，剩下能做的就是通过软件手段，更高效地进行快速数据访问，而缓存技术是一种常见、有效的提高数据访问效率的方案。本章将介绍通过软件手段实现的 Android 缓存技术，Android 缓存分为两个存储层级：内存和外存。关于内存缓存，本章将探讨 LruCache 技术；关于外存即本地硬件的物理存储，本章将探讨 DiskLruCache 技术。

11.1 引入 LruCache 内存缓存技术的背景

Android 开发中需要频繁处理数据的缓存。一些具有 Java 项目研发背景的开发者可能会自然而然因为技术惯性，在 Android 开发中一如既往地沿用 SoftRefrerence 软引用和 WeakReference 弱引用来缓存 Android 中的 Java 对象或数据，那么就会极易导致 Android 程序因为内存问题而崩溃闪退。鉴于这种情况，谷歌 Android 官方从 Android 系统版本 3.0 以后，建议开发者不要在 Android 中使用 SoftRefrerence 软引用和 WeakReference 弱引用缓存数据，谷歌 Android 官方给出了一篇英文技术文档解释这么做的原因，其链接地址是 http://developer.android.com/

training/displaying-bitmaps/cache-bitmap. html。

这段文档的部分内容大致是这样的：

注意！过去，一个非常流行的内存缓存实现策略是通过 SoftReference 或 WeakReference 对 bitmap 缓存，然而现在不推荐使用这种方案了。从 Android 系统版本 2.3（API Level 9）以后，Java 垃圾回收器会更加积极回收持有软/弱引用的对象。除此之外，在 Android 系统版本 3.0（API Level 11）之前，在本地内存中缓存一个 bitmap 数据并不会以预期的方式释放，这可能使一个应用在很短期间就超出它的内存上限（作者注：即会引发 Out Of Memory 问题）而导致其崩溃。

既然谷歌 Android 官方在缓存策略上把 SoftRefrerence 软引用和 WeakReference 弱引用都废弃掉，那么在 Android 中又该使用什么方案缓存数据呢？谷歌 Android 官方给出的答案是：LruCache。LruCache 作为 Android 扩展，谷歌官方已经在 support. v4 包中把 LruCache 添加进去了。接下来，我们就展开探讨 LruCache。

11.2 内存 LruCache 缓存及算法的策略思想

内存缓存技术中有一种策略是 LRU（Least Recently Used，最近最少使用）缓存策略。LRU 缓存策略思想在一个常见的生活场景中得到体现：手机中的电话簿通讯录的使用。用户打电话之前需要翻通讯录确定某一位具体的联系人，但是通讯录有很多联系人，为此，用户不得不花费较长时间翻遍整个冗长的通讯录，最终找到想要的联系人。

虽然通讯录中的联系人很多，但是用户的常用联系人几乎总是那么若干名，或者是某几位至亲家人，或者是某几位亲密朋友，如果为了找到某个联系人，不得不每一次都花费时间翻遍整个通讯录，这种访问效率就很低，而且完全没有必要，给用户的体验也不佳。该低效问题可以通过算法进行优化。

LRU 思想针对此现象，建立算法模型：建立一个定长的通讯录存储队列，队列中每个结点存储了需要访问的联系人。当用户最近（最后）一次访问了某一联系人时，就将该联系人从原有位置前移到队列的第一个位置（队首）。

算法的模型须关注下面三点内容：

① 处于队列前端部分的数据是用户最新、最近、最频繁访问和使用的联系人数据。

② 处于队列尾部的数据则是最少使用、最旧的数据。

③ 当缓存数据超过队列设定长度后，则从队列的最后一个数据开始删除陈旧数据。

如图 11－1 所示，假设联系人存储队列中有 A、B、C、D、E 五个联系人，现在程序访问了 C，那么就将 C 移动到队列的最前端（即第一的位置），形成新的队列 C、A、B、D、E。

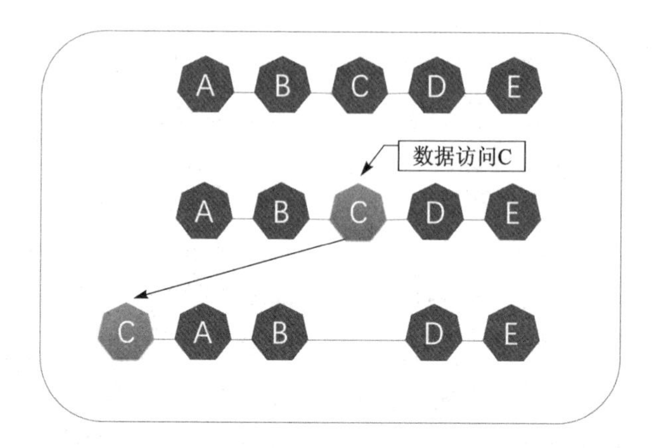

图 11-1 缓存队列模型简例

之所以维护了一个定长的存储队列，是鉴于设备内存空间有限，而且内存空间十分宝贵，所以根据数据可能产生的大小容量量身定制。因为队列容量有限，例子中的队列只能容纳五个元素，如果此时再追加一个新的联系人数据 F，那么就删除队列中的最后一个元素 E，而将 F 添加到队首。这样就在内存中保持了一个动态变化的定长缓存队列。

Android 的 LruCache 实现思想就是基于 LRU 缓存策略，LruCache 类内部实现关键是 LinkedHashMap。LinkedHashMap 可以在一定程度上简单认为是 HashMap 和 LinkedList 两者的结合。LinkedHashMap 建立一个指定容量的缓存队列 LinkedList，该 LinkedList 可构造成循环使用的双向链表。

使用 LinkedList 而不是 ArrayList 这样的集合，是考虑到集合的队列中添加、删除元素的效率。用 LinkedList 构建的数据结构模型，类似于 C 语言中常见的链表这样的快速数据表。链表数据结构中，在队列中添加元素效率明显高于 ArrayList。因为在队列中添加一个元素，ArrayList 会将插入元素位置之后的所有元素往后移动，同样，删除一个位置的元素，则会将删除位置之后的元素全部前移（尾部删除或添加不需要移动，因为尾部后面没有数据）。而 LinkedList 这样的链表，在添加和删除元素的时候，仅仅是修改插入位置前后两个元素的指针指向而已，添加或删除操作涉及的元素最多也就两个。

LinkedList 的每一个结点即为一个 HashMap，每个 HashMap 根据 <K, V > 键值对进行数据存取。好在 Android 系统已经把 LruCache 在 LinkedHashMap 基础上为开发者封装成简单易用的 <K, V > 键值对访问逻辑模型。例如，把 0，1，2，3，4，5，…，$N-1$，N 这样自然增长的整数值，先转成字符串作为键，然后在该键下存入一个构造的 Bitmap 对象实例，接着再根据键取出之前缓存进去的 Bitmap 对象，最后输出 Bitmap 的宽、高。代码演示如下：

```
intCACHE_SIZE = 8 * 1024 * 1024;
LruCache <String, Bitmap> mLruCache = new LruCache(CACHE_SIZE);

int count = 5;

String key;
Bitmap bmp;
for (int i = 0; i <count; i++) {
    key = String.valueOf(i);
    bmp = Bitmap.createBitmap(i + 1, i + 2, Bitmap.Config.ARGB_8888);

    mLruCache.put(key, bmp);
}

for (int i = 0; i <count; i++) {
    key = String.valueOf(i);
    bmp = mLruCache.get(key);
    Log.d("key:" + key, "value:" + bmp.getWidth() + "," + bmp.getHeight());
}
```

代码运行后输出的日志如下：

```
10-02 19:27:35.583 12012-12012/zhangphil.cache D/key:0: value:1,2
10-02 19:27:35.584 12012-12012/zhangphil.cache D/key:1: value:2,3
10-02 19:27:35.584 12012-12012/zhangphil.cache D/key:2: value:3,4
10-02 19:27:35.584 12012-12012/zhangphil.cache D/key:3: value:4,5
10-02 19:27:35.584 12012-12012/zhangphil.cache D/key:4: value:5,6
```

缓存需要缓存数据的容器，通常把队列作为缓存的容器，如果程序频繁地使用某些数据，就把这些频繁使用的数据添加到头部，这样经过一定时间，缓存队列的头部就是程序频繁使用的数据，而尾部的数据则是程序不经常使用的数据，那么尾部的数据在适当情况下就可以删除或者清除掉以节省内存空间。根据 LruCache 缓存策略的这一思想，可以在 Android 的 ListView 这样界面开发中发挥特性。在 Android ListView 这样涉及网络加载图片呈现的情景下，比如一个 App 中的 ListView 通过网络加载几十、上百条 item，每条 item 会有一个或者若干图片展示。

如图 11-2 所示，假设每一张图片如《蒙娜丽莎的微笑》都有一个 id 或者哈希值之类的标识，能与其他图片区分开。ListView 在初次启动后，通过网络接口，读取到一个包含批量图片 id 的 JSON 数据块，从 JSON 数据中解析出批量图片 id，然后根据图片 id 和图片服务器返回的图片根域名，拼接成一个个完整有效的图片 URL，接着批量从网络读取一批图片，再将这些图片根据一定存取原则缓存到指定容量的 LruCache 中。

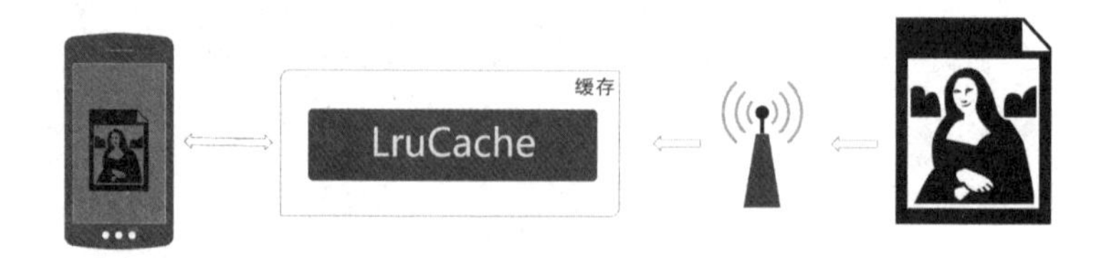

图 11-2　Android 移动设备上通过 LruCache 使用数据的过程

通常，可以考虑将完整的图片 URL 或者图片 id 作为键(Key)，而将程序从这个 URL 指向的读取成功的 Bitmap 对象实例作为值(Value)，即 <URL,Bitmap> 或 <id,Bitmap> 存到 LruCache 中。此过程流程图如图 11-3 所示。

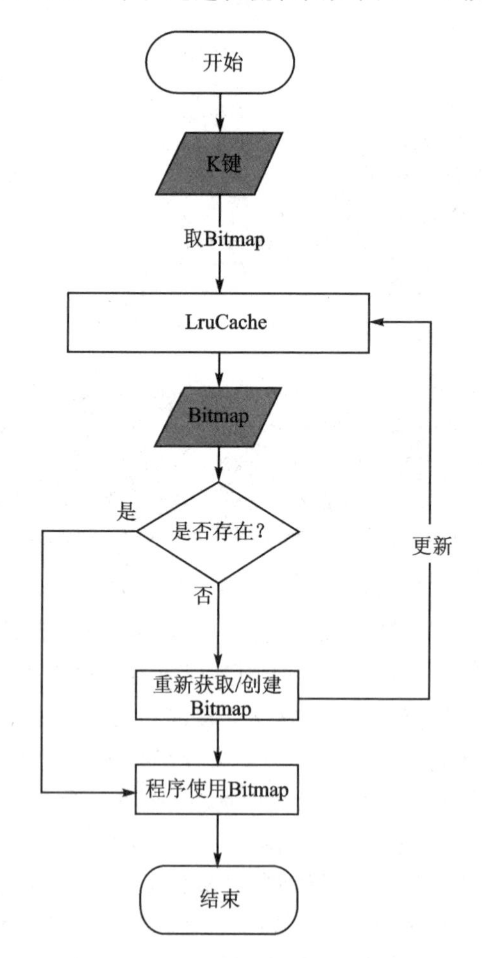

图 11-3　LruCache 缓存和使用 Bitmap 的逻辑过程

这样使用 LruCache 缓存 ListView 的图片，有以下三个优点：

① 当用户在上下翻滚 ListView 时，App 中的程序代码不必每次都重复发起网

络请求,在网络上缓慢加载图片。而是在用户翻滚到某一条 item、试图加载图片的时候,首先检查 LruCache 中是否有该图片的缓存。检查的原则是根据传入的键进行匹配。若恰好该 item 中的图片命中 LruCache 中的缓存,直接从 LruCache 中读取已缓存的 Bitmap,喂给 item,而不必浪费网络流量去重复请求。如果 LruCache 中没有缓存这张图片,再在这个时机发起异步网络加载。

② 上下不停地滚动 ListView 是因为用户迫切希望及时、迅速地看到手指翻到的 item 中的图片。如果 LruCache 缓存中已有,那么 App 程序代码应立即从 LruCache 中读取,复用该图片,因为 LruCache 是基于内存(闪存)级别的缓存,数据存取速度快。这种所见即所得的 App 响应能力,无疑是极佳的用户体验。

③ 最坏的情况是,网络出现异常断开连接,网络不可达。由于在设备自身的内存中建立了 LruCache 缓存队列,那么仍然可以读取并复用已经加载完成后的那批图片,而不会出现所有图片都无法正常查看的情况。

下面给出一个代码的关键演示。构建 ListView 所需要的适配器 Adapter 中,当 getView 函数触发图片加载需求后,就在加载过程中处理 LruCache 缓存事务逻辑,根据资源 id 判断 LruCahce 中是否已有缓存。如果有,就复用;若没有,则重新创建并更新缓存,为下一次复用做数据准备。

```
public classMainActivity extends ListActivity {
private LruCache <String, Bitmap> mLruCache;

@Override
protected void onCreate(Bundle savedInstanceState) {
    super.onCreate(savedInstanceState);

    int CACHE_SIZE = 8 * 1024 * 1024;
    mLruCache = new LruCache(CACHE_SIZE);

    ArrayAdapter mAdapter = new ArrayAdapter(this, 0) {

        @Override
        public View getView(int position, @Nullable View convertView, @NonNull
                            ViewGroup parent) {
            ImageView image = new ImageView(getContext());
            load(R.mipmap.ic_launcher, image);
            return image;
        }

        ...
    };
```

```
        setListAdapter(mAdapter);
    }

    private void load(int id, ImageView image) {
        Bitmap bmp = mLruCache.get(String.valueOf(id));
        if (bmp == null) {
            Log.d("LruCache 缓存", "没有缓存,开始创建新数据资源并缓存之。");
            bmp = BitmapFactory.decodeResource(getResources(), id);
            mLruCache.put(String.valueOf(id), bmp);
        } else {
            Log.d("LruCache 缓存", "已有缓存,复用。");
            image.setImageBitmap(bmp);
        }
    }
}
```

上面的例子中,一个 ListView 的每个 item 加载一张图片,每个 item 加载图片时,首先要到 LruCache 中检查是否已经存在该 id 的缓存。如果没有,重新创建该图片资源并依据键值对 <id,Bitmap> 缓存进 LruCache 中。如果有缓存,则直接取出 Bitmap 复用,避免重复创建和加载同样的 Bitmap。例子中的关键部分 load 函数体内,使用 BitmapFactory 直接提供的本地资源 id:R. mipmap. ic_launcher,然后使用 BitmapFactory 提供的工厂方法获取 Bitmap 数据对象。本例的 load 加载资源函数是从本地代码中加载 Bitmap 资源,如果 load 加载资源函数不是从本地而是从网路加载 Bitmap,那么使用 LruCache 解决缓存问题与上述的基本思路也是一致的。

代码运行结果的日志如下:

```
    10-02 22:19:21.549 12617-12617/zhangphil.cache D/LruCache 缓存: 没有缓存,开始创建新数据资源并缓存之。
    10-02 22:19:21.551 12617-12617/zhangphil.cache D/LruCache 缓存: 已有缓存,复用。
    10-02 22:19:21.551 12617-12617/zhangphil.cache D/LruCache 缓存: 已有缓存,复用。
    10-02 22:19:21.552 12617-12617/zhangphil.cache D/LruCache 缓存: 已有缓存,复用。
    10-02 22:19:21.552 12617-12617/zhangphil.cache D/LruCache 缓存: 已有缓存,复用。
    10-02 22:19:21.552 12617-12617/zhangphil.cache D/LruCache 缓存: 已有缓存,复用。
    10-02 22:19:21.552 12617-12617/zhangphil.cache D/LruCache 缓存: 已有缓存,复用。
    10-02 22:19:21.552 12617-12617/zhangphil.cache D/LruCache 缓存: 已有缓存,复用。
    10-02 22:19:21.553 12617-12617/zhangphil.cache D/LruCache 缓存: 已有缓存,复用。
```

日志输出表明,只有第一次因为 LruCache 中没有缓存 id 为 R. mipmap. ic_launcher 的图片,而不得不创建新的资源,之后相同 id 的图片因为 LruCache 已有缓存并复用。这样避免了重复加载带来的低效,极大提升了代码加载性能。

11.3 二级缓存 LruCache 和 DiskLruCache

前几节介绍的缓存是发生在内存中的，内存缓存的复用无疑会大幅度提升程序效率和速度。Android 系统区分内存和外存是考虑到数据访问的速度，在现代存储设备架构中，无疑内存(闪存)访问速度最快，而外存则由于物理机械操作读取外部存储设备(如磁盘等)，速度相对慢些。所以通常将需要高速且不需要持久地保持的数据放置在内存中，而把不太经常访问但需要数据持久化存储的数据存到外存中。Android 内存中的数据在程序退出后全部丢失，内存空间被系统垃圾回收，然后重新分配给其他程序使用。外存中的数据则持久地保存到 Android 文件系统中。

在 Android 缓存架构中，一般将一些相对较大且可能在后续程序中使用到的数据先期存放在内存缓存 LruCache 中，以优先保证访问速度，然后再将这部分数据以异步线程的耗时操作下沉，保存到 DiskLruCache 中。

DiskLruCache，顾名思义，即硬盘层级的 LruCache。内存 LruCache 提供程序运行期间的高效访问，DiskLruCache 则提供程序时效性不强，但在必要时能有比网络更快的数据访问速度。

我们看一个典型的开发场景：仍以 App 中的图片加载过程为例。App 常会遇到在一个 ListView 或者 RecyclerView 中显示几十、上百或者更多张图片，这些图片小则几 KB，大则几 MB。在 App 的初始化阶段，这些数据全部为空，需要从网络中读取，加载完毕后全图展示。这个过程初看没什么问题，但仔细分析，并结合移动设备所处的网络情况，问题就比较多。

① 在当今社会的流量资费体系下，App 访问移动网络都要产生一定的流量，而用户对手机的流量资费是敏感的。假设一个 App 在首次启动后，通过移动网络加载出来一张 2 MB 的图片，毫无疑问这就产生了相应的资费。然后用户继续翻阅了大量的列表图片。由于 LruCache 缓存队列容量有限，所以在用户不停翻阅过程中 LruCache 队列爆满。那么，很遗憾，根据 LruCache 尾部丢弃原则，之前最早的图片被删掉。然而，过了一段时间后，用户又想去查看那张比较冷僻的图片，此时，不得已再次通过移动网络加载和之前那张一模一样的图片。

② 移动通信网络本质是不可靠的，网络连接并不总是可达。假设一个用户启动 App 完整加载出来一张图片后，随后不停使用 App 导致 LruCache 队列满而丢弃。此时，网络出现异常或者网络断开而不可达，App 是否就因为无法访问网络而不能展示这张图片了呢？

③ 一些常见的新闻类 App，除了包含新闻的文本资讯内容外，还有很多新闻的配图。如果一个用户长期使用这款新闻类 App，App 会产生一个数据存储规模不小的历史内容资料库，某一天该用户翻阅往期的新闻时，新闻配图是否仍必须从服务器中重新拉取？

这种情形就需要使用 DiskLruCache 了。我们要将 DiskLruCache 和 LruCache 协同配合，精巧设计两级缓存机制，以达到优化数据加载效率。DiskLruCache 和 LruCache 不同的是，DiskLruCache 的存取介质是外存(可以简单理解为设备的外接物理机械设备)，基于 Android 文件系统，DiskLruCache 的存取速度没有 LruCache 的快。

以一个具体的实例加以说明，如图 11-4 所示。

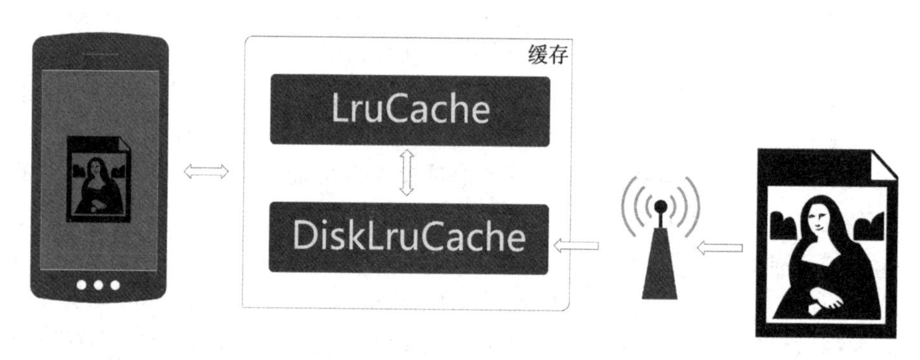

图 11-4　在 LruCache 缓存基础上加入 DiskLruCache，实现两级缓存

假设手机设备需要根据一个完整的 URL 加载一张《蒙娜丽莎的微笑》图片，并在手机上显示出来。使用了 LruCache 和 DiskLruCache 两级缓存后，DiskLruCache 层级处于 LruCache 缓存之下，DiskLruCache 作为 LruCache 的下级资源池被调度使用。此时的 LruCache 即便在没有图片数据情况下，也不再和网络直接打交道，DiskLruCache 将被 LruCache 驱动，直接对网络进行读取，以获取数据，DiskLruCache 对上为 LruCache 提供缓存数据支撑。这里的技术演进路线有如下三步：

第一步，拿到 URL 作为键，去 LruCache 缓存中，检查是否已经存在该 URL 键名下的 Bitmap 缓存。

第二步，第一步的结果如果有，则直接取出 Bitmap 即可，程序执行至此完毕。如果没有，则执行第三步。

第三步，拿到 URL 作为键，去 DiskLruCache 缓存中，检查是否已经存在该 URL 键名下的 Bitmap 缓存。

① 如果有 Bitmap 缓存，则直接取出 Bitmap 喂给程序使用。既然缓存检索动作已经深入到第二缓存层级的 DiskLruCache，说明 LruCache 没有这条缓存图片数据，于是向上把这条缓存数据更新到 LruCache。

② 如果没有 Bitmap 缓存，则表明不管是内存的 LruCache 或者外存的 DiskLruCache，都不存在《蒙娜丽莎的微笑》这张图片，那么此时发起新的网络请求，从网络中加载这张《蒙娜丽莎的微笑》图片。网络加载成功后，同时线程化地做三件事情：首先，把图片丢给程序代码使用；其次，程序代码要把图片数据更新到 LruCache 中；最后，作为备份，程序代码把图片数据也缓存到 DiskLruCache 中去。缓存到 LruCache

和 DiskLruCache 的 <K,V> 键值对中的键,要保持唯一性。

以上步骤可用流程图 11－5 表示。

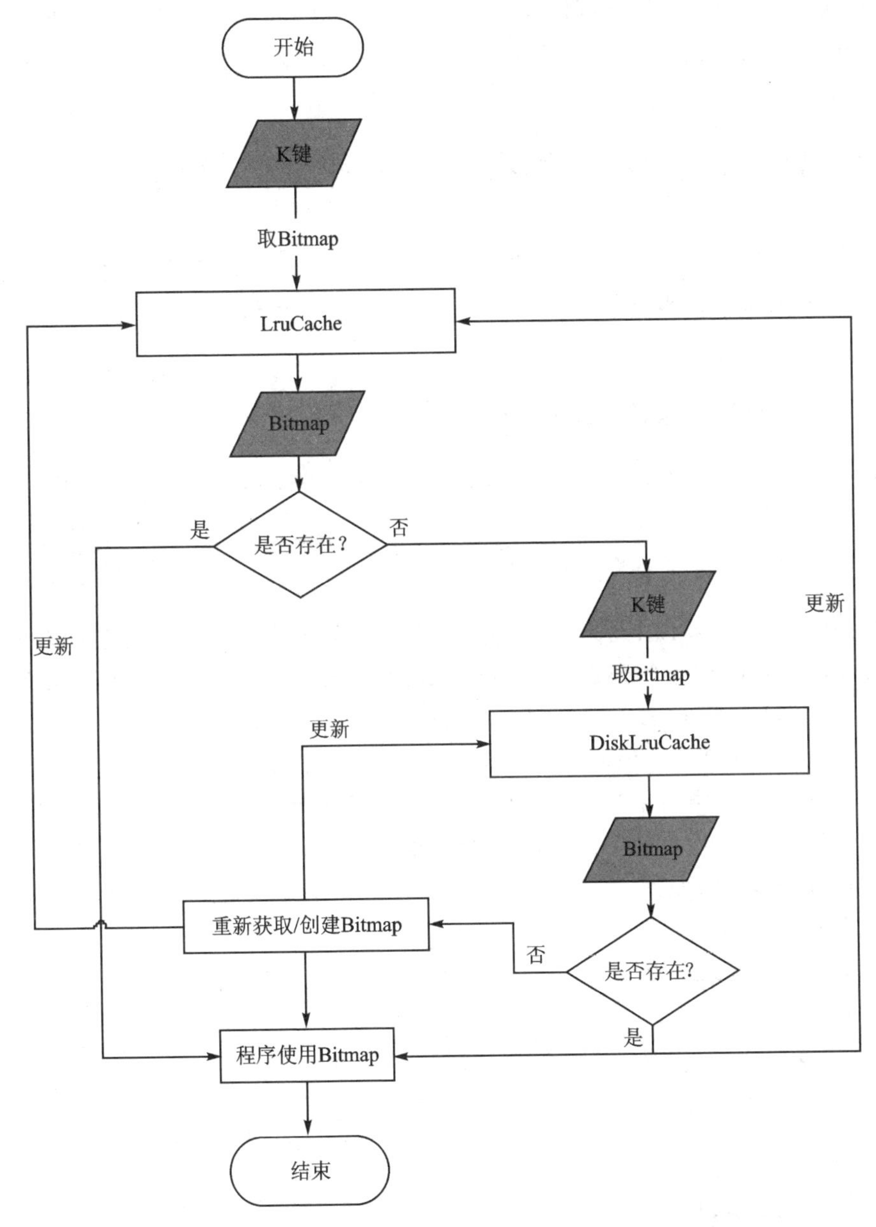

图 11－5　在 LruCache 中加入 DiskLruCache 后的 Bitmap 缓存使用逻辑

如果说 LruCache 完成了数据的内存缓存,那么可以简单认为,DiskLruCache 是把内存数据持久化存储到本地物理硬件设备中。举例来说,通过网络下载 jpg、png、bitmap 等图片数据,DiskLruCache 将其持久化存放到手机设备的外部存储器中,在上层程序代码需要时，再将缓存的数据取出来加以高效复用。虽然不像 LruCache 那样，谷歌 Android 官方没有把 DiskLruCache 作为扩展包发布出去，但推荐开发者使用 DiskLruCache 缓存数据到物理存储介质。DiskLruCache 在谷歌官方相关网页和 github 上有源代码文件，开发者如果需要，可直接把该源代码文件下载或者复制到自己项目中使用。

11.4 DiskLruCache 缓存读写操作具体过程

本节继续探讨 DiskLruCache 的详细读写过程。DiskLruCache 的使用方法，与 LruCache 比较起来显得复杂些，但 DiskLruCache 的具体使用在逻辑上还是比较清晰的。

11.4.1 获取 DiskLruCache 实例

DiskLruCache 类内部公共静态方法 open 提供获取 DiskLruCache 的方式：

```
    public staticDiskLruCache open(File directory, int appVersion, int valueCount, long
maxSize);
```

DiskLruCache 和 LruCache 在初始化阶段均需要指定一个最大缓存来缓存 size 值。DiskLruCache 需要额外提供缓存文件路径 directory、版本号 appVersion、缓存文件的数量 valueCount 以及最大缓存池大小 maxSize。

- directory，指明 DiskLruCache 将缓存文件的存放路径。
- valueCount，指明在 DiskLruCache 中每一条缓存数据的入口数量是多少，通常设置成 1，让 DiskLruCache 为每一条缓存数据维护一个存储数据条目。
- maxSize，单位是字节，决定 DiskLruCache 在本地设备上总共可以使用多少存储空间。

具体创建代码如下所示：

```
intCACHE_SIZE = 8 * 1024 * 1024;
mLruCache = new LruCache(CACHE_SIZE);
try {
    mDiskLruCache = DiskLruCache.open(this.getCacheDir(), 1, 1, CACHE_SIZE * 10);
} catch (Exception e) {
    e.printStackTrace();
}
```

通常，DiskLruCache 的最大存储空间大于 LruCache 的存储容量，故 DiskLruCache 的 maxSize 弹性设置成 LruCache 的 10 倍或者若干倍。

appVersion 指明 DiskLruCache 将使用的缓存版本号，以此可以灵活区分新旧版缓存数据。每当 appVersion 版本号发生变化，缓存的所有数据和文件将被清空。DiskLruCache 通过 appVersion 感知应用的更新，如果应用程序本身都更新了，DiskLruCache 的设计思路认为此时要删掉旧的数据，进而清空当前缓存的数据。

DiskLruCache 构造函数的后面两个参数相对简单，没什么需要特别解释的。第三个参数通常为 1。第四个参数通常传入 10 MB 的基本就够了，这个缓存值可以根据自身项目的实际情况进行调整。

11.4.2 DiskLruCache 缓存写操作

接下来仍然以根据 key 键存入 Bitmap 对象实例到 DiskLruCache 为例进行说明。DiskLruCache 的写缓存首先需要拿到写编辑器 DiskLruCache. Editor。DiskLruCache. Editor 和 Android 系统原生的 SharedPreferences. Editor 写操作过程类似。不同的是，DiskLruCache. Editor 返回若干条 Java 输出流管道对象实例 OutputStream。开发者需要在此 OutputStream 中先写入自己打算缓存的数据，然后使用 DiskLruCache. Editor 提交，这才意味着缓存写操作完成。代码如下：

```
DiskLruCache.Editor editor = mDiskLruCache.edit(key);
```

通常缓存的 key 键是一系列散列值，以避免重复发生冲突。也可以简单根据传入的字符串，获得一个 MD5 字符串值，然后以这个 MD5 字符串值作为 key 键，代码如下：

```
privateString getMD5(String msg) {
    MessageDigest md = null;

    try {
        md = MessageDigest.getInstance("MD5");
    } catch (Exception e) {
        e.printStackTrace();
    }

    md.reset();
    md.update(msg.getBytes());

    byte[] bytes = md.digest();

    String result = "";
    for (byte b : bytes) {
        result += String.format("%02x", b);
    }

    return result;
}
```

以这样的方式生成键 key,可以避免不必要的 key 键值重复问题。

程序代码打算缓存到 DiskLruCache 一个 Android 的 Bitmap 对象,而 DiskLruCache 无法像 LruCache 那样,直接在内存中缓存一个 Java 的对象实例。这是因为 DiskLruCache 的存储是基于 Android 文件系统的缓存,DiskLruCache 只能把缓存数据当作简单的 byte 字节处理,DiskLruCache 无法识别和直接存储 Java 对象,所以程序代码需要把 Bitmap 对象做一些预处理,先把需要缓存的 Bitmap 对象转换成 DiskLruCache 能够识别和存储的 byte 数组:

```
ByteArrayOutputStream baos = new ByteArrayOutputStream();
bmp.compress(Bitmap.CompressFormat.PNG, 100, baos);
byte[] bytes = baos.toByteArray();
```

然后再次将 Bitmap 的字节数据回写到 DiskLruCache.Editor 的输出流管道里面。因为在创建 DiskLruCache 时,指定了 open 函数中的 valueCount 为 1,所以 DiskLruCache.Editor 输出流管道队列中只有一个流管道,即第 0 个:

```
OutputStream os = editor.newOutputStream(0);
os.write(bytes);
os.flush();
```

当把要缓存的 Bitmap 字节写进 DiskLruCache 编辑管理器(DiskLruCache.Editor)的 OutputStream 输出流后,调用 DiskLruCache 编辑管理器(DiskLruCache.Editor)的 commit(提交)方法,DiskLruCache 即可把 Bitmap 写入到 DiskLruCache 缓存中。

11.4.3 DiskLruCache 缓存读操作

和写操作过程中的 DiskLruCache.Editor 相对应,DiskLruCache 提供了快照(Snapshot),使用 Snapshot 快照直接操作从 DiskLruCache 读出来的缓存数据。和 LruCache 相同,DiskLruCache 根据 key 键读取快照缓存:

```
DiskLruCache.Snapshot snapShot = null;
try {
    snapShot = mDiskLruCache.get(key);
} catch (Exception e) {
    e.printStackTrace();
}
```

DiskLruCache 读缓存操作相对简单。但要注意,DiskLruCache 根据 key 键返回的是一个 DiskLruCache.Snapshot(缓存快照)对象,从 SnapShot 进一步才能取得 Java 输入管道流 InputStream,至此,DiskLruCache 通过 key 键缓存到 Android 文件系统的数据才能以流的方式获取。之前是在 DiskLruCache 中缓存了一个 Bitmap 对象的字节数据，那么程序代码现在就可以直接通过 Snapshot 快照，从输入流中读取并恢复出来了。代码如下：

```
Bitmap bmp = null;
if (snapShot != null) {
    Log.d("DiskLruCache 缓存", "发现资源,复用。");
    InputStream is = snapShot.getInputStream(0);
    bmp = BitmapFactory.decodeStream(is);
} else {
    Log.d("DiskLruCache 缓存", "没有发现缓存资源。");
}
```

其中，从 SnapShot 中的第 0 个位置取输入流，这是因为在创建 DiskLruCache 时指明了 valueCount 为 1，流队列中只有一条管道。

DiskLruCache.close()函数用来关闭 DiskLruCache，和 open 函数对应。open 打开 DiskLruCache 读写操作完毕后，要记得在适当的时机把 DiskLruCache 关闭掉。当调用 DiskLruCache 的 close，就像 Java 的输入输出流一样，程序代码就再也无法对 DiskLruCache 进行任何的数据读或写操作了。通常，我们把 close 放到 Activity 或 Fragment 中的 onDestroy()生命周期中。

11.5 小　结

在 Android 开发中，加载各种尺寸、各种形式的图片数据的场景，如今已经司空见惯，开发者在此过程中面临诸多问题需要解决。编写实现这一部分代码时要谨慎处理，以确保不发生内存溢出的问题。通常，为了使宝贵的内存使用维持在一定科学合理的范围空间内，需要多做大量的编码工作，比如常用的 ListView，开发者把滚动出 ListView 可见区域外的图片回收以释放内存空间。但是像 ListView 这样的滚动组件，因为用户在使用手机时手指上下滑动，导致频繁滚入滚出某块图片显示区域，如果刚把滚出到屏幕可见区域外的图片垃圾回收掉，随后用户手指滑动又将这块图片显示区域滚入屏幕的可见区域内，这将又一次触发新的图片加载，即使这些回收的图片是不久前刚加载的。这无疑是系统资源开销的浪费。引入了 LruCache 和 DiskLruCache 就可以高效解决上述问题，从而打造高能的网络数据加载效率。

事实上，当开发者面对企业产品级的 Android 项目开发时，很难说只使用 LruCache 和 DiskLruCache 其中之一，因为仅仅使用其中之一的程序代码，显然是不完善的。若只用 LruCache 内存缓存，那么就无法把内存中已有的资源在后续程序运转中加以复用；若只使用 DiskLruCache 物理存储介质层的缓存数据，那么将导致数据读取效率低，速度慢。综上所述，一款好的 App，一个好的缓存模块，会巧妙地把 LruCache 内存缓存和 DiskLruCache 硬盘存储介质缓存结合使用，方能构筑完善的缓存体系架构。

第12章

进程间通信之 AIDL 机制

Android 操作系统是由 Linux 发展而来的。作为现代操作系统，进程间通信(Inter-Process Communication,IPC)不仅是 Linux 操作系统，也是其他操作系统均需具备的通信功能。

12.1 进程间通信概述

Android 的进程间通信设计原则和理念与 Java 以及操作系统的进程间通信有着千丝万缕的联系，在介绍 Android 的进程间通信之前，我们先简单介绍操作系统的进程间通信。

计算设备中的进程是执行计算任务的独立调度单位，不同进程之间的数据资源和内存空间是完全独立的，不允许一个进程访问另一个进程的内存空间和数据资源。然而不同进程间在很多场景下存在互相通信的必要，需要支持进程间通信的机制。进程间通信的机制不是由某一个进程维护和管理的，而是由 OS 操作系统来操作。

现代操作系统中，因为每个进程活跃于各自不同的进程空间中，所以每一个进程的变量和数据在另一个进程中均不可见。若进程之间需要数据共享，则操作系统内核需要专门开辟出一块内存作为“媒介”，实现这种共享功能。简单举一个例子，在操作系统内核中开辟出一片内存区域 M，A 进程把打算共享给其他进程的数据从自己独有的进程空间中复制到 M，B 进程从 M 把数据读走，这样就间接实现了进程 A 和进程 B 的数据共享(也即通信)。内核提供的这种机制就是进程间通信。进程间通信需要媒介，在上面这个例子中，媒介就是内核开辟处理的内存区域 M，A 与 B 这两个进程间通信的媒介就是内存 M。

进程间通信的原理是让两个或若干个互相独立的进程，能够接触到一个共同的通信媒介。在计算机中，要实现不同进程之间的通信主要有以下几种方式。

12.1.1 管　道

管道(Pipe)一般指的是无名管道，亦称为匿名管道，它是 UNIX 系统中经典的也是最古老的进程间通信形式。管道用于具有亲缘关系的进程间通信，管道允许一个进程和另一个与它有共同祖先的进程进行通信，只有共同父进程的进程，它们之间才可以建立管道连接并进行数据读写。

管道类似于文件,但又与文件不同。管道是内核中单向的数据通道,同时也是一个数据队列。管道的数据单向流动,设有固定的读操作端和写操作端,每一端对应一个文件描述符。管道可以被认为是一类特殊的文件,对它可以像读写普通文件一样进行常规的读和写动作,但是它不是普通的 Java 文件或者系统文件,管道不存在文件系统中,仅存在于内存中。管道是进程间通信的一段共享内存,管道的创建进程是管道服务进程,如果有其他进程(客户进程)想共享数据,则需要连接到管道服务进程。

当进程试图从管道中读取数据时,该进程被挂起直到数据被写进管道,即管道读取数据的方式是阻塞式的。如前所述,管道是一个数据队列,当进程从管道中把所有数据读取出来后,管道中的数据不复存在,若再次读取,管道返回 0。

同样地,如果向管道中写数据,假如管道满,那么写数据的操作将被阻塞,直到管道剩余空间去容纳新的数据为止,阻塞才解除。

管道只能在本地的进程间通信,并且只能实现本地具有亲缘关系的父子进程间通信,有着很大局限。

12.1.2 命名管道

鉴于匿名管道的局限性,业界增设了命名管道(Named Pipe),命名管道是在管道服务端和多个管道客户端之间进行单向或双向通信的管道。命名管道也被称为 FIFO(First In First Out,先进先出)文件,它是一种特殊文件,在系统中以文件形式存在,但它和前面的匿名管道类似。然而,命名管道实现了跨越网络的进程间通信。同时,命名管道的客户端既可以接收数据,也可以发送数据,服务器端也是既可以接收数据,又可以发送数据。命名管道的数据可以双向流动。

命名管道没有匿名管道的亲缘进程限制,命名管道可以在毫不相干的进程之间进行数据互操作。命名管道在客户端进程-服务端进程之间传输数据,可以将数据从一条管道传输到另一条管道而无须创建临时文件。

任何一个命名管道都具有唯一性的名字,以和存在于系统中的其他命名管道区别开来。一个命名管道所有实例化“对象”具有相同的管道名,每一个命名管道实例具有不同的存储空间和访问句柄,它为客户和服务端的通信开放出来一条单独的管道。唯一的句柄实例使得多个管道使用者——客户,可以在相同时间访问同一个命名管道。

命名管道可在同一台计算设备的不同进程之间,或在跨越网络的不同计算设备的不同进程间建立连接进行可靠数据传输,如果连接中断,客户端和服务端进程双方能感知这种通信断开。

命名管道的通信以连接方式进行。服务端进程创建一个命名管道句柄对象,然后就开始等待客户端进程的连接请求,当客户端连接请求过来后,两者就可以通过命名管道进行数据的双向传输双向读写了。命名管道有两种通信模式:字节模式和消息模式。字节模式下,数据以连续字节流的形式在客户端和服务器之间流动。而在消息模式下,客户端和服务器则通过一系列不连续的数据单位,进行数据的收发,每次在管道上发出一个消息后,命名管道必须作为一个完整的消息将其读入。FIFO 的写操作是在尾部添加数据,读操作从头部开始读返回数据。

12.1.3 信　号

信号(Signal)是相对比较复杂的进程间通信模式,也比较古老,常用来通知进程发生的事件,也可以发送信号给进程自身。信号是模拟计算设备的中断机制,信号在实现原理上,与 CPU 收到一个中断请求本质相同。信号是进程间互传消息的一种方式,也被称作软中断(不是靠物理硬件如 CPU 中断实现的消息传递),软件中断和硬件中断很类似。信号是异步机制,进程不需要通过特殊的操作等待信号到来,进程也不可能确切知道信号具体何时抵达。

进程收到信号后,针对不同类型的信号采取不同的处理方式。操作系统提供专有 signal 功能函数驱动进程对具体信号进行处理。进程表表项中的软中断信号域每一位对应一个信号,当进程收到信号时,对应的信号域位置设置特定的值。用户进程与系统内核进程可通过信号直接进行交互,系统内核进程也可利用信号通知用户进程系统事件。进程收到信号后通常都有默认的操作,例如当一个进程收到信号 SIGKILL 后,进程将被终止掉。

12.1.4 消息队列

前面所介绍的管道和消息队列在设计模型上有很大的本质区别。管道是文件,而消息队列是一个存在于内存中的数据结构,类似于 C 语言中经典的链表结构。消息队列中的链表是消息队列建立于内核中的链表。一个消息队列链表由标识符 id 和其他队列区分开来。由于管道是基于文件读写方式的通信,而消息队列是基于内存的通信,显而易见,消息队列的内存读写速度快于文件的 I/O 速度,简单地说,消息队列的速度快于管道。然而代价就是,消息队列数据结构和建模的复杂性大幅度提高。

消息队列独立于进程而存在,一个进程可以通过消息队列向另一个进程发送数据块。这个数据块是一个管道,接收数据块的进程可单独接收处理包含不同管道的数据块。消息队列与命名管道相同,数据块存在最大长度的限制。消息队列是随内核而存在的,换言之,当系统关闭(关机)后,消息队列作为系统内存中一种特殊数据结构也将随之消失。消息队列这一点和管道不同,作为文件形式的管道却可得到持久化存储延续。

消息队列在一定程度上可理解为是具有特定格式和特定优先级的档案记录。消息队列中每个消息可以设定特别的类型,接收消息时无须按照队列次序,而是根据一定条件接收特定类型的消息。若一个进程对消息队列有写权限，那么就可以对这个消息队列写入新消息。若进程对消息队列有读权限，那么它可以从消息队列中读消息。进程间通过消息队列进行通信时，进程打开已有的消息队列，或创建一个新的消息队列，向消息队列中添加新消息，或从消息队列中读取消息。

12.1.5 共享内存

共享内存是进程间通信中相对简单的方式，也是最快的进程间通信方式，此种进程间通信方式可以弥补其他各种进程间通信方式的低效。基于共享内存的进程间通信设计思想是，有鉴于系统中若干个进程之间有通信需求，当一个进程想和其他进程通信时，可预先在内存中开辟一块区域，该内存区域开放给若干个进程读写，当这块内存区域中的数据被其中一个进程改写时，其他进程会感知到这种变动，从而达到数据共享互相通信的目的。就如同 C 语言中的内存动态分配函数 malloc 一样，malloc 函数可向不同进程返回一个相同的指针，该指针指向了同一块物理内存区域。

12.1.6 内存映射

内存映射在不同进程间通过映射同一个普通文件实现内存共享。这一普通文件被映射到进程空间后，进程就可以像访问普通内存一样对该文件进行数据读写。这种内存映射行为可以在多个进程间进行，这就实现了多进程基于同一块数据单元的进程间通信。在 Java 编程设计语言中，NIO（New I/O）中的 MappedByteBuffer 就可通过内存映射文件实现进程间通信。

内存映射机制下的多个进程进行通信的时候，加载到内存中的一个文件被共享出来，被每一个进程映射到自己独有的进程空间。当文件映射到内存时，这个文件就有了相应的内存地址，那么进程就可以像读写普通内存数据一样，基于内存的指针对文件进行读写。

12.1.7 信号量

信号量（Semaphore）用作不同进程之间的同步。多个进程在互相通信共同访问一块资源（内存、数据等），必然会遭遇线程同步的问题。合理、正确的进程间通信机制，为了达成数据同步，需要确保在任一时刻，不管线程数量有多少，只能有一个线程允许访问某一处代码段或数据块。这意味着在某一时刻、某一块代码段或某一块数据单元，需要以独占的形式，仅被若干进程中的某一个进程的某一个线程独享，而信号量提供了这样的独占式资源访问机制。信号量协调不同进程以正确的秩序对共享资源进行访问，尤其是在多线程并行计算环境下。典型的，共享内存模式就要用到信号量。

12.1.8 套接字

套接字及其所依附的 TCP/IP 是最广为人熟知、应用最为广泛的一种进程间通信机制。套接字及 TCP/IP 可以说是如今全球互联网的最重要基石之一。套接字自诞生以后，被数代研究者改造和增强，如 C 语言中、Java 语言中的套接字，使得它的作用和功能已经远远超出当时创建之初的设想了。

现在介绍一下套接字产生的背景。套接字首次见于 IETF 的文献 RFC 33。该文献见于 IETF 链接：https://datatracker.ietf.org/doc/rfc33/。1970 年 2 月 12 日发布了 IETF 的 RFC 33，作者是 Stephen Carr、Stephen D. Crocker 和 Vinton G. Cerf。在这一篇 IETF 研究文献中，作者阐述了套接字设计的思想和所要解决的问题。

简单回顾一下，前文介绍的多种进程间通信模式，大部分都局限于本地计算设备中。如果要在网络结点中的不同进程之间通信怎么办呢？首先要解决的一个问题是，如何在网络中标记这个进程的唯一，使得这个进程与其他网络、其他设备中的进程区分开来。如果通信只是在本地设备中，那问题很容易就可以得到解决：使用进程号 pid(Process Identification，进程标识符)标记这个进程。然而这个解决方案在网络中根本不可行，因为 pid 仅仅是一些短整型数字，每一个进程被操作系统分配一个数字(是 0～32 767 的数字，且不重复，32 767 是短整型的最大值)作为进程号。试想，连接到网络中的有亿万数量级规模的计算设备，每一个设备活跃着成百上千的进程，每一个进程分配一个短整型数字作为进程号，而这些进程数字十分有限。而在全球范围内，众多计算设备启动后开辟的进程都分配了 0～32 677 的 pid 数字，那么不同计算设备必然会出现相同 pid 号的进程。这意味着标识的唯一性丧失，此方案不可行。

TCP/IP 协议给出了一个聪明的解决方案。在 TCP/IP 解决方案中，通过网络层的 IP 地址标识网络中主机的唯一性，在上层的传输层协议中，加上端口号就实现了唯一标识主机中进程目的。就这样，形成了如今套接字编程开发的特殊地址样式：IP 地址＋端口号。

套接字通过这种机制，在逻辑上建立了客户端/服务器端(进程通信的两个端)模型，不同进程间的通信既可以在本地机上进行，亦可跨域跨网络进行。一台计算设备通过套接字在 TCP/IP 网络上连接到其他计算设备的进程，实现了应用最为广泛的进程间通信机制。

12.2 进程间通信

具备了进程间通信的准备知识后，接下来开始学习 Android 中的进程间通信。在 Android 中，提供了常见的四大组件用以实现应用程序之间的数据共享：Activity、

Broadcast、Content Provider 和 Service。简单的 Activity 通过构建 Intent 实现不同进程间的访问，如常见的打电话，创建一个 Intent，配置好 ACTION 以及相应的电话号码字段，即可唤起 Android 系统的电话通讯进程。Broadcast 可以被动监听其他进程发出的广播，sendBroadcast 主动发送广播数据到其他应用程序。Content Provider 基于文件和数据库数据基础上，在不同进程间实现数据交换及常见的数据库增删改查。Service 以返回 Java 对象及接口的形式，通过 Binder 等接口和 Java 对象，在不同应用程序间实现更为灵活的进程间通信方式。

Android 实现以 Service 为基础的进程间通信范式称为 AIDL（Android Interface Definition Language，Android 接口定义语言）。在此之上的进程间通信模型在逻辑上分为服务器端和客户端。AIDL 则是这种客户端－服务器端进程间通信的接口实现。AIDL 类型划分为两类：一类是序列化，需实现 Parcelable；另一类则通过定义接口方法，使得系统以接口调用的方式完成 Android 的进程间通信。

Android 比较有特点的进程间通信方式是 Binder，借助 Binder 可简单实现复杂的 IPC 进程间通信。Android 当然也支持套接字通信，通过标准套接字，也能完成任意端到端通信。

Android 的 IPC 可使用 Android 本身提供的 AIDL 机制。本章将抽丝剥茧，从工程角度给出一个简单的 Android AIDL 例程关键核心代码，以精炼的形式说明如何在自己的项目代码中编程使用 Android AIDL 实现进程间通信。

AIDL 首先在逻辑上可分为服务器端和客户端。在本文的示例中，以两个完全不同、互相独立的 Android Studio 项目作为代表：一个是 Android App，即 AIDL 的服务提供者服务器端；另外一个是 Android App，即 AIDL 的服务使用方客户端。服务器端提供服务，客户端连接到服务器端接受服务器端提供的服务。

代码实现的简单过程：

- 服务器端首先启动，启动之后，什么都不做。当客户进程连接过来时，建立连接，返回“Hello ，World ！”字符串。
- 客户端连接服务器端。客户端获得服务器端返回的字符串，然后在 Logcat 中打印出来。

12.2.1 进程间通信 AIDL 之服务器端

前一节介绍了 Android 中进程间通信的概要模型设计。服务器端代码框架和具体实现步骤如下。

第一步，在 Android Studio 中创建一个服务器端 App 应用程序，假设名字就是 Server。首先创建一个名为 ServerServiceInterface.aidl（前缀名可以任意定义，后缀名为.aidl）的源代码文件放在项目工程的源代码包中。该代码文件可由 Android Studio 自动生成，方法是通过 Android Studio 的快捷键：New→AIDL→ServerServiceInterface.aidl。

虽然 ServerServiceInterface. aidl 中接口定义遵循 Java 规范，但唯一不同的是不要在里面添加 public、private 等此类修饰符。在 ServerServiceInterface. aidl 中定义一个 getHelloWorld()的方法，注意，此方法就是随后服务器端暴露给客户端使用的方法，此接口即是服务器端对外开放给客户端使用的接口。代码和工程组织结构如图 12－1 所示。

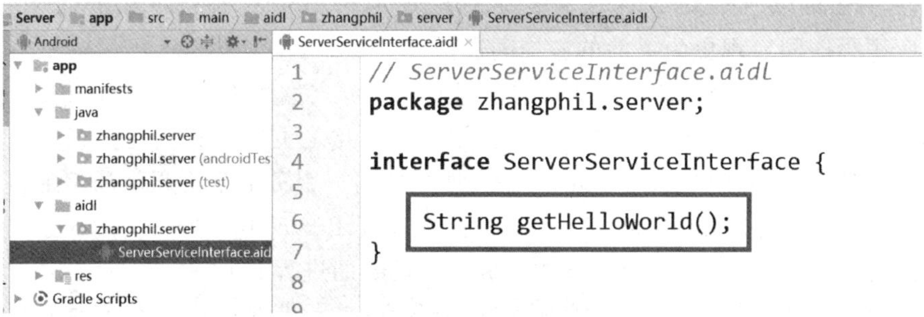

```
// ServerServiceInterface.aidl
package zhangphil.server;

interface ServerServiceInterface {

    String getHelloWorld();
}
```

图 12－1　服务器端暴露出来的接口函数

如果 ServerServiceInterface. aidl 源代码文件中没有写错误，那么 Android Studio 会自动在 Server\app\build\generated\source\aidl\debug\zhangphil\server 目录下生成一个名字完全一致、相对应的 ServerServiceInterface. java 文件。开发者不需要关心 ServerServiceInterface. java 源代码文件中的具体内容和实现，这一部分代码由 Android 系统自动维护，如图 12－2 所示。

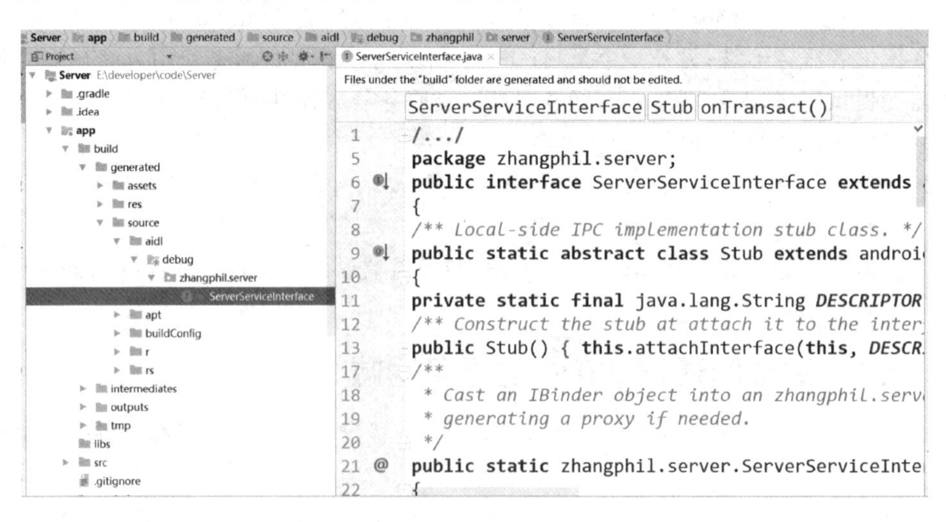

图 12－2　IDE 自动生成的实现函数

第二步，自己写一个类 ServerService. java，继承自 Android 的 Service，在 ServerService. java 类内部再写一个 ServerServiceInstance 类继承自 ServerServiceInterface. java 中的 Stub，在此类中实现 getHelloWorld()方法，返回一个简单的字

符串，如图 12－3 所示。

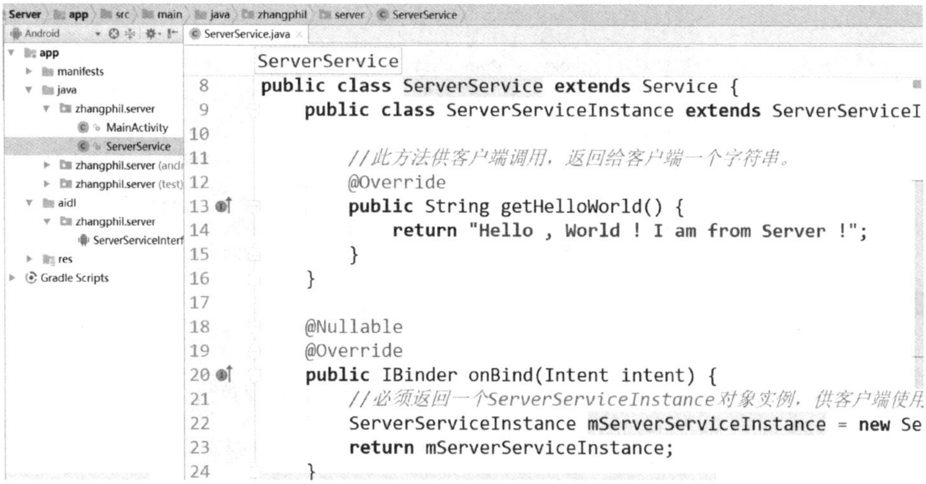

```
ServerService
8   public class ServerService extends Service {
9       public class ServerServiceInstance extends ServerServiceI
10
11          //此方法供客户端调用，返回给客户端一个字符串。
12          @Override
13          public String getHelloWorld() {
14              return "Hello , World ! I am from Server !";
15          }
16      }
17
18      @Nullable
19      @Override
20      public IBinder onBind(Intent intent) {
21          //必须返回一个ServerServiceInstance对象实例，供客户端使用
22          ServerServiceInstance mServerServiceInstance = new Se
23          return mServerServiceInstance;
24      }
```

图 12－3 服务程序中具体对外公开函数的实现

```
<service android:name = "zhangphil.server.ServerService">
    <intent - filter>
        <!-- action android:name 的具体值可以任意给定，但必须保证客户端调
          用时和此处定义的一致
          通常使用形如 ACTION_AIDL_SERVER_SERVICE 或者 com.xxx.xxx 等样式。
        -->
        <action android:name = "start_zhangphil_server_service_action" />
    </intent - filter>
</service>
```

服务端 AndroidManifest.xml 没什么特别的地方，唯一的重点是需要在此文件中声明在第二步中写的 ServerService。以上两步完成后，一个简单的服务器端的 AIDL 完成了。

12.2.2 进程间通信 AIDL 之客户端

前一节实现了服务器端的功能模块代码，本节作为上一节内容的延续，将实现客户端的代码模块。客户端的实现分为两步。

第一步，在 Android Studio 中再创建一个名字为 Client 的客户端 App 应用程序，将前面服务器端 Server 项目工程中由 Android 系统自动生成的 ServerServiceInterface.java 源代码文件（位置：Server\app\build\generated\source\aidl\debug\zhangphil\server）原封不动，保持原貌（包括包结构和目录层次）在客户端 src 目录下备份一副本，如图 12－4 所示。

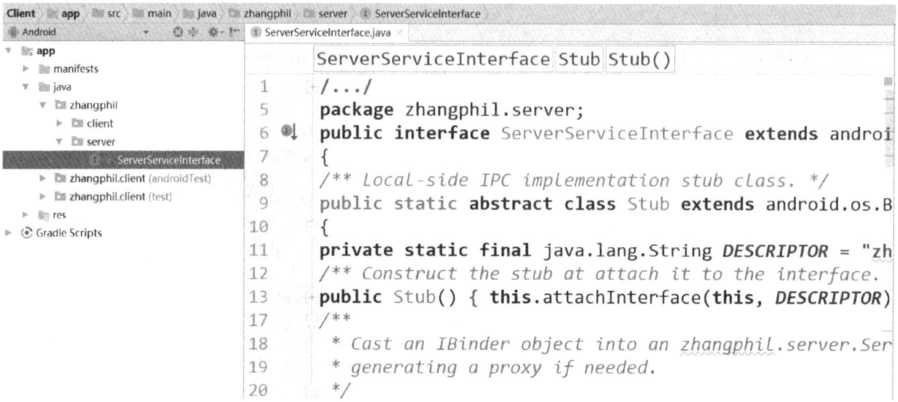

```
Client > app > src > main > java > zhangphil > server > ServerServiceInterface
Android    ServerServiceInterface.java
app
  manifests
  java
    zhangphil
      client
      server
        ServerServiceInterface
    zhangphil.client (androidTest)
    zhangphil.client (test)
  res
Gradle Scripts

ServerServiceInterface  Stub  Stub()
1   /.../
5   package zhangphil.server;
6   public interface ServerServiceInterface extends androi
7   {
8   /** Local-side IPC implementation stub class. */
9   public static abstract class Stub extends android.os.B
10  {
11  private static final java.lang.String DESCRIPTOR = "zh
12  /** Construct the stub at attach it to the interface.
13  public Stub() { this.attachInterface(this, DESCRIPTOR)
17  /**
18   * Cast an IBinder object into an zhangphil.server.Ser
19   * generating a proxy if needed.
20   */
```

图 12-4　复制 ServerServiceInterface 源代码到客户端

第二步,至此即将大功告成,只需要在客户端中 bind 到服务器端的 Service,然后调用 getHelloWorld()方法即可。这里要用到 Android 的 ServiceConnection,简单起见,就直接在客户端的 MainActivity 中绑定服务(bindService),实现时需要重写 ServiceConnection 中的关键方法。客户端 MainActivity 代码摘要如下:

```
public classMainActivity extends Activity {
    ......

    private ServiceConnection serviceConnection = new ServiceConnection() {
        @Override
        public void onServiceConnected(ComponentName name, IBinder service) {
            mServerServiceInterface = ServerServiceInterface.Stub.asInterface(service);

            try {
                String msg = mServerServiceInterface.getHelloWorld();
                Log.d("IPC 通信数据", msg);
            } catch (Exception e) {
                e.printStackTrace();
            }
        }

        ......
    };

    @Override
    protected void onCreate(Bundle savedInstanceState) {
```

```
        super.onCreate(savedInstanceState);

        //构造 Intent 的值必须和所调用的服务器端定义的值相同
        //本例中就是服务器端 AndroidManifest.xml 中定义 service 时的那个 action name
        Intent intent = new Intent();
        intent.setPackage("zhangphil.server"); //Android 5.0 及以后,必须显示指明所
                                               //调用的服务器端所在包
        intent.setAction("start_zhangphil_server_service_action");
        bindService(intent, serviceConnection, Service.BIND_AUTO_CREATE);
    }
}
```

第二步有三个关键点:

① 构造 ServiceConnection,在 ServiceConnection 中重写 onServiceConnected()方法。如果客户端连接服务器端进程成功,那么 onServiceConnected()将被回调。

② 调用 bindService()发起连接到服务进程端。

③ 在 Android 5.0 之前,AIDL 的客户端绑定服务到服务器端,是不需要显式指明服务器端包名的。但是在 Android 5.0 及以后,出于安全的原因,Android 强制要求必须显式指明服务器端包名。在本例中,服务器端 Server 的包名是 zhangphil.server,故在构建 Intent 时作为包名设置进去;否则,客户端连接不上服务器端。

以上完成后,首先启动服务器端。然后再启动客户端,客户端的 Logcat 输出如下:

```
    11-06 17:29:37.745 8958-8958/zhangphil.client D/IPC 通信数据: Hello , World ! I am
from Server !
```

至此,一个最简单的 Android IPC 进程间通信之 AIDL 的 Hello World 完成!

安装在手机设备上两个完全不同的 App 应用程序,基于 AIDL,实现了基本的进程间通信。开发者可以根据这个过程举一反三实现更复杂的业务逻辑。

12.3 进程间通信 AIDL 之双向通信

前面介绍了如何通过 Android 的 AIDL 实现不同进程间的简单数据获取:服务器端仅为连接上的客户端返回一个简单的字符串。但是在实际的开发中,服务器端和客户端的通信往往是双向的。

本节将介绍如何实现 Android 平台上跨进程间的双向通信机制和实现。和前面类似,仍在逻辑模型上区分为服务器端 App 和客户端 App。服务器端 App 假设叫作 Server,客户端 App 假设叫作 Client。Server 和 Client 是同时运行在一部手机上两个相互独立的 App,但是 Server 通过对外暴露、提供一个接口函数 add(),为连接

上的 Client 提供计算服务。Client 跨进程连接上 Server，Client 把自己需要计算的两个数值传递给 Server，要求 Server 把这两个数值的计算结果返回给自己。至于 Server 如何完成这一计算任务，Client 无须关心，Client 只需静待 Server 把计算结果返回给自己即可。

服务器端 App Server 的实现比较繁复。和前面一样需要先定义一个 AIDL 代码文件，这里不再赘述。假设 Server 里面的这个 AIDL 代码文件叫作 ServerAIDLInterface. java，其代码实现如下：

```
interfaceServerAIDLInterface {
    int add(int a,int b);
}
```

ServerAIDLInterface. java 中只定义了一个接口函数 add()，这个 add()函数就是 Server 将要提供给 Client 跨进程访问的公开函数。Client 连接上 Server 后，即可访问 add()函数获取想要的计算服务。

但是可以看到，在 ServerAIDLInterface. java 中仅仅只是给出了 add()函数的原型定义，事实上 ServerAIDLInterface. java 里面只能定义函数原型，若要真正实现在 ServerAIDLInterface. java 里面定义的函数功能，则需要单独再写一个 Java 类实现。本例中，假设一个叫作 ServerStub. java 的类实现了 ServerAIDLInterface. java 中定义的原型函数，ServerStub. java 的代码如下：

```
public classServerStub extends ServerAIDLInterface.Stub {
    @Override
    public int add(int a, int b) throws RemoteException {
        return a + b;
    }
}
```

至此，Server 打算对外提供的计算服务接口 add()函数的功能已经实现。接下来要把这个 add()函数通过 Android 标准服务(Service)的方式，让其他 App 可访问、可使用。为此我们再写一个叫作 ServerService. java 的 Android 服务，ServerService. java 的代码文件如下：

```
public classServerService extends Service {
    private ServerStub mServerStub = new ServerStub();

    @Nullable
    @Override
    public IBinder onBind(Intent intent) {
        return mServerStub;
    }
}
```

因为 ServerService 是一个 Android 服务，所以它可以直接定义、写入到 AndroidManifest.xml 代码文件中：

```
<service android:name = "zhangphil.book.server.ServerService">
    <intent - filter >
        <action android:name = "start_zhangphil_book_server_service_action" />
    </intent - filter >
</service >
```

把作为服务的 ServerService 定义到 AndroidManifest.xml 后，运行在同一部手机上的其他 App 就可以通过标准的绑定服务(bindService)，连接到服务器端 App，索取相应的服务了(本例的服务是 add()函数提供的功能)。

作为回顾，我们展示一下服务器端 App Server 的代码组织结构，如图 12 - 5 所示。

图 12 - 5　服务器端 App Server 的代码组织结构

以上代码编写准备完毕后，就可以在手机上运行服务器端 App Server 了。Server 启动后，静待客户端 App 的连接。

客户端 App Client 的实现相对服务器端比较简单。Client 要做的就是绑定 Server 发布出来的服务，当 Client 和 Server 连接成功后，Client 就把需要计算的两个随机整数传给 Server，责成 Server 完成计算，然后 Server 把计算结果返还给 Client。客户端 App Client 的代码如下：

```
public classMainActivity extends AppCompatActivity {
    private ServiceConnection mServiceConnection = new ServiceConnection() {
        @Override
        public void onServiceConnected(ComponentName name, IBinder service) {
            ServerAIDLInterface mServerAIDLInterface = ServerAIDLInterface.Stub.
asInterface(service);

            try {
                int a = (int) (Math.random() * 10);
                int b = (int) (Math.random() * 10);

                //客户端进程请求服务器端进程计算两个随机数 a 和 b 的结果
                Log.d("计算", a + " + " + b);
                int result = mServerAIDLInterface.add(a, b);

                //来自服务器端进程的计算结果
                Log.d("计算", "服务端端计算结果:" + result);
            } catch (Exception e) {
                e.printStackTrace();
            }
        }

        ……
    };

    @Override
    protected void onCreate(Bundle savedInstanceState) {
        super.onCreate(savedInstanceState);
        Intent intent = new Intent();
        intent.setPackage("zhangphil.book.server");
        intent.setAction("start_zhangphil_book_server_service_action");
        bindService(intent, mServiceConnection, Service.BIND_AUTO_CREATE);
    }
}
```

客户端 App Client 的代码组织结构如图 12-6 所示。

和前面一样,Client 工程中的 ServerAIDLInterface.java 代码文件(在 Server 工程中的路径为 Server\app\build\generated\source\aidl\debug\zhangphil\book\server\ServerAIDLInterface.java),是来自服务器端 App Server 代码库中、由 Android Studio 自动生成的代码文件。

本例讲解了服务器端 App Server 和客户端 App Client 之间如何实现双向通信

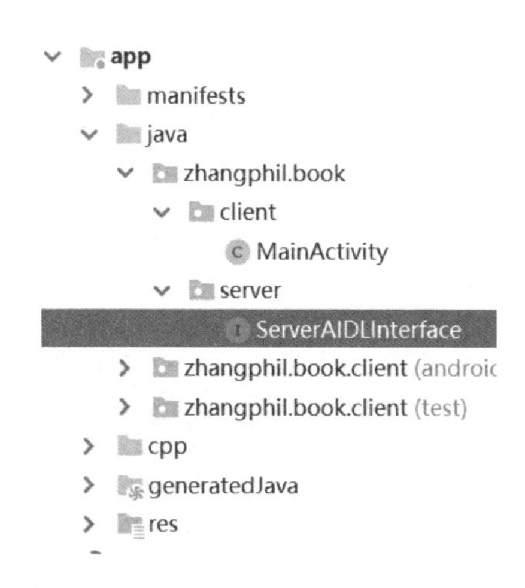

图 12-6　客户端 App Client 的代码组织结构

的骨干编程模型和关键实现。读者可以基于这一跨进程编程模型，结合自己项目的实际需求展开复杂逻辑，从而实现更加强大和复杂的 Android 进程间通信业务功能。

12.4　小　结

Android 为每一个进程创建一个单独的 Android 虚拟机。不同的 Android 虚拟机运行于内存中不同的内存地址空间中。当给 Android 的四大组件配置了相同的 android:process 属性值后，就意味着打开了多进程模式。如果开发者没有主动设置，则一个 Android 应用的默认进程名就是该 App 的包名。Android 进程属于一个应用的私有进程，其他 App 的组件不允许和它运行在相同的进程中。

Android 系统为每个应用分配唯一的 user id，具有相同 user id 的应用才能共享数据。这就意味着，如果两个不同的应用具有相同的 user id 和应用签名，这两个不同的进程就可以共享和访问彼此的数据了，并且可以运行在同一个进程空间中，此时这两个不同的进程表现得好像是一个应用的两个模块一样。

进程间通信不是 Android 特有的功能。传统操作系统都有自己的进程间通信机制，例如 Windows 操作系统就有管道实现进程间通信。经典 Linux 操作系统也可通过匿名管道、命名管道、共享内存、信号量、套接字等进行常规的进程间通信。

Android 是一种植根于 Linux 内核的现代移动操作系统，但 Android 的进程间通信机制并没有完全照搬 Linux，Android 在实现进程间通信的方式上有自己的特点。Android AIDL 是 Android 进程间通信接口的描述性语言。借助 AIDL，在 Android 本地使用远程服务端的接口函数，就好像直接在本地使用本地的接口函数一样轻松自在。用户无须关心内部实现，只需要通过这些接口函数，构建和实现自己的业务逻辑即可。

第13章

框架性架构体系

完整开发一款 Android 应用,通常在工程动工之前要通盘考察一些基础性质的架构体系,比如 Android 代码中常见的消息通信机制和策略,以及 Android 生命周期的维护和管理。这些框架性的技术路线选型和设计,需要根据项目实际情况甄别使用。一旦确定这些基础,就像盖房子一样,在此之上的代码建造就将以此作为基石和框架逐层铺建。如果先期的框架性架构体系选择不佳,将导致后续的版本迭代产生尾大不掉的问题,而整个工程的推倒重来又代价太大,长此以往势必造成整个工程代码越往后发展越举步维艰。因此本章介绍几种久经时间和项目考验的成熟稳定架构性技术体系以飨开发者,开发者通过这些 Android 基础性架构技术,可以快速构建自己项目的业务体系。

13.1 EventBus:灵活轻便的跨域消息通信

在 Android 软件开发中,模块和各个组件之间的消息通信非常重要,但是使用 Android 提供的一些原生消息组件编程开发却比较繁琐,比如,Activity 与 Fragment 之间、后台 Service 与前台 Activity 之间、Fragment 与 Fragment 之间的消息通信和复杂数据的传递。

按照 Android 编程规范使用以上消息通信组件亦能实现各种场景的消息传递,但不够轻便,往往可能因发送一条小小的消息数据报文,而不得不大费周章"超载"实现一套 Android 通信逻辑。以最常见的两个 Activity 之间通过 Intent 互相传递消息数据的开发场景为例,通过 Intent 可以传递的是普通 Java 基础变量(如字符串、整型值),如果打算通过 Intent 传递复杂 Java 对象,则要写一堆臃肿的序列化的代码。

因而,一些第三方的开源项目如 EventBus,提供了拉通 Activity、Service 以及 Fragment 三者之间消息的交互传递。EventBus 是一套易于理解和可灵活使用的 Android 消息通信解决方案,不仅可以快捷传递普通 Java 变量,也可以像传递普通 Java 变量一样传递复杂 Java 对象。

EventBus 消息通信的代码在模型设计上维持一个原则和基调,开发者只要熟悉 EventBus 其中一种发送—接收消息的编程方式,就可以举一反三移植到其他 Android 组件。这不像 Android 的原生消息通信编程模式,就算开发者熟练掌握了

Handler - Message 编程范式，但是如果遇到广播编程开发，则又得重新学习一套新的编程范式。而 EventBus 则在编程范式和使用上保持了一致性原则。

EventBus 是 github 上的一个第三方开源项目。EventBus 的消息模型是消息发布者/订阅者机制。使用 EventBus 之前需要在自己项目的 gradle 配置文件中添加引用即可。本书写作时 EventBus 的版本号是 3.1.1。

先定义一个自己的消息类，这个类其实就是一个简单的 POJO(Plain Ordinary Java Object，简单 Java 对象)，这个类可以随意定义，里面定义自己想要在各个代码模块中运输消息的载体变量。在 POJO 中，可以定义一些更加复杂和丰富的 Java 变量和对象或数据结构体。本例则简单些，定义的消息体里面包含的变量是两个基础的 Java 变量：一个是消息的 id，以区分不同消息；一个是消息的具体内容 content。MyEvent.java 代码如下：

```
private classMyEvent {
    public int id;
    public String content;
}
```

后续的代码中，MyEvent 将在不同代码模块中传输。

使用 EventBus，开发者需要在程序代码中首先在 Android 的 Activity 生命周期中注册。注册代码很简单，例如在 Activity 或 Fragment 的 onCreate 里面的一行，代码如下：

```
@Override
protected void onCreate(Bundle savedInstanceState) {
    super.onCreate(savedInstanceState);
    EventBus.getDefault().register(this);
}
```

this 为上下文指针。在 onCreate 里面注册后，不要忘记在相应的 onDestory 里面注销 EventBus，注销代码也是一行：

```
@Override
protected void onDestroy() {
    super.onDestroy();
    EventBus.getDefault().unregister(this);
}
```

注册和注销成对写好，就可以使用 EventBus 发送-接收消息了。EventBus 是消息发布者(发送消息)/订阅者(接收消息)设计模型。EventBus 的消息发布十分灵活，可以在工程代码中的任意位置、任意时间发送消息。

在本例中，EventBus 在 Service 的 onHandleIntent 循环发布 10 条消息。Event-

Bus 发布消息只需要一行代码即可实现：

```
@Override
    public void run() {
        int count = 0;

        while (true) {
            SystemClock.sleep(3000);

            MyEvent event = new MyEvent();
            event.id = count++;
            event.content = "zhang phil @" + System.currentTimeMillis();

            EventBus.getDefault().post(event);
        }
    }
```

这段代码实现一个简单的功能：在一个线程中每隔 3 s 通过 EventBus 发送一条 MyEvent 消息。因为它是一个独立的线程代码块，因此可以放置在任意位置跑起来。可以看到，体现 EventBus 发送消息最核心的代码就一行：

```
EventBus.getDefault().post(event);
```

从这里足见 EventBus 的简洁易用。

至此通过 EventBus 发送消息的代码全部完成。接下来是针对 EventBus 的消息接收实现。

EventBus 的消息接收通过注解声明定义的方式，嵌入到 Android 的 Activity 或 Fragment 中，代码如下：

```
public classMainActivity extends AppCompatActivity {
......
    @Subscribe(threadMode = ThreadMode.MAIN)
    public void onMainMessage(MyEvent event) {
        Log.d("MAIN 消息", event.id + "," + event.content);
    }

......
}
```

EventBus 通过注解符@Subscribe，声明了 onMainMessage 函数在当前 Activity 中接收 EventBus 发送的消息。

ThreadMode.MAIN 指定了当前函数的回调是在 UI 线程(即 Android UI 主线程里面)，这意味着在 onMainMessage 收到 MyEvent，提取里面有价值的信息后，可以直接操作如 TextView、ImageView 之类的 UI 组件。因此在这种线程模式下，就要避免阻塞 UI 线程的耗时操作。

在有些异步任务处理中，有时候可能希望 EventBus 不要在主线程接收到消息，而是在后台中接收消息并处理，以免影响 Android 的 UI 主线程，那么可以配置 threadMode 线程模式为 ThreadMode. BACKGROUND，ThreadMode. BACKGROUND 表明在非 Android 主线程中接收处理 EventBus 的消息。此时的消息接收函数，相当于切换到后台线程中的函数。

onMainMessage 可以自定义函数名，不特指具体的名称（在本例中定义接收 EventBus 消息的函数名为 onMainMessage，开发者可自由命名该函数名为 onMessage 等）。最根本地，EventBus 根据注解符@Subscribe，将其注解声明的函数和 EventBus 的消息接收器建立联系，至此开始，onMainMessage 函数开始接收消息。

EventBus 还提供一种"黏性"事件消息。EventBus 作为事件消息总线，之前介绍通过 post 发送一条普通的消息出去，如果接收方代码已经做好接收准备，那么就可以立即接收到消息。然而若接收方代码还没有启动，又或者发送方发送的消息在短促时间内太多，以至于接收方来不及处理，这两种情况都会造成发送的消息丢包，即发送的消息虽然发送出去了，但是接收方根本接收不到。

但是有些开发场景中，不希望发送方的消息在接收方接收或者消费前消失不见，而寄希望于发送出来的消息存放到一个持久化的队列中，只有当接收方消费掉这条消息事件后，这条消息事件才能消失。因此 EventBus 引入了消息的持久化机制，也被称为"黏性"消息，之所以说这样的消息是黏性消息，消息就像物体一样黏在一个附着物上，除非有人撕扯否则掉不下来。EventBus 把黏性消息发送出去，会恒久存放到一个由 EventBus 维护的消息队列中，这条黏性消息只有被全局中的任意一个接收者消费（接收到）后，才会被消耗。这一点很类似 Android 广播机制中的黏性广播。

EventBus 发送黏性消息事件很简单，只需要把 post 修改成 postSticky，即

```
EventBus.getDefault().postSticky(event)
```

这样即可发送黏性消息事件。

一个 Activity 中有很多消息接收函数，但是开发者有时候可能需要某个特定消息事件接收函数具有更高优先级，那么可以通过在注解中配置权值优先级来完成这个目的，例如：

```
@Subscribe(threadMode = ThreadMode.MAIN, priority = 3)
```

通过配置 priority 的值，设定不同的权值，就实现了不同消息事件接收函数的优先级。priority 默认的优先级权值为 0。

EventBus 通过松耦合的方式，实现了消息事件在不同 Android 组件和各个模块之间的灵活传递，且传递的消息体和内容不仅局限于 Android 基本变量，也可以是复杂的 Java 对象。这样的框架性消息事件技术构建了常见的 Android 开发中坚实的

消息事件传输体系。

13.2 Lifecycle:从生命周期中解放出来

前一节介绍的 EventBus 所要解决的重要内容之一就是在 Android 体系架构中，不同组件(Activity、Fragment 等 Android 的基本组件)之间数据和消息如何以松耦合的方式透传出去，以使得隔离的组件之间能够无缝对接消息数据。Android 相互隔离成单独运作的函数模块，其在运行过程中依赖 Android 的生命周期，在某些开发情景下，需要和母体脱离出来，形成生命周期的松耦合编程模型，以支持大型软件模块化独立开发。

谷歌官方在 I/O 大会中引入一系列 Android 新的体系架构内容，其中一个是 Android 的 Lifecycle。当开发者自己编写的代码模块需要与 Activity 或 Fragment 生命周期"绑定"时，开发者可通过 Lifecycle 把这部分被"绑定"的代码模块解耦出来，使得它们从 Activity 或 Fragment 内在的生命周期函数(如 onCreate、onResume 等)中脱离出来。这样就避免了 Activity 或 Fragment 生命周期函数填满业务逻辑代码，整个 App 的软件架构更为模块化、方便解耦。

以前要写与 Android Activity 和 Fragment 生命周期相关的控制逻辑时，不得不在 Activity 或者 Fragment 的 onCreate、onStart、onResume 里面塞进自己的代码，这样导致的一个结果就是 Activity 或者 Fragment 里面本身的代码量会越来越多，体型越来越臃肿。

Lifecycle 持有 Activity 或 Fragment 的当前状态，Lifecycle 的目的就是专注于 Activity 或者 Fragment 生命周期的维护管理，这相当于与 Activity 或者 Fragment 并行一条生命周期线，在并行的生命周期线里面实时维护与 Activity 和 Fragment 生命周期相关的逻辑，而不必再在 Activity 或者 Fragment 里面塞关于生命周期回调的代码。

本书是基于 Lifecycle 的新版 Version 1.0.0 写的。在 1.0.0 版本中，个别类和方法已经被谷歌 Android 官方废弃或者调整，比如 LifecycleActivity 已经过时，Android 官方已经推荐开发者使用 AppCompatActivity 替换 LifecycleActivity。一些关于 Lifecycle 的内容和技术，已经被 Android 官方写入 AppCompatActivity。

例如现在有一个开发需求，自定义一个 TextView，在这个 TextView 里面，要根据所依赖的 Activity 生命周期的变化切换，实现不同的逻辑控制代码。在这个自定义 TextView 中，Lifecycle 实现上述功能的步骤主要分为两部分。

首先，需要在当前的 Activity 注册 Lifecycle，把 Lifecycle 和打算关联起来的 View 或者逻辑代码模块耦合起来。

这部分代码相对简单和固定。在新版 Android 中，谷歌官方已经把 Lifecycle 的注册部分代码纳入到了 AppCompatActivity 里面。通过重写 getLifecycle 返回一个注册好的 LifecycleRegistry 对象实例。以观察者模式添加到自己重写的 TextView 里面，代码如下：

```
public classMainActivity extends AppCompatActivity {

private LifecycleRegistry mLifecycleRegistry = new LifecycleRegistry(this);

@Override
protected void onCreate(Bundle savedInstanceState) {
    super.onCreate(savedInstanceState);
    setContentView(R.layout.activity_main);

    MyTextView myTextView = (MyTextView) findViewById(R.id.text);
    getLifecycle().addObserver(myTextView);
}

@Override
public LifecycleRegistry getLifecycle() {
    return mLifecycleRegistry;
}
}
```

R.layout.activity_main 写入了一个自定义的 MyTextView。设计要求 MyTextView 脱离当前 Activity 作为一个单独代码模块，仍然可以实时同步伴随 Activity 的生命周期变动。

重写的 getLifecycle 返回一个注册后的生命周期实例，这个实例传递给后面自定义的 MyTextView，并把当前的生命周期同步给 MyTextView。

其次，自定义 MyTextView 继承自 TextView，MyTextView 作为观察者模式的一部分，实现观察者的 LifecycleObserver。然后就可以通过注解的方式实时接收来自于先前 Activity 的生命周期变动。代码如下：

```
public classMyTextView extends TextView implements LifecycleObserver {
private String string = "";

......

@OnLifecycleEvent(Lifecycle.Event.ON_CREATE)
public void create() {
    string = string + (System.currentTimeMillis() + " - creat\n");
    this.setText(string);
}
```

```
    @OnLifecycleEvent(Lifecycle.Event.ON_START)
    public void start() {
        string = string + (System.currentTimeMillis() + " - start\n");
        this.setText(string);
    }

    @OnLifecycleEvent(Lifecycle.Event.ON_RESUME)
    public void resume() {
        string = string + (System.currentTimeMillis() + " - resume\n");
        this.setText(string);
    }

    @OnLifecycleEvent(Lifecycle.Event.ON_PAUSE)
    public void pause() {
        string = string + (System.currentTimeMillis() + " - pause\n");
        this.setText(string);
    }

    @OnLifecycleEvent(Lifecycle.Event.ON_STOP)
    public void stop() {
        string = string + (System.currentTimeMillis() + " - stop\n");
        this.setText(string);
    }

    @OnLifecycleEvent(Lifecycle.Event.ON_DESTROY)
    public void destory() {
        string = string + (System.currentTimeMillis() + " - destory\n");
        this.setText(string);
    }
}
```

其中,@OnLifecycleEvent 配置的参数设定为 Lifecycle. Event 中的枚举常量,即为 Android Activity 或者 Fragment 中对应的生命周期,如表 13-1 所列。

表 13-1　Lifecycle 生命周期对应的常量参数

Lifecycle. Event 枚举常量	Activity 生命周期	Fragment 生命周期
ON_CREATE	onCreate	onCreate
ON_START	onStart	onStart
ON_RESUME	onResume	onResume
ON_PAUSE	onPause	onPause
ON_STOP	onStop	onStop
ON_DESTROY	onDestory	onDestory
ON_ANY	任何生命周期回调	任何生命周期回调

引入了 Lifecycle 框架，并实现了 Activity 和 Fragment 与生命周期相耦合的代码或模块的深度解耦，这就使 Activity 和 Fragment 臃肿的体量得以快速瘦身。

Lifecycle 使得与生命周期并行执行相应代码或业务逻辑模块成为可能。过去被迫注入到 Activity 或 Fragment 生命周期中的业务逻辑代码可解耦分离出来模块化，维护和编程开发的技术路线和代码层次结构更为清晰，因此 Lifecycle 为大规模 Android 项目代码展开奠定基础。

Android 开发一方面要充分利用 Android 体系架构提供的便利工具和技术，另一方面要遵循平台本身的规范。下一节将介绍 Android 平台对于权限的新规。

13.3 Android 运行时权限

在 Android 6.0 之前，我们会在安装过程中加一个 App 所需要的权限，App 尚未启动时就要求用户授予或者拒绝某些系统权限，比如常见的拍照相机权限、访问网络权限、读写存储设备权限等。在 Android 6.0 及以后的版本，谷歌官方出于增强移动用户安全性的考量，对 App 权限加大了管控力度，引入了运行时权限(Runtime Permission)的设计规范。运行时权限会在 App 运行时请求用户对权限进行授予或拒绝，严格把控 App 安全风险。然而，新的 Android 权限管理机制给开发者带来了新的未知问题，这要求开发者在新的权限授予环境下重新学习和掌握 Android 的运行时权限管理机制。本章接下来将介绍 Android 运行时权限的程序开发。

13.3.1 Android 运行时权限常规开发

Android 运行时权限申请的框架结构和申请步骤相对比较简单和固定，一般包括三个步骤。

第一步，程序代码启动后检查当前的 Android SDK 版本是否大于或等于 23，在 SDK 版本大于或等于 Build. VERSION_CODES. M(Version Code 23)时，才启动运行时权限申请。之所以在代码中做一个判断，是为了和旧版本保持兼容。对于版本号低于 23 的 Android SDK，可以沿用过去旧的一套权限策略，直接在 AndroidManifest. xml 中写进去即可。

第二步，检查当前程序是否已经获得相应权限。这一步主要依赖 checkSelfPermission。检查结果未获得相应权限时，进而使用标准方式 ActivityCompat. requestPermissions 请求权限。如果已经获得授权，则无须再次重复请求授权，而直接进入正常的代码处理逻辑。

第三步，如果在第二步中启动了权限申请 requestPermissions，那么就需要在回调函数 onRequestPermissionsResult 里面，根据请求码以及授权结果值处理用户授权的结果。

下面以运行时申请单个相机权限为例进行介绍。先在 AndroidManifest 中添加相机权限：

```
<uses-permission android:name="android.permission.CAMERA" />
```

然后在上层 Java 代码如 Activity 里面处理运行时权限申请的逻辑，代码如下：

```
public classMainActivity extends AppCompatActivity {
    ……

    @Override
    protected void onCreate(Bundle savedInstanceState) {
        super.onCreate(savedInstanceState);

        if (Build.VERSION.SDK_INT >= Build.VERSION_CODES.M) {
            if (ContextCompat.checkSelfPermission(this, Manifest.permission.CAMERA)
!= PackageManager.PERMISSION_GRANTED) {
                Log.d(TAG, "未获得授权,请求权限...");
                ActivityCompat.requestPermissions(this, new String[]{Manifest.per-
mission.CAMERA}, REQUEST_CODE);
            } else {
                Log.d(TAG, "已获得授权,无需重复请求权限。");
                doMyNormalWork();
            }
        } else {
            Log.d(TAG, "Android 版本低于 23,无需运行时请求权限。");
            doMyNormalWork();
        }
    }

    @Override
    public void onRequestPermissionsResult(int requestCode, String permissions[], int
[] grantResults) {
        switch (requestCode) {
            case REQUEST_CODE:
                if (grantResults != null && permissions != null) {
                    /**
                     * PackageManager.PERMISSION_GRANTED:
                     * 该值为常量值 0,表示权限已经授予
                     */
                    if (grantResults[0] == PackageManager.PERMISSION_GRANTED) {
                        Log.d(TAG, permissions[0] + " 获得授权。");

                        //在这里开始启动获得授权后的业务逻辑代码
```

```
                doMyNormalWork();
            }

            /**
             * PackageManager.PERMISSION_DENIED:
             * 该值为常量值-1,表示权限未被授予
             */
            if (grantResults[0] == PackageManager.PERMISSION_DENIED) {
                Log.d(TAG, permissions[0] + " 未获得授权。");

                //在这里开始启动未获得授权后的业务逻辑代码
                doError();
            }
        }

        break;
    }
}

/**
 * 假设这里就是开发者获得权限后将正常展开的业务逻辑代码
 */
private void doMyNormalWork() {
    Log.d(TAG, "终于可以开始正常干活啦!");
}

/**
 * 没有获得权限,处理善后事宜
 */
private void doError() {
    Log.d(TAG, "很遗憾,没有权限,没法正常干活!");
}
}
```

本小节简要介绍了 Android 运行时的单个权限的申请。往往一个 App 所需要的权限不止一个,那么此时该如何批量申请运行时权限呢?下一小节将介绍如何批量申请运行时权限。

13.3.2 批量权限的运行时申请

绝大多数情况下,一个完整的产品级 App 不可能只有单个权限,往往需要少则四五个,多则几十个权限,此时需要批量申请运行时权限。假设在 Androidmanifest

里面写了两个权限，一个是相机拍照权限，另外一个是写外部存储权限，则代码如下：

```
<uses-permission android:name="android.permission.WRITE_EXTERNAL_STORAGE"/>
<uses-permission android:name="android.permission.CAMERA" />
```

和前节相比，因为这次需要申请的权限是两个，所以在这里把这些权限写入一个定义的字符串类型的数组中去：

```
//批量权限组
private String[] permissions = {Manifest.permission.CAMERA, Manifest.permission.
WRITE_EXTERNAL_STORAGE};
```

和前节相比，此时可以根据定义的批量权限组，在一个 for 循环里面遍历每一个权限的授予情况。但是，当检测到某一个权限未授予，此时若再次请求权限 requestPermissions，则可以一次性申请全部权限。程序需要的全部权限封装在权限数组中。下面代码遍历装载全部权限的字符串数组：

```
if(Build.VERSION.SDK_INT >= Build.VERSION_CODES.M) {
    for (int i = 0; i <permissions.length; i++ ) {
        if (ContextCompat.checkSelfPermission(this, permissions[i]) != PackageMan-
            ager.PERMISSION_GRANTED) {
            Log.d(TAG, permissions[i] + "未获得授权,请求权限...");
            ActivityCompat.requestPermissions(this, permissions, REQUEST_CODE);
        } else {
            Log.d(TAG, permissions[i] + "已获得授权,无须重复请求权限。");
        }
    }
} else {
    Log.d(TAG, "Android 版本低于 23,无须运行时请求权限。");
}
```

相应地，在权限申请的回调函数 onRequestPermissionsResult 里面，也需要多增加一层 for 循环，每一次取出各个不同权限授予的情况。然后，开发者即可针对具体权限的授予情况展开业务逻辑代码。代码如下：

```
@Override
public void onRequestPermissionsResult(int requestCode, String permissions[], int[]
                                        grantResults) {
    switch (requestCode) {
        case REQUEST_CODE:
            if (grantResults != null && permissions != null) {
                for (int i = 0; i <grantResults.length; i++ ) {
                    /**
                     * PackageManager.PERMISSION_GRANTED:
```

```
                    * 该值为常量值 0,表示权限已经授予
                    */
                    if (grantResults[i] == PackageManager.PERMISSION_GRANTED) {
                        Log.d(TAG, permissions[i] + " 获得授权。");

                        //在这里开始启动获得授权后的业务逻辑代码
                    }

                    /**
                     * PackageManager.PERMISSION_DENIED:
                     * 该值为常量值 -1,表示权限未被授予
                     */
                    if (grantResults[i] == PackageManager.PERMISSION_DENIED) {
                        Log.d(TAG, permissions[i] + " 未获得授权。");

                        //在这里开始启动未获得授权后的业务逻辑代码
                    }
                }
            }

            break;
    }
}
```

Android 6.0 之后的权限控制更加严格,需要在 App 运行时动态获取,本小节按照谷歌官方的方法依葫芦画瓢获取动态运行时权限,但是不难看出,写出来的代码比较繁琐,开发者编写的权限申请代码模块如果和业务逻辑再搅和在一起,代码的可读性会变得较差。因此一些第三方的运行时权限获取开源项目应运而生。下一小节将介绍简单易用、逻辑清晰的运行时权限申请框架。

13.3.3 易用的运行时权限申请开源框架

RxPermissions 就是这样一种第三方运行时权限申请开源框架,RxPermissions 基于 RxJava2,实现了一种更为灵活和简洁的 Android 运行时动态获取权限的解决方案。

首先需要在 App 的 build.gradle 文件引入 RxPermissions 以及 RxJava2,本书写作是基于 RxJava2 版本 2.1.7、RxPermissions 版本 0.9.4,故代码如下:

```
compile'io.reactivex.rxjava2:rxjava:2.1.7'
compile 'com.tbruyelle.rxpermissions:rxpermissions:0.9.4'
```

RxPermissions 使用了 Lambda 表达式、Java 8 及以上才支持,因此需要在

build.gradle 配置 Android 的 Java 编译器版本为 Java 8，代码如下：

```
compileOptions {
    sourceCompatibility JavaVersion.VERSION_1_8
    targetCompatibility JavaVersion.VERSION_1_8
}
```

以上开发环境配置完成后，剩余的就是写上层 Java 代码。RxPermissions 动态运行时申请权限的代码很简单，例如获取相机和读写外部存储设备的权限：

```
private voidgetPermissions() {
    RxPermissions rxPermissions = new RxPermissions(this);
    rxPermissions.request(Manifest.permission.CAMERA, Manifest.permission.WRITE_EX-
                    TERNAL_STORAGE)
            .subscribe(granted -> {
                if(granted) {
                    Toast.makeText(getApplicationContext(), "已经获取所需权限",
                            Toast.LENGTH_SHORT).show();
                } else {
                    Toast.makeText(getApplicationContext(), "未能获取所需权限",
                            Toast.LENGTH_SHORT).show();
                }
            });
}
```

需要申请的权限字符串列表，直接作为不定长参数传递给 RxPermissions 对象实例的 request 函数，然后等待布尔值 granted 的返回；如果值为 true，则表明权限授予；如果值为 false，则表明未被授予。RxPermissions 本身会自动标记每一个权限的授予或未授予情况，开发者无须关心各个权限的授予状态。如果开发者希望代码更完善，可以在进入 granted 后的逻辑处理模块内针对 granted 返回布尔值，再结合 Android 原生的 checkSelfPermission 校验权限申请情况，再次发起相应的处理分支。

13.4 小 结

EventBus、Android Lifecycle、运行时权限申请和授予是如今 Android 开发过程中重要的技术体系内容。

EventBus 是 Android 事件发布/订阅总线，它简化了 Activity、Fragment、经典 Java 线程、Service、广播等 Android 组件之间的消息传送。EventBus 采用发布/订阅设计模式，发布者通过 EventBus 发布事件，订阅者通过 EventBus 订阅事件。发布者发布事件后，已注册并订阅该事件的订阅者中事件处理函数被触发，接收来自发布者的数据对象。EventBus 大大简化了 Android 组件通信，模块涉及的事件发布和接收彻底解耦。当工程项目越来越庞大和复杂时，若此时仍保守使用 Android 传统的 Intent、Handler 广播通信，势必导致代码量激增，代码和模块之间也紧耦合。而 EventBus 的精简通信使代码模块变得简单轻松，把事件的发布和订阅分离。EventBus 是 Android 平台中传统 Intent、Handler、广播等传统消息传递机制的有效替代方案，EventBus 轻松和优雅解耦不同组件和模块的消息发送和接收。

Android 开发必然涉及 Activity、Fragment 的各个生命周期。谷歌官方新推出的 Lifecycle 并行地持有 Activity 或 Fragment 生命周期中各个阶段的状态，其中的 Lifecycle.Event 枚举类型跟踪组件生命周期状态，这使得开发者可以摆脱 Activity 或 Fragment，在 Activity 或 Fragment 之外也能感知它们的生命周期。

Android 6.0 以前的 App 安装时权限的声明和授予围绕着权限列表展开，当用户同意这些权限之后才可以完成 App 的安装和使用。这就有个问题是：若用户需要使用该 App 的一个很小的功能点，却不得不被迫接受其他不必要和不相关的权限。最简单的情景比如，一个简单的棋类游戏却申请访问通讯录、短信等敏感用户权限。这种情况在 Android 6.0 及后续版本中得到解决：用户可安装 App，但是当应用申请敏感权限，如果 App 用户认为这些权限是不恰当的，用户可以拒绝 App 的权限申请要求。Android 6.0 以后，体系架构最大的变化之一就是 Android 的运行时权限管理机制。除了在 App 在安装和运行时可以让用户授予或撤销权限，同样在系统的设置中提供了对每一个具体 App 的权限审查功能，用户可以对每一个 App 的每一个权限进行仔细的评估，进而决定授权或撤销授权。Android 新的运行时权限管理机制更好保护了 Android 用户的隐私。

第14章

企业级开发ORM数据库技术

在一般的Android项目中，Android自身提供的SQLite数据库基本可以满足针对轻量级、简单数据存储需求的开发要求。但是，若需要存储数据模型复杂的项目，以及数据关系复杂且存在互相交差引用的项目，要是再使用SQLite支撑整个项目的数据存储，就显得左支右绌有些困难了。更何况，使用SQLite编写的数据库代码的开发效率相对比较低，后续维护和管理并不简单，因此，一般产品级上规模的项目中，很有必要引入一种更好用、对开发者更友好的第三方ORM(Object Relational Mapping，对象关系映射)数据库。本章将介绍一种在业界比较受欢迎的Android ORM数据存储框架：ORMLite和greenDAO。

ORMLite是ORM这类数据库中的一种轻量级SQL数据库开发包，提供简单易用的DAO(Data Access Object，数据访问对象)。基于ORMLite，可以轻松建立和维护复杂数据存储模型，这能大大提升Android数据库开发效率，同时降低维护成本。

GreenDAO和ORMLite类似，也是一种针对ORM关系数据库的数据库解决方案。ORMLite经典，不仅适用于Android平台，也适用于Java平台。GreenDAO方法使用起来简便，效率高。

14.1 ORMLite数据库环境搭建

ORMLite官方主页为http://ormlite.com。ORMLite是用Java语言编写的，支持Android平台，本章重点介绍如何在Android平台的应用开发中使用ORMLite。

首先要下载ORMLite的开发jar资源开发包。在http://ormlite.com/releases页面下载两个jar包(本书ORMLite的版本是ormlite 5.0)：core列表下的jar包和android列表下的jar包，如图14-1所示。

将上面的两个jar包下载后放到Android Studio工程中的libs包中，然后作为Library添加到项目中。以上完成后，ORMLite开发环境搭建就完成了，接下来就可以使用ORMLite开始开发。

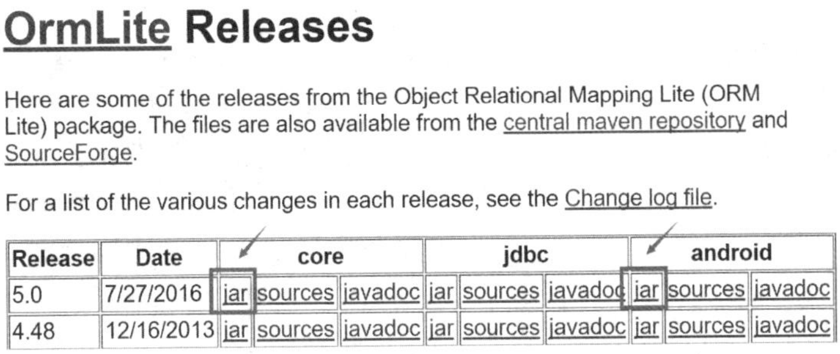

OrmLite Releases

Here are some of the releases from the Object Relational Mapping Lite (ORM Lite) package. The files are also available from the central maven repository and SourceForge.

For a list of the various changes in each release, see the Change log file.

Release	Date	core			jdbc			android		
5.0	7/27/2016	jar	sources	javadoc	jar	sources	javadoc	jar	sources	javadoc
4.48	12/16/2013	jar	sources	javadoc	jar	sources	javadoc	jar	sources	javadoc

图 14-1　ORMLite 所需的核心 jar 包

14.2　ORMLite 数据库应用开发

首先需要创建和定义一张 ORMLite,用以存储的数据库表,这个表用 Java 一个类实现,例如 User.java,用以存储用户的 id、名字、年龄等信息。代码如下：

```
importcom.j256.ormlite.field.DatabaseField;
import com.j256.ormlite.table.DatabaseTable;

@DatabaseTable(tableName = "users")
public class User {
    public final static String USER_ID = "user_id";
    public final static String NAME = "name";
    public final static String AGE = "age";

    @DatabaseField(generatedId = true)
    public int id;

    @DatabaseField(columnName = USER_ID)
    public int userId;

    @DatabaseField(columnName = NAME)
    public String name;

    @DatabaseField(columnName = AGE)
    public int age;

    @Override
    public String toString() {
        return "id:" + id + "," + "userId:" + userId + ",name:" + name + ",age:" + age;
    }
}
```

User 中使用注解定义了数据库中的表名“users”：@DatabaseTable(tableName

= "users")。

User 作为 Java 类,定义了一个简单的的 Java 数据模型,ORMLite 通过注解符 @DatabaseTable(tableName = "users")将 User 定义的数据存储在数据库表 users 中。换句话说,数据库表 users 中存储的数据单元也即是类 User 中定义的数据模型。

@DatabaseField(columnName = "xxx")中 xxx 表示此数据字段在数据库表中的列名。

DatabaseField 中,若设定 id=true,则声明此 id 为主键。

ORMLite 的数据库表可设置的参数比较多,更多内容需要时可以查阅文档手册。和 SQLite 类似,剩余的工作就是创建 ORMLite 数据库,以及获取 ORMLite 数据访问的 DAO。创建 ORMLite 数据库管理工具类 ORMLiteDatabaseHelper,该 Helper 一方面可创建数据库,另一方面可以获得数据访问的 DAO,代码如下:

```
public class ORMLiteDatabaseHelper extends OrmLiteSqliteOpenHelper {
    private final String TAG = getClass().getSimpleName();

    private static ORMLiteDatabaseHelper mDatabaseHelper = null;
    private Dao <User, Integer > mUserDao = null;

    private final static String DB_NAME = "ormlite.db";
    private final static int DB_VERSION = 1;

    public ORMLiteDatabaseHelper(Context context, String databaseName, CursorFactory
                                factory, int databaseVersion) {
        super(context, DB_NAME, factory, DB_VERSION);
    }

    public static ORMLiteDatabaseHelper getInstance(Context context) {
        if (mDatabaseHelper == null) {
            mDatabaseHelper = new ORMLiteDatabaseHelper(context, DB_NAME, null, DB_
                            VERSION);
        }

        return mDatabaseHelper;
    }

    @Override
    public void onCreate(SQLiteDatabase arg, ConnectionSource connectionSource) {
        Log.d(TAG, "ORMLite 数据库:onCreate");
```

```
        try {
            TableUtils.createTableIfNotExists(connectionSource, User.class);
        } catch (Exception e) {
            e.printStackTrace();
        }
    }

    @Override
    public void onUpgrade(SQLiteDatabase database, ConnectionSource arg1, int arg2,
int arg3) {
        Log.i(this.getClass().getName(), "ORMLite 数据库:onUpgrade");

        try {
            // 删除旧的数据库表
            TableUtils.dropTable(connectionSource, User.class, true);

            // 重新创建新版的数据库
            onCreate(database, connectionSource);
        } catch (SQLException e) {
            e.printStackTrace();
        }
    }

    /**
     * 针对每一个数据库中的表,要有一个获得 Dao 的方法
     */
    public Dao <User, Integer> getUserDao() {
        if (mUserDao == null) {
            try {
                mUserDao = getDao(User.class);
            } catch (java.sql.SQLException e) {
                e.printStackTrace();
            }
        }

        return mUserDao;
    }

    @Override
    public void close() {
        super.close();
        mUserDao = null;
    }
}
```

使用单例模式创建一个 ORMLiteDatabaseHelper。ORMLiteDatabaseHelper 中的 onCreate 函数在每一次加载数据库时都会调用。本例在 onCreate 函数里面，通过 TableUtils 函数操作 User 数据库表，如果 User 的数据库表不存在，就创建，如果存在，就跳过。

onUpgrade 函数在 ORMLite 数据库升级时回调，ORMLite 升级数据库是根据在创建 ORMLiteDatabaseHelper 设置的数据库版本整型值 databaseVersion，如果最新的版本 databaseVersion 大于历史的 databaseVersion，那么 ORMLite 就主动调用 onUpgrade 进行数据库的升级和更新操作。本例代码中，onUpgrade 首先删掉过去的表(数据库升级通常也就是针对数据库表字段的增加或删除)，然后再创建新表。事实上，在 onUpgrade 里面，业务逻辑需要更精细，而不是简单地删除旧表、增加新表，产品级的数据库升级通常需要考虑把旧表中的数据迁移到新表中。

在 ORMLiteDatabaseHelper 的 getUserDao 函数内部使用了 ORMLite 自身提供的 getDao 函数，获得针对 Java 数据对象 User 的 DAO(数据访问对象)。程序代码中一旦拿到了 User 的 DAO 后，就可以像访问一般 Java 对象一样在数据库表中增删改查数据了。

看一段代码测试上述数据库的创建工作。写一个 MainActivity，在 MainActivity 中创建数据库，添加测试数据，然后读出数据库中的全部数据，并实现一个根据 userId 查询数据库的简单功能，代码如下：

```
public classMainActivity extends AppCompatActivity {
    ......

    @Override
    protected void onCreate(Bundle savedInstanceState) {
        super.onCreate(savedInstanceState);

        ORMLiteDatabaseHelper mDatabaseHelper =
            ORMLiteDatabaseHelper.getInstance(getApplicationContext());
        mUserDao = mDatabaseHelper.getUserDao();

        //先给数据库生成若干测试数据
        for (int i = 0; i <5; i++ ) {
            User user = new User();
            user.userId = i;
            user.name = "zhang - " + i;
            user.age = (int) (Math.random() * 100);//生成随机测试的年龄

            try {
                mUserDao.createOrUpdate(user);
```

```
                } catch (SQLException e) {
                    e.printStackTrace();
                }
            }

            //查询出数据库中存储全部的数据
            readDatabase();

            queryById(2);
        }

        /**
         * 查询出全部数据
         */
        private void readDatabase() {
            try {
                List <User> users = mUserDao.queryForAll();
                for (User u : users) {
                    Log.d("读数据库", u.toString());
                }
            } catch (SQLException e) {
                e.printStackTrace();
            }
        }

        /**
         * 根据用户的 userId 查询出这条数据
         *
         * @param userId
         */
        private void queryById(int userId) {
            try {
                List <User> users = mUserDao.queryBuilder().where().eq(User.USER_ID,
userId).query();
                for (User u : users) {
                    Log.d("数据库查询结果", u.toString());
                }
            } catch (SQLException e) {
                e.printStackTrace();
            }
        }
    }
```

代码运行后 logcat 的日志输出如下：

```
11-30 11:01:55.053 19153-19153/zhangphil.book D/ORMLiteDatabaseHelper: ORMLite 数据库:onCreate
11-30 11:01:55.053 19153-19153/zhangphil.book I/TableUtils: creating table'users'
11-30 11:01:55.055 19153-19153/zhangphil.book I/TableUtils: executed create table statement changed 1 rows: CREATE TABLE IF NOT EXISTS 'users'('age' INTEGER , 'id' INTEGER PRIMARY KEY AUTOINCREMENT , 'name' VARCHAR , 'user_id' INTEGER )
11-30 11:01:55.093 19153-19153/zhangphil.book D/读数据库: id:1,userId:0,name:zhang-0,age:73
11-30 11:01:55.093 19153-19153/zhangphil.book D/读数据库: id:2,userId:1,name:zhang-1,age:39
11-30 11:01:55.093 19153-19153/zhangphil.book D/读数据库: id:3,userId:2,name:zhang-2,age:12
11-30 11:01:55.093 19153-19153/zhangphil.book D/读数据库: id:4,userId:3,name:zhang-3,age:40
11-30 11:01:55.093 19153-19153/zhangphil.book D/读数据库: id:5,userId:4,name:zhang-4,age:77
11-30 11:01:55.095 19153-19153/zhangphil.book D/数据库查询结果: id:3,userId:2,name:zhang-2,age:12
```

出于简单说明问题的考虑，又因为读写的数据量很小（只有 5 条），本例中的数据库读写操作直接丢到 Android 的主线程中（在 onCreate 中执行，onCreate 运行在 Android 主线程），但这样做是不合适的。读者应该知晓，最佳的数据库读写操作代码最好放在后台线程中，尤其是涉及大批量、重型数据库数据读写操作时，务必把涉及数据库读写操作的任务和代码线程化，不要放在 Android 的主线程中，以确保数据库读写不阻塞 Android UI 主线程。

14.3 ORMLite 的外键关联映射

ORMLite 的外键关联映射，适合层级比较深，数据模型互相渗透、交叉引用的数据结构或集合，特别适合处理复杂数据模型。比如，以常见的“班级－学生”这样的数据映射关系为例加以说明。这种复杂的数据关系模型不同于前节介绍的单一数据结构组织方式。

一个班级里有若干名学生（一对多，1 对 N），反过来说也可以，若干名学生集合到一个班级中（多对一，N 对 1）。在 ORMLite 中，这样的映射结构可以用@ForeignCollectionField（外键）、ForeignCollection（外键数据集合）数据建模。

定义一个班级类 AClass（Java 语言中，Class 是关键保留字，刚好是本例用到的班级英文单词，所以前面加个 A 以规避）。AClass 包含 id（主键，方便查询和更新）、name 以及指向一个外部 Student 的集合（ForeignCollection <Student>）。同样，定义学生类 Student，Student 中埋入一个字段 aclass 指向外部映射的 AClass。通过外键映射，此时 Student 自动就和 AClass 挂接在一起。

写一个程序例子说明。先建模，建立 Student(学生)和 AClass(班级)的模型，代码如下：

```
    @DatabaseTable(tableName = "students")
public class Student {
    @DatabaseField(generatedId = true)
    public int id;

    @DatabaseField(canBeNull = false, dataType = DataType.INTEGER)
    public int studentId;

    @DatabaseField(canBeNull = false, dataType = DataType.STRING)
    public String name;

    @DatabaseField(canBeNull = false, foreign = true, foreignAutoRefresh = true)
    public AClass aclass;

    @Override
    public String toString() {
        return "id:" + id + ",studentId:" + studentId + ",name:" + name + ",
className:" + aclass.name;
    }
}
```

学生 Student 中的 aclass 外键映射到 AClass，后续将看到外键映射的强大作用。班级 AClass 模型的代码如下：

```
    @DatabaseTable(tableName = "classes")
public class AClass {

    @DatabaseField(generatedId = true)
    public int id;

    @DatabaseField(canBeNull = false, dataType = DataType.INTEGER)
    public int classId;

    @DatabaseField(canBeNull = false, defaultValue = "class", dataType = Data-
Type.STRING)
    public String name;
```

```
    @ForeignCollectionField(eager = false)
    public ForeignCollection <Student > students;

    @Override
    public String toString() {
        return "id:" + id + ",classId:" + classId + ",name:" + name;
    }
}
```

AClass 的 students 是一个外键映射集合。在之前的 Student 里面，如果设置 aclass 映射到 AClass，那么 AClass 就会自动把该 Student 自动追加到 AClass 里面的 students，从而使得 AClass 把外部的 Student 对象作为外键映射，映射到 AClass 集合中，成为 AClass 的一员。

接着创建数据库 Helper，并获取访问 AClass 和 Student 的 DAO，代码如下：

```
    public classORMLiteDatabaseHelper extends OrmLiteSqliteOpenHelper {

    ……

    private final static String DB_NAME = "school.db";
    private final static int DB_VERSION = 1;

    public ORMLiteDatabaseHelper(Context context, String databaseName, CursorFactory
factory, int databaseVersion) {
        super(context, DB_NAME, factory, DB_VERSION);
    }

    public static ORMLiteDatabaseHelper getInstance(Context context) {
        if (mDatabaseHelper == null) {
            mDatabaseHelper = new ORMLiteDatabaseHelper(context,DB_NAME,null,DB_VERSION);
        }

        return mDatabaseHelper;
    }

    @Override
    public void onCreate(SQLiteDatabase arg0, ConnectionSource connectionSource) {
        Log.d(this.getClass().getName(), "ORMLite 数据库:onCreate");

        try {
```

```
            TableUtils.createTableIfNotExists(connectionSource, AClass.class);
            TableUtils.createTableIfNotExists(connectionSource, Student.class);
        } catch (Exception e) {
            e.printStackTrace();
        }
    }

    @Override
    public void onUpgrade(SQLiteDatabase database, ConnectionSource connectionSource,
int oldVersion, int newVersion) {
        Log.i(this.getClass().getName(), "数据库→onUpgrade");

        try {
            // 删除旧的数据库表
            TableUtils.dropTable(connectionSource, AClass.class, true);
            TableUtils.dropTable(connectionSource, Student.class, true);

            // 重新创建新版的数据库
            onCreate(database, connectionSource);
        } catch (SQLException e) {
            e.printStackTrace();
        }
    }

    public Dao <Student, Integer > getStudentDao() {
        if (mStudentDao == null) {
            try {
                mStudentDao = getDao(Student.class);
            } catch (java.sql.SQLException e) {
                e.printStackTrace();
            }
        }

        return mStudentDao;
    }

    public Dao <AClass, Integer > getClassDao() {
        if (mClassDao == null) {
            try {
                mClassDao = getDao(AClass.class);
            } catch (java.sql.SQLException e) {
```

```
                e.printStackTrace();
            }
        }

        return mClassDao;
    }

    @Override
    public void close() {
        super.close();
        mClassDao = null;
        mStudentDao = null;
    }
}
```

这样就可以在上层的 Activity 使用 AClass 和 Student 了。

现在实现一个简单的功能：先在数据库中创建和存储 5 个班级的数据行，这 5 个班级在创建之初有基本的 classid 和名字，找到 id 为 1 的班级，创建 10 个学生 Student，再将这 10 个学生挂接到前面所找到 id 为 1 的班级。最后直接可以通过 ORMLite 精巧地映射：class1. Students，找到所有挂接到 class1 的学生，输出这些学生的信息。代码运行后的 logcat 日志输出如下：

```
11-30 15:15:08.477 7046-7046/zhangphil.book D/zhangphil.book.ORMLiteDatabaseHelper: ORMLite 数据库:onCreate
11-30 15:15:08.477 7046-7046/zhangphil.book I/TableUtils: creating table 'classes'
11-30 15:15:08.482 7046-7046/zhangphil.book I/TableUtils: executed create table statement changed 1 rows: CREATE TABLE IF NOT EXISTS 'classes' ('classId' INTEGER NOT NULL , 'id' INTEGER PRIMARY KEY AUTOINCREMENT , 'name' VARCHAR DEFAULT 'class' NOT NULL )
11-30 15:15:08.482 7046-7046/zhangphil.book I/TableUtils: creating table 'students'
11-30 15:15:08.483 7046-7046/zhangphil.book I/TableUtils: executed create table statement changed 1 rows: CREATE TABLE IF NOT EXISTS 'students' ('aclass_id' INTEGER NOT NULL , 'id' INTEGER PRIMARY KEY AUTOINCREMENT , 'name' VARCHAR NOT NULL , 'studentId' INTEGER NOT NULL )
11-30 15:15:08.651 7046-7046/zhangphil.book D/数据库: id:1,studentId:0,name:学生0,className:1 班
11-30 15:15:08.651 7046-7046/zhangphil.book D/数据库: id:2,studentId:1,name:学生1,className:1 班
11-30 15:15:08.651 7046-7046/zhangphil.book D/数据库: id:3,studentId:2,name:学生2,className:1 班
……
11-30 15:15:08.658 7046-7046/zhangphil.book D/数据库: id:8,studentId:7,name:学生7,className:1 班
```

```
11 - 30 15:15:08.658 7046 - 7046/zhangphil.book D/数据库: id:9,studentId:8,name:学生8,className:1 班
11 - 30 15:15:08.658 7046 - 7046/zhangphil.book D/数据库: id:10,studentId:9,name:学生9,className:1 班
```

logcat 日志输出表明代码如期运行,实现了需求开发。ORMLite 的外键映射,提供了强大的数据建模能力,开发者可以借助这把利器简单进行 Android 平台上的繁杂数据库开发。由此,数据库开发工作变得简易轻巧,大大提升了 Android 数据库开发效率。

14.4 Android 平台上的 greenDAO 关系数据库

前几节介绍了经典的关系数据库 ORMLite 在 Android 平台的具体实践。在适用于 Android 平台的关系数据库领域中,greenDAO 和 ORMLite 都是业界的翘楚,各有特长,本节开始介绍 greenDAO 在 Android 平台上的具体实践技术。有了前几节 ORMLite 知识的准备,学习 greenDAO 更容易,两者在不少地方的设计思路和模型相似,可谓异曲同工。

首先需要在 Android Studio 中引入 greenDAO。先在 Project 的 build.gradle 中配置,代码如下:

```
buildscript {
    ……

    repositories {
        jcenter()
        mavenCentral()
    }

    dependencies {
        classpath 'com.android.tools.build:gradle:3.1.3'
        classpath 'org.greenrobot:greendao-gradle-plugin:3.2.2'
    }

……
}
```

然后在自己的 Module 下添加配置,代码如下:

```
apply plugin: 'com.android.application'
apply plugin: 'org.greenrobot.greendao' //应用插件
```

```
dependencies {
    implementation 'org.greenrobot:greendao:3.2.2' //引用 greenDAO
}
```

以上完成后，更新整个工程，接下来就可以写 greenDAO 的数据库代码了。

数据库的基础初始化以及 DAO 的创建，在 Android 的开发中，通常都是单例形式的，即在一个 Android App 中，针对数据库的创建、读写操作都只能通过一份 Android 数据库实例进行。Android 中数据库的初始化、表的创建等操作，一般应放在 Android 的 Application 的生命周期函数 onCreate 里面完成，因为 Android 的 App 中的 Application 只初始化一次，Application 中的 onCreate 函数也只调用一次。为此，需要自己再动手写一个 Application，比如 MyApplication.java，MyApplication 继承自 Application。把 MyApplication 配置到 AndroidManifest.xml 中去，作为 App 的启动 Application，在 MyApplication 的 onCreate 里面完成 greenDAO 的数据库初始化工作，代码如下：

```
public class MyApplication extends Application {
    private DaoSession mDaoSession;

    @Override
    public void onCreate() {
        super.onCreate();
        initDB();
    }

    private void initDB() {
        DaoMaster.DevOpenHelper helper = new DaoMaster.DevOpenHelper(this, "zhang-
phil-db");
        Database db = helper.getWritableDb();
        DaoMaster daoMaster = new DaoMaster(db);
        mDaoSession = daoMaster.newSession();
    }

    public DaoSession getDaoSession() {
        return mDaoSession;
    }
}
```

MyApplication 中的这段代码创建了一个叫作 zhangphil-db 的数据库，并返回一个 greenDAO 的访问回话 DaoSession。之后，开发者拿到这个 DaoSession，就像操作一个普通 Java 对象一样去增删改查数据中的数据条目内容。不像 ORMLite 需要具体地写每一个 DAO，在 greenDAO 中，通过 DaoSession 即可直接获取相应（本例是 User)的 DAO,greenDAO 为开发者完成和实现了 DAO,节省了开发者维护 DAO 的时间和精力。但是假如所建立的实体中数据更新了,那么原先 DaoSession 数据就陈旧、失去时效性了,则需要在获取最新数据时清除 DaoSession 会话的缓存数据,即 DaoSession 的 clear()操作,这样方能取到最新数据集结果。

接下来就可以创建一个代表数据库中表的实体了,仍以一个 User 实体为例,代码如下:

```
@Entity (nameInDb = "users")
public class User {
    @Id
    private Long id;

    @Property(nameInDb = "userId")
    @NotNull
    public int userId;

    @Property(nameInDb = "name")
    public String name;

    @Property(nameInDb = "age")
    public int age;

    @Transient
    public Object bundle;
}
```

greenDAO 和 ORMLite 定义实体比较类似,也是通过注解完成。注解关键字@Entity 指示 greenDAO 在数据库中建立一个数据库表,该表存放 User 中相应字段,每一个字段通过注解关键字@Property 声明该列是表中的一个列,列名为 nameInDb 配置的值。而注解关键字@Transient 则声明该列是一个临时的、不需要持久化的变量,那么这个字段值将不会持久化到数据库中。

User 中@Id 注解定义的主键 id,是重要的属性字段列,是后续增删改查的一个快捷通道。@Id 的可以增加控制属性(autoincrement = true),autoincrement 默认设置是 false,如果配置成了 true,那么就算删除全部(deleteAll()),主键 id 都将会随着每一次 insert 插入动作,自增长加 1,而不会重置从 0 开始。Autoincrement 属性通常使用系统默认的配置即可。主键 id 的值从 1 开始自增长。

以上完成后,需要重新构建一次 Android Studio 构建项目。在 Android Studio 工具栏中选择的 Build→Make Project,构建完毕后,greenDAO 会自动在 app\build\generated\source\greendao\zhangphil\book 目录下生成数据库相关的重要代码文件,而生成过程无须开发者介入,如图 14-2 所示。

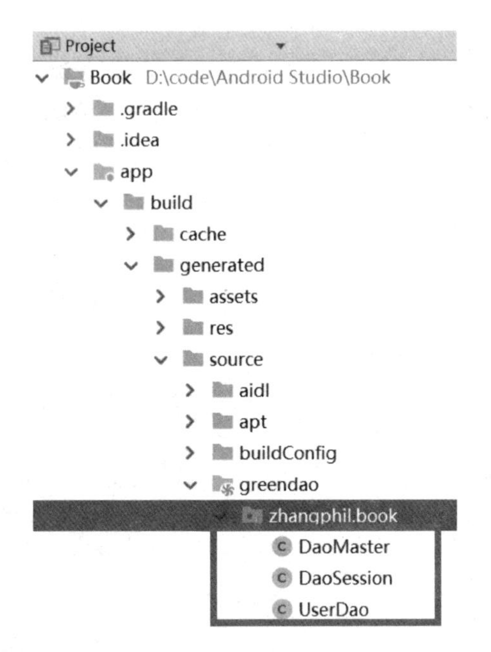

图 14-2 greenDAO 自动生成到的代码文件

DaoMaster、DaoSession 和 UserDao 均为 greenDAO 自动编译生成的，本例中只建立了一个@Entity 实体 User，所以自动生成一个 UserDao。如果建立若干个不同的@Entity 实体，greenDAO 会自动为其生成相对应的 Dao。

① DaoMaster。它相当于一个数据库的连接，是使用 greenDAO 的接入点。DaoMaster 持有数据库对象 SQLiteDatabase 并以特定模式管理和维护 DAO 的各种类（不是对象）。DaoMaster 具有一些静态的函数，这些静态函数可以创建或删除数据库中的表。DaoMaster 的内部类 OpenHelper 和 DevOpenHelper 实现了 SQLiteOpenHelper 于 SQLite 中的模式创建。

② DaoSession。它以特定模式管理所有可用的 DAO 对象，开发者可通过一个 getter 函数获得并调用它们。DaoSession 也提供了一些常规持久化函数，如 insert、load、update、refresh 和 delete 函数操作实体对象。

③ DAOs。即各种 DAO。greenDAO 中各个实体查询和保持的最直接入口。针对每一个实体，greenDAO 都会生成一个 DAO 对象，它们比 DaoSession 更持久。

1. 数据库的增操作（增加新数据、插入新数据）——greenDAO 插入增加数据

以上具备后，开发者即可在上层的代码中通过 DaoSession 获取相应的 DAO，访问数据库了。本例是一个 User 的 Java 数据对象，若在 Android 的 Activity 中可以这样读写数据库，则代码如下：

```
public classDBActivity extends AppCompatActivity {
    @Override
    protected void onCreate(@Nullable Bundle savedInstanceState) {
        super.onCreate(savedInstanceState);

        MyApplication application = (MyApplication) getApplication();
        DaoSession daoSession = application.getDaoSession();

        //获取相应的 DAO。本例是 User
        UserDao userDao = daoSession.getUserDao();

        for (int i = 0; i <3; i++ ) {
            User user = new User();
            user.userId = i;
            user.age = 18 + i;
            user.name = "zhang@" + i;

            //在数据库中插入一条数据
            userDao.insert(user);
        }

        // 查出所有刚才写入到数据库中的数据
        // greenDAO 的 loadAll 将加载出所有行数据
        // 然后遍历输出这些数据内容
        List <User > users = userDao.loadAll();
        for (User user : users) {
            System.out.println(user.userId + " , " + user.name + " , " + user.age);
        }
    }
}
```

代码运行后结果输出如下：

```
0 , zhang@0 , 18
1 , zhang@1 , 19
2 , zhang@2 , 20
```

输出的结果表明已经将 User 这个 Java 对象中包含的字段值写入到了数据库中去。为达到这一步，首先需要拿到 MyApplication 中的 DaoSession mDaoSession。

DaoSession 像通往 DAO 的桥梁一样。通过 DaoSession，可以拿到 greenDAO 自动生成的针对每一个@Entity 实体对象的数据访问对象。userDao.insert(user) 就是往数据库中插入一条数据。

2. 数据库的删操作(删除数据)——greenDAO 删除数据

如果是删除数据,greenDAO 提供了一个方法——deleteAll(),此方法将删除清空对应于 DAO 的数据库表中所有数据。而 public void deleteByKey(K key)将根据一个主键删除这条数据库中的数据。greenDAO 还提供了根据主键一次性批量删除若干条数据的函数 public void deleteByKeyInTx(K... keys),此函数接收不定长参数,开发者传入若干主键值,即可针对传入的若干主键完成批量删除数据任务。

greenDAO 也可以有针对性地删除具体的实体对象,比如:public void delete(T entity),DAO 的这个函数可以删除一条实体对象。

3. 数据库的改操作(修改数据、更新数据)——greenDAO 的更新

greenDAO 中更新数据库中存储的对象实体函数为 public void update(T entity)。

举一个简单的代码例子,关键代码如下:

```
@Override
protected void onCreate(@Nullable Bundle savedInstanceState) {
    super.onCreate(savedInstanceState);

    MyApplication application = (MyApplication) getApplication();
    DaoSession daoSession = application.getDaoSession();

    //获取相应的 DAO。本例是 User
    UserDao userDao = daoSession.getUserDao();

    //先清空数据库中数据,便于清晰观察制造的数据
    userDao.deleteAll();

    for (int i = 0; i <3; i++) {
        User user = new User();
        user.userId = i;
        user.age = 18 + i;
        user.name = "zhang@" + i;

        //在数据库中插入一条数据
        userDao.insert(user);
    }

    print(userDao);

    User user = new User();
    user.setId(1L);
```

```
        user.name = "phil";
        user.age = 30;
        userDao.update(user);

        print(userDao);
    }

    private void print(UserDao userDao) {
        List <User> users = userDao.loadAll();
        for (User user : users) {
            System.out.println(user.getId() + " , " + user.name + " , " + user.age);
        }
    }
```

代码运行后输出的结果：

```
06-21 09:36:52.596 7299-7299/zhangphil.book I/System.out:
    1 , zhang@0 , 18
    2 , zhang@1 , 19
    3 , zhang@2 , 20
06-21 09:36:52.600 7299-7299/zhangphil.book I/System.out:
    1 , phil , 30
    2 , zhang@1 , 19
    3 , zhang@2 , 20
```

为了便于查看生产和输出的数据条目和内容，每次代码启动后都通过 deleteAll()先把数据清洗掉，因为每次 insert 增加数据后，数据库中都将持久化存储这些数据，同时增加主键 id 值。如不清除，输出的数据结果将会很多，这将影响分析。本例每一次在数据库中通过 insert 插入三条新的数据进去，然后通过 print 函数打印出当前数据库中所有的数据条目。当第一次插入后，输出的结果就是在第一次 for 循环中增加的三条数据。

随后，代码主动构造了一个新的 User，这个新 User 的 name 和 age 值不同于之前存储到数据库中的数据，这些新的数据是打算更新到数据库中的值，为此，特意给此 User 的主键 id 设置为 1，即打算更新数据库中主键为 1 的第一条数据。执行完 update 代码语句后，再次调用 print 函数，打印输出的结果证明已经把新 User 中新的 name 和 age 值更新到数据库中了。

4. 数据库的查询操作(查询数据库内容)——greenDAO 查询数据

greenDAO 查询数据库在之前的代码简例中其实已经有所涉及，loadAll()函数即是一个查询，只不过这个查询把该表所有数据全部查出来。很多情景下，开发者不需要查询全部数据，因为这样做太消耗计算资源，并且也无必要。查询应该本着精细化的原则操作。例如代码：

```
//查询
List <User> list = userDao.queryBuilder()
        .offset(0)
        .limit(3)
        .orderAsc(UserDao.Properties.Age)
        .where(UserDao.Properties.Age.eq(19))
        .build()
        .list();

//输出查询结果
for (User user : list) {
    System.out.println(user.getId() + " , " + user.getName() + " , " + user.getAge());
}
```

代码运行后输出结果：

```
System.out: 2 , zhang@1 , 19
```

这段代码的查询过程，关键是利用了 greenDAO 的 QueryBuilder：

```
public QueryBuilder <T> queryBuilder()
```

顾名思义，QueryBuilder 是查询构造器。在上面的代码例子中，queryBuilder()配置了 QueryBuilder 的关键查询条件。

offset 设置的偏移量可以当作数据分页使用。当数据量非常大，并且当前程序已经取出了一定数量的数据后，若此时再去数据库中查询、取数据，就没必要从头开始，而是通过 offset 设置一个偏移量，告诉 greenDAO 从一定位置开始取数据。

limit 函数的作用很容易理解，即限定取出的查询结果数量。如果查询出来的数据集很大很多，而上层程序中计算资源有限（比如内存不足），容纳不了这么多数据，或者不需要那么多条数据，那么通过 limit 可以设置一定的阈值，以限定查询返回的数据集最大数量。

orderAsc 是根据 DAO 数据库表中的列进行升序排序的。本例中的 orderAsc (UserDao. Properties. Age)是根据 User 定义的 age 列进行升序排序的，查询返回的数据集将会按照年龄依次升序排列。

where 语句是重要的查询条件判断，where 将根据特定的值匹配数据库表中的数据集，从而返回满足 where 查询语句约束的数据条目。本例中，where(UserDao. Properties. Age. eq(19))的意思是查询 age 等于 19 的数据。

最终的查询结果如下：

```
.build()
.list();
```

代码的结尾部分“. build()”函数创建了数据库的查询，而查询结果通常是一个数据集合，所以通过“. list()”函数返回列表结果，DAO 最终借助“. list()”函数转换后，形成一个 Java 的 List 数据集合，该 List 里面存放的即是符号查询条件的数据集结果。

14.5 greenDAO 关系映射模型

前节介绍了简单的 greenDAO 的增、删、改查操作。在这个过程中，添加的数据对象是单一的数据，和其他数据对象没有关系。但在实际的开发中，数据模型往往是极其复杂的，更为重要的是这些数据相互之间存在关系。本节将介绍在 greenDAO 中，数据关系映射模型是如何建立和构建的。

14.5.1 一对一的映射关联

从现实世界的关系映射中寻找典型案例，仍以学校的班级和学生关系建模，一个班级包含有若干学生，若干学生归属到一个班级。之前是 ORMLite 数据库实现，这次通过 greenDAO 数据库实现，观察两种数据库（ORMLite 和 greenDAO）的异同。现在开始建立一个学生的实体类 Student，代码如下：

```
    @Entity(nameInDb = "student")
public class Student {
    @Id
    private long Id;

    @Property(nameInDb = "name")
    private String name;

    @Property(nameInDb = "age")
    private int age;
}
```

这个学生实体类 Student 和之前介绍的 User 没有什么太大不同。Student 包含的两个字段 name 和 age，是后续打算输出观察的数据字段。

接着建立班级实体类 AClass，代码如下：

```
    @Entity(nameInDb = "aclass")
public class AClass {
    @Id
    private Long Id;
```

```
    @NotNull
    private int classId;

    private String name;

    private long studentId;

    @ToOne(joinProperty = "studentId")
    private Student student;
}
```

AClass 里面一个重要的变化，就是为 AClass 内部的成员变量 Student 增加注解关键字@ToOne(joinProperty = "studentId")，该注解的意思是指明一个名为 studentId 的变量作为外键，和 Student 建立关联，studentId 在此起到了外键的作用。后面内容将具体实现通过 studentId，把 Student 和 AClass 建立关联。

写好了 AClass 和 Student 以后，要记得重新编译工程项目下所有的模块，让 greenDAO 重新编译生成相关代码。

然后就可以操作 greenDAO 的数据库了，代码如下：

```
    @Override
protected void onCreate(@Nullable Bundle savedInstanceState) {
    super.onCreate(savedInstanceState);

    MyApplication application = (MyApplication) getApplication();
    DaoSession daoSession = application.getDaoSession();

    AClassDao mAClassDao = daoSession.getAClassDao();
    mAClassDao.deleteAll();

    //创建一个班级。特意设置一个学生的 studentId 为 2018
    AClass aClass = new AClass();
    aClass.setClassId(1);
    aClass.setName("一班");
    aClass.setStudentId(2018);
    mAClassDao.insertOrReplace(aClass);

    StudentDao mStudentDao = daoSession.getStudentDao();
    mStudentDao.deleteAll();

    //创建一个学生。特意设置这个学生到的主键 Id 为 2018
    Student student = new Student();
    student.setId(2018);
```

```
        student.setName("zhangphil");
        student.setAge(30);
        mStudentDao.insertOrReplace(student);

        List <AClass> list = mAClassDao.loadAll();
        for (AClass cls : list) {
            System.out.println(cls.getStudent().getName() + " , " + cls.getStudent().
getAge());
        }
    }
```

代码运行结果输出如下：

```
System.out: zhangphil , 30
```

前面说过，AClass 内部虽然定义了一个成员变量 Student，但是这个变量在上面的代码中并未赋值，那为什么在 for 循环 AClass 输出的结果中，AClass 却可以通过 getter 函数取出 Student，并输出了写入到数据库中到的 Student 呢？并且，上面的代码在数据库中插入 AClass 和 Student 时，均是分别独立进行的，并未在各自的对象中交错。

原因就在于特定的外键 studentId 值：2018。2018 此处是一个随意设置的一个 long 型值，只要确保 AClass 中的 studentId 和拟打算建立外部关联 Student 具有一样的 Id 值即可，只要 Student 中主键值和 AClass 中的 studentId 相同，那么这两个就建立了一对一的关联映射。因此在上述代码的最后阶段，通过 for 循环，仅靠 AClass 就取出与 AClass 关联的 Student 数据。

14.5.2 一对多的映射关联

前面介绍 greenDAO 的一对一映射关联，举的例子是班级—学生的映射关系。但是前面例子中一个班级只增加(包含)一个学生。现实情况中，一个班级通常包含众多学生而非一个学生，从数据库建模的角度出发，这是典型的一对多关系。现在介绍 greenDAO 的一对多关联映射。

改造前面的班级 AClass 类，代码如下：

```
    @Entity(nameInDb = "aclass")
public class AClass {
    ......

    @ToMany(referencedJoinProperty = "classId")
    private List <Student> student;
}
```

相应地，建立学生 Student 的实体类，代码如下：

```
@Entity(nameInDb = "student")
public class Student {
    @Id
    private long Id;

    @Property(nameInDb = "name")
    private String name;

    @Property(nameInDb = "age")
    private int age;

    private long classId;
}
```

创建完成后，记得编译工程项目下的所有模块，使 greenDAO 编译生成相应的类文件。

观察现在的 AClass 和 Student 和之前一对一关系的写法，做出的调整是在 AClass 里：

```
@ToMany(referencedJoinProperty = "classId")
private List <Student> student;
```

通过 ToMany 外键约束增加一个关联，使得 AClass 关联到外部的多个 Student 实体，从而形成一个 List 集合。与此同时，需要在 Student 里面埋入一个一模一样的变量：

```
private long classId;
```

写好了一对多的 AClass 和 Student 后，在上层 Java 代码中，写一个简单的例子，为一个班级增加两名学生，然后通过遍历班级把学生全部输出，代码如下：

```
......


DaoSession daoSession = application.getDaoSession();


AClassDao mAClassDao = daoSession.getAClassDao();


//创建一个班级。特意设置班级的 Id 为 2018
AClass aClass = new AClass();
aClass.setId(2018);
aClass.setName("一班");
mAClassDao.insertOrReplace(aClass);
```

```
StudentDao mStudentDao = daoSession.getStudentDao();

//创建若干学生。特意设置学生的 classId 为 2018
Student student1 = new Student();
student1.setId(1);
student1.setClassId(2018);
student1.setName("zhangphil - 1");
student1.setAge(30);

Student student2 = new Student();
student2.setId(2);
student2.setClassId(2018);
student2.setName("zhangphil - 2");
student2.setAge(31);

mStudentDao.insertOrReplace(student1);
mStudentDao.insertOrReplace(student2);

List <AClass > list = mAClassDao.loadAll();
for (AClass cls : list) {
    List <Student > ss = cls.getStudent();
    for (Student s : ss) {
        System.out.println(s.getName() + " , " + s.getAge());
    }
}
```

代码运行后结果输出如下：

```
zhangphil - 1 , 30
zhangphil - 2 , 31
```

在代码中构建 AClass 对象时，特别设置 AClass 的主键 Id 值为 2018，在一对多情景下，2018 将作为该 AClass 对象名下所有 Student 中所埋入的 classId 的值。

从代码中也可以看到增加了两名学生，student1 和 student2 都具有相同的 classId 值 2018。这两名学生和一对一情景下的设置没有太多特殊之处，只是在 Student 中设置了 classId 的值，与想要挂接到的 AClass 的主键具有相同的值。于是，凡是具有相同 classId 的 Student，都将被挂接关联到拥有相同主键值的 AClass 中去，自动集合到 AClass 内部定义的 student 集合 List 数据集中，从而形成了班级 AClass 和学生 Student 一对多的关联映射。

14.6 小 结

Android 的 ORM 关系数据库采用描述对象和数据库关联映射的元数据，把Java 对象持久化存储到数据库。ORM 解决了大规模软件开发情况下复杂数据对象关系映射的问题，同时使得存储过程大大简化，极大提高了数据库的开发和设计实现效率，使得开发者不必再使用 Android 的 SQLite 编写和维护复杂的数据库代码。基于 ORM 数据库编程开发，Java 对象和数据库进行关系映射，一个 Java 对象的变量或属性则可以对应数据库表中的列。对数据库的增、删、改查就像操作一个普通 Java 对象一样简单，高效快速实现了数据的持久化存储。当项目变得庞大，数据库表结构和数据结构复杂到一定程度的时候，就很有必要引入 ORM 数据库框架，将会大大降低开发和维护成本。

Android 平台下有众多的 ORM 数据库可供选择，本章选取了比较流行和普遍使用的 ORM 数据解决方案 ORMLite 和 greenDAO。

ORMLite 是经典的 ORM 数据库，不仅适用于 Android 系统，也有相应的 Java 平台版本，ORMLite 支持 Java 语言的 JDBC 连接，因此其可扩展到 Java 平台。ORMLite 提供了一种简单、轻量级的持久化存储 Java 对象到 SQL 数据库的机制和框架，避免了标准 ORM 数据库过于臃肿和复杂带来的问题。ORMLite 学习成本也较低，很容易上手并投入到工程实践中。

当性能很重要、数据库读写十分频繁时，greenDao 是一个相对较好的解决方案，greenDao 在众多数据库中拥有较好的性能表现。greenDao 之所以有比较好的数据库读写性能，一个重要的原因是，greenDAO 在编译之始就主动生成所需的 Java 数据对象模型和 DAO 代码文件(可以简单理解为，把数据库的代码编译成本地代码，这样执行效率很高)，程序运行时可直接调用相应的 DAO 读写数据库，这样就避免了因反射带来的数据库读写性能开销。

第 15 章 多媒体与图像识别扫描技术

二维码和条形码扫描功能，现在有着非常多的 App 应用场景，如常见的扫码收付款、共享单车扫码解锁、社交网络扫码加好友等。

对于 Android 二维码和条形码的扫码技术实现，Android 平台上提供了很多完整、成熟的解决方案。通常，常见的一些开源项目的一套代码可实现两种扫码功能，既可扫二维码，也可扫条形码。换句话说，各个扫码实现的技术方案，一般集成了最常见的二维码和条形码扫描识别功能。如果仅仅是出于快速开发的目的，那么可以根据自己的项目需求，把一些开源扫码项目稍加裁剪，即可快速集成到自己的项目中。

本章介绍几种二维码/条形码扫码技术方案，进而快速构建自己项目的二维码/条形码扫描业务功能。比如二维码的扫描和识别技术的底层使用到了 Android 多媒体中更深一层级的 SurfaceView 和 TextureView，而这一层级的技术是 Android 多媒体开发中频繁打交道的内容。为此本章将引申并介绍 SurfaceView 和 TextureView 相关的开发技术。

15.1 Android 二维码/条形码技术方案综述

Android 平台上的二维码/条形码扫描项目开发要有恰当的技术选型，如果前期技术选型不当，会导致初期开发难度大、后期维护成本高。常见的 Android 二维码/条形码解决方案很多，比如 ZXing、barcodescanner 和 BGAQRCode - Android 等。下面就给出这三种典型的二维码/条形码解决方案的技术异同和开发场景。

① ZXing。ZXing 是诸多 Java 平台包括 Android 平台上的二维码/条形码扫码技术解决方案的核心引用库，功能强大。很多开源的第三方二维码/条形码解决方案都是基于 ZXing 二次定制和二次开发的。ZXing 不仅可以在 Android 平台上使用，也可以在普通的 Java 平台上使用，一些企业级的 Java EE 扫描项目，在进行二维码/条形码功能开发时即集成了 ZXing。但是 ZXing 设计之初并不特定 Android 平台，虽然 ZXing 也支持 Android 平台，但是在 Android 平台上集成或直接基于 ZXing 二次定制开发相对比较繁琐。由于 ZXing 的不便之处，很多第三方二维码/条形码扫描技术解决方案应运而生。这些扫描开源项目对 ZXing 进一步精简，对开发者更为

友好,使用起来简单快速,可灵活配置。比如 barcodescanner 就是这样。

② barcodescanner。barcodescanner 基于 ZXing 二次开发,barcodescanner 最大的特点是集成简单,扫描速度较快,性能稳定,便于开发者迅速集成。但是 barcodescanner 不太适合进行高度自由的 UI 调整。如果项目组设计要求二维码/条形码扫描界面比较复杂,实现更精细和高度定制化的 UI,那么就需要把 barcodescanner 在 github 上的项目工程代码拖下来,自己再次基于 barcodescanner 改造定制。

③ BGAQRCode - Android。BGAQRCode - Android 也是一种二维码/条形码扫描技术解决方案,是基于 barcodescanner 之上二次开发的,更加便于业务定制。

ZXing 功能强大,优势明显,但集成繁琐。barcodescanner 灵活简单且扫描速度较快,但是 UI 可定制性弱。BGAQRCode - Android 和 barcodescanner 类似,UI 可定制开发方面做得较好。

以上三种二维码/条形码扫描技术方案各有千秋,技术上一脉相承,从 ZXing 开始,barcodescanner 基于 ZXing,BGAQRCode - Android 又基于 barcodescanner,如图 15 - 1 所示。

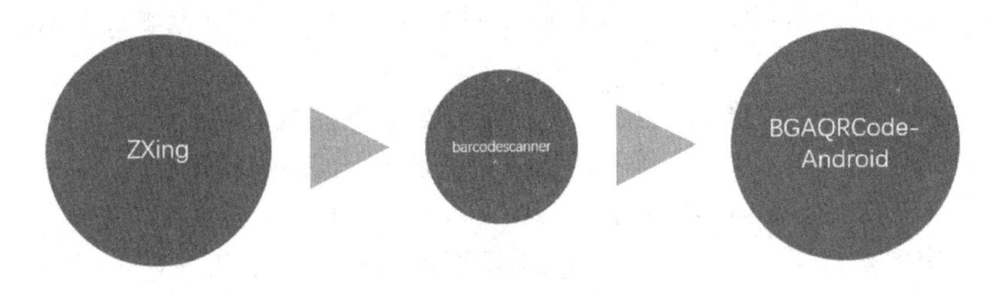

图 15 - 1 三种二维码扫描技术的演进

在技术选型方面,开发者要根据自身项目实际情况量身定做。如果开发者接手项目之前已经集成了三个方案中某一种技术方案,那么可以考虑继续沿用和维护。下面将介绍扫描识别中的 barcodescanner。

15.2 Android 二维码/条形码技术开发实践

本节基于 Android 平台上的开源二维码/条形码扫描技术 barcodescanner,介绍如何快速集成和构建自己的扫描业务。本文写作时 barcodescanner 的版本是 1.9.8。

先给出一个简单的 barcodescanner 扫码实现,代码如下:

```
    public classMainActivity extends AppCompatActivity {
    private ZXingScannerView mScannerView;

    private ZXingScannerView.ResultHandler mResultHandler = new ZXingScannerView.Re-
sultHandler() {
        @Override
```

```
        public void handleResult(Result result) {
            Toast.makeText(getApplicationContext(), "内容:" + result.getText() +
",格式 = " + result.getBarcodeFormat().toString(), Toast.LENGTH_SHORT).show();

            mScannerView.resumeCameraPreview(mResultHandler); //重新开始扫码
        }
    };

    @Override
    public void onCreate(Bundle state) {
        super.onCreate(state);
        mScannerView = new ZXingScannerView(this);
        setContentView(mScannerView);
        mScannerView.setResultHandler(mResultHandler);
    }

    @Override
    public void onResume() {
        super.onResume();
        mScannerView.startCamera();
    }

    @Override
    public void onPause() {
        super.onPause();
        mScannerView.stopCamera();
    }
}
```

① 二维码/条形码的扫描界面通常是一个类似打开相机一样的界面，里面一个矩形的框用于扫描二维码。首先要做一个 ZXingScannerView，这个 View 完整实现了一套扫描界面。本例是通过 setContentView 把创建的 ZXingScannerView 直接放进去独占整个 Activity 的窗口，开发者也可以把 ZXingScannerView 作为一个普通的、如 Android 原生 TextView 那样的 View 直接放到 xml 布局里面使用，然后利用 findViewById 获取 ZXingScannerView 的对象实例。

② ZXingScannerView 负责扫描界面。而 ZXingScannerView 的扫描结果，将通过 ZXingScannerView. ResultHandler 回调输出扫码结果。回调接收扫码结果是：

```
mScannerView.setResultHandler(mResultHandler)
```

③ ZXingScannerView. ResultHandler 的回调方法 handleResult 在识别到二维码/条形码结果后立即回调。开发者的核心业务逻辑基本上就是从这里展开的，ZXingScannerView 扫到二维码，进而展开下一步逻辑，比如在浏览器打开一个链接、返回一个具体的标识值、页面再次跳转等。在这一步，resumeCameraPreview 重新启动了摄像头开始新一轮的扫描，重新扫描的动作开发者可以自行根据情景取舍。

需要注意的是，如果在 handleResult 拿到扫码结果后，后面的业务逻辑代码比较耗时，应考虑把代码放入线程中处理，不要阻塞 UI 线程。

① 由于使用了设备的相机，不要忘记添加相机权限：

```
<uses-permission android:name="android.permission.CAMERA" />
```

② 在灯光光线较弱的情景下，比如晚上天黑，需要打开灯光增强光线以取得更好的识别效果，可以通过 ZXingScannerView 的 setFlash 设置布尔值 true 打开灯光。如果使用了闪光灯，需要增加相应的权限。

代码运行后开始扫描，如图 15-2 所示。

图 15-2　启动后开始扫描二维码

这样一个简单的二维码扫描器就做出来并可以使用了。二维码扫描和识别的底层实现是一整套的图形图像的识别和检测技术。高效的图形图像处理需要用到 Android 的 SurfaceView 和 TextureView，下节开始介绍这两者的关键技术内容。

15.3 SurfaceView 简介与实例

多媒体开发是 Android 技术中的重要内容，多媒体开发重要内容是音频和视频的开发，尤其视频是如今 Android 应用软件比较青睐的热点。简单的音频或视频播放，可以通过 Android 易用的 MediaPlayer 和 VideoView 实现，但是若涉及比较复杂的音频或视频画面及视频相关帧的深入开发时，常规的 MediaPlayer 和 VideoView 就相形见绌了，我们需要使用新的技术。本章着重介绍 Android 多媒体开发中视频开发技术要点。

Android 中的 SurfaceView 和 View 有很大的不同，两者应用场景不同。大多数 View 能做的事情 SurfaceView 也可以做，但是 SurfaceView 效率更高。Android 的普通常规 View 是在 Android 的主线程中刷新重绘的，SurfaceView 通常会开辟子线程进行页面的重绘和刷新。Android 的 View 绘制过程由 Android 系统控制，刷新机制比较难以控制。而 SurfaceView 支持高频、多线程绘制。当一个 Android 应用的 View 层级比较丰富和互相叠加时，如果仍基于常规 Android View 绘图，那么 View 的绘制更新操作将会变得效率低下，尤其是在需要高速渲染图像的 Android 应用开发场景中。SurfaceView 的窗口刷新不需要重新刷新绘制整个应用程序窗口的全部 View。因此，一些 CPU 密集型的应用，通常会借助 SurfaceView 展开游戏、多媒体（视频）开发，因为如典型的游戏画面每秒刷新整个窗口 View 的频率非常高，如果直接使用 Android 原生的 View，那么将导致整个窗口的 View 及其子 View 全部重新刷新，而使用了 SurfaceView 则可避免这种低效的绘图刷新机制，SurfaceView 可针对性地只在某一片区域或某一块图层上刷新。并且，Android 的常规 View，它适用的更新频率是被 Android 系统主动发起的，原则上 Android 主线程每隔 16 ms 更新一次 UI 界面，而 SurfaceView 适用于图像的被动高频率重绘，因为如果仅仅靠 Android 系统的刷新信号更新绘图界面，在有些高频绘图的游戏中，游戏画面质量会比较差，视觉上看游戏画面有卡顿的感觉。

接下来我们实现一个简单的功能：在一个白色的背景上，绘制一个红色圆圈，该圆圈动态地从小变大。当圆圈的边界快要超越屏幕的宽的时候，把圆圈的半径置 0，开始新一轮的从小变大绘制过程。

首先，像继承普通的 Android View 一样，写一个自定义的 View 继承自 Android 的 SurfaceView。假设该 SurfaceView 名为 MySurfaceView。

```
public classMySurfaceView extends SurfaceView {
    ......
        init();


    private void init() {
        SurfaceHolder holder = this.getHolder();

        final MyTask task = new MyTask(holder);

        holder.addCallback(new SurfaceHolder.Callback() {
            @Override
            public void surfaceCreated(SurfaceHolder surfaceHolder) {
                task.start();
            }

            @Override
            public void surfaceChanged(SurfaceHolder surfaceHolder, int format, int
width, int height) {

            }

            @Override
            public void surfaceDestroyed(SurfaceHolder surfaceHolder) {

            }
        });
    }

    private class MyTask extends Thread {
        private int width;
        private int height;

        private SurfaceHolder surfaceHolder;

        private Paint paint;
        private float radius = 0;

        public MyTask(SurfaceHolder surfaceHolder) {
            this.surfaceHolder = surfaceHolder;
```

```
        paint = new Paint();
        paint.setAntiAlias(true);
        paint.setColor(Color.RED);
        paint.setStyle(Paint.Style.STROKE);
        paint.setStrokeWidth(10f);
    }

    @Override
    public void run() {
        //循环绘制一个从小到大的红色圆圈
        while (true) {
            try {
                Thread.sleep(1);
            } catch (Exception e) {
                e.printStackTrace();
            }

            Canvas canvas = surfaceHolder.lockCanvas();

            width = getWidth();
            height = getHeight();

            //绘图
            canvas.drawColor(Color.WHITE); //背景白色
            canvas.drawCircle(width / 2, height / 2, radius++, paint);
                                                            //绘制红色圆圈

            surfaceHolder.unlockCanvasAndPost(canvas);

            //如果半径大于边界,置0,使得圆圈的绘制重新开始
            if (radius >= (width / 2)) {
                radius = 0;
            }
        }
    }
}
}
```

本例代码中,surfaceCreated是在SurfaceView初始化创建成功后的回调函数。本例在surfaceCreated中专门开启了一个普通的Java线程MyTask,专门在线程中绘制位于SurfaceView中的红色圆圈。

通常所说的通过 SurfaceView 绘图，主要是围绕从 SurfaceView 获得的 SurfaceHolder 展开的。SurfaceHolder 相当于是对 SurfaceView 进行操作的句柄。通过 SurfaceView 自己的 getHolder()函数拿到 SurfaceHolder，然后就给 SurfaceHolder 添加重要的绘图回调函数 addCallback，在这里观测和进行绘图操作。

在 SurfaceHolder 的回调函数 addCallback 中，比较重要的是 surfaceCreated。从这个函数的名字可以得知，Surface 已经创建成果，系统通知开发者可以开始绘图了。由此，本例在 surfaceCreated 中开启线程任务执行绘制圆圈的工作。

接下来，在 MyTask 中，通过 MyTask 的构造函数，把 SurfaceHolder 对象实例传递过去。众所周知，Android 绘图需要基本的画布(Canvas)以及画笔(Paint)。画笔的创建不依赖其他先决条件可直接构造，但是画布却和 View 的上下文密切相关。

在常规的 Android View 中绘图，通常做法就是重写 onDraw 函数，由此在 onDraw 函数的参数中直接提取画布。但是基于 SurfaceView 的绘图不能这么做，因为这样就使得 SurfaceView 的绘图工作退化成一般的 View 绘图，彰显不出 SurfaceView 的优势。

那么怎么获得 SurfaceView 的画布呢？这正是 MyTask 把 SurfaceHolder 传递过来的原因，SurfaceHolder 在执行 SurfaceView 绘制前，将锁定绘制区域，进而拿到一块将要绘图的目标画布区域：

```
canvas = surfaceHolder.lockCanvas();
```

通过 lockCanvas 获得的画布，就是开发者可以随心所欲画图的小天地。绘图结束后，需要释放锁，因此执行语句：

```
surfaceHolder.unlockCanvasAndPost(canvas);
```

自定义好的 MySurfaceView 可以当作普通的 View 使用。

总结起来，SurfaceView 的开发要点有三点。

① 给 SurfaceHolder 增加回调函数 addCallback。

② 在回调函数 addCallback 的 surfaceCreated 时机开始绘图。

③ SurfaceView 通过 lockCanvas 获得画图的画布。

当 SurfaceView 寄宿的窗口处于可见状态时，Surface 实例也会被创建。Surface 有自己的生命周期，开发者需要实现 SurfaceHolder 的创建函数 surfaceCreate 与销毁函数 surfaceDestroyed 来判断 Surface 创建以及销毁的时机。

15.4　TextureView 与 SurfaceTexture 实现相机拍照

Android 4.0(API14)中引入了 TextureView，TextureView 是对 SurfaceView 的增强和补充。SurfaceView 最大的不利之处在于，它无法对 SurfaceView 代表的图形图像进行平移、缩放、透明渐变、旋转操作等。如果基于 SurfaceView 做视频类软件的开发，这就带来了麻烦。视频播放中，往往要对图像的比例进行调整和缩放，而SurfaceView恰恰无法直接实现这些功能，并且SurfaceView也不能摆放在滑动的视图中（如在ListView或者RecyclerView中）。因此，需要引入新的TextureView解决这些问题。

SurfaceView和TextureView不与Android主窗口共享绘图界面，SurfaceView和TextureView的绘制过程与其他常规的View相互独立、互不影响。SurfaceView和TextureView的绘制可以放到单独的线程中处理，这样就不会消耗主线程宝贵的时间资源，也不会影响主线程其他代码操作，这使得App整体运行更为顺畅。

TextureView的开发和SurfaceView类似，基本技术路线是通过对TextureView注册监听事件，得到用于渲染的SurfaceTexture。以常见的相机拍照为例说明，下面代码实现相机预览，并在用户调用take方法后拍摄一张照片保存成图片文件。

```
public classMyTextureView extends TextureView {
    private Camera mCamera;

    ……

    private void init() {
        mCamera = Camera.open();

        this.setSurfaceTextureListener(new SurfaceTextureListener() {

            @Override
            public void onSurfaceTextureAvailable(SurfaceTexture surfaceTexture, int
                                                    width, int height) {
                try {
                    mCamera.setPreviewTexture(surfaceTexture);
                    mCamera.startPreview();
                } catch (Exception e) {
                    e.printStackTrace();
                }
            }

            @Override
            public void onSurfaceTextureSizeChanged(SurfaceTexture surfaceTexture,
                                                    int width, int height) {

            }
```

```
            @Override
            public boolean onSurfaceTextureDestroyed(SurfaceTexture surfaceTexture) {
                mCamera.stopPreview();
                mCamera.release();
                mCamera = null;

                return true;
            }

            @Override
            public void onSurfaceTextureUpdated(SurfaceTexture surfaceTexture) {

            }
        });
    }

    /**
     * 提供给外部调用的拍照动作,当此方法调用后,即拍摄一张照片并保存成图片文件
     */
    public void take() {
        if (mCamera != null)
            mCamera.takePicture(null, null, mPictureCallback);
    }

    Camera.PictureCallback mPictureCallback = new Camera.PictureCallback() {
        @Override
        public void onPictureTaken(byte[] data, Camera camera) {
            mCamera.stopPreview();

            new FileSaver(data).save();
        }
    };

    private class FileSaver implements Runnable {
        private byte[] buffer;

        public FileSaver(byte[] buffer) {
            this.buffer = buffer;
        }

        public void save() {
```

```
            new Thread(this).start();
        }

        @Override
        public void run() {
            try {
                File file = new File(Environment.getExternalStoragePublicDirectory(En-
                                    vironment.DIRECTORY_DCIM), "zhangphil.png");
                file.createNewFile();

                FileOutputStream os = new FileOutputStream(file);
                BufferedOutputStream bos = new BufferedOutputStream(os);

                Bitmap bitmap = BitmapFactory.decodeByteArray(buffer,0,buffer.length);
                bitmap.compress(Bitmap.CompressFormat.PNG, 100, bos);

                bos.flush();
                bos.close();
                os.close();

                Log.d("照片已保存", file.getAbsolutePath());

                //照片已经保存好,重新启动相机接受相机拍照动作
                mCamera.startPreview();
            } catch (Exception e) {
                e.printStackTrace();
            }
        }
    }
}
```

MyTextureView 继承 TextureView,可以当作普通的 View 使用。由于本例代码中用到了系统的相机和存储功能,因此需要添加相应相机和存储读取权限。MyTextureView 直接继承自 TextureView,在 MyTextureView 里面,程序代码给 TextureView 设置监听事件 setSurfaceTextureListener,然后在 onSurfaceTextureAvailable 等待提取系统准备好的 SurfaceTexture。SurfaceTexture 是 TextureView 绘图的入口。拿到 SurfaceTexture,就相当于拿到了 SurfaceView 的 SurfaceHolder。

本例要把 SurfaceTexture 传递给相机对象实例,告知相机把 SurfaceTexture 作为预览容器:

```
mCamera.setPreviewTexture(surfaceTexture);
```

接着启动相机预览。take 方法是暴露给外部代码拍照的动作入口。外部程序代码在构建完 MyTextureView，拿到 MyTextureView 对象实例后，即可调用 MyTextureView 的公共函数 take 开始拍照。

我们简单梳理一下 Android 相机拍照的流程，如图 15-3 所示。

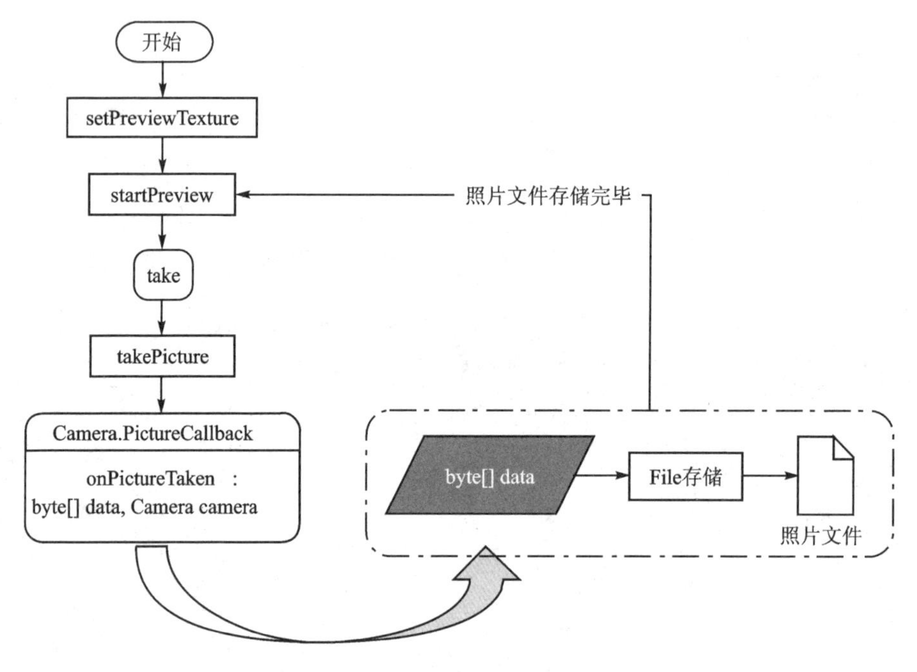

图 15-3　拍照过程的流程图

当 take 方法被调用后，相机调用 takePicture 函数，takePicture 函数里面需要传递一个 Camera. PictureCallback 回调对象。该对象最重要的方法 onPictureTaken 将返回照片的字节数据 data，data 存放了照片的原始图像数据。接下去，问题就转变为一个普通的字节数据如何保存成 Java 的本地 File 的文件 I/O 任务，文件的存储过程注意需要线程化。

TextureView 的一些方法很有用，如下所示：

- setAlpha：对图像进行透明渐变。
- setRotation：旋转图形。
- setScaleX：在 *X* 坐标轴方向缩放图形。
- setScaleY：在 *Y* 坐标轴方向缩放图形。

借助 setScaleX 和 setScaleY 可以实现对图形图像的缩放，setScaleX 和 setScaleY 可以缩放画面的宽和高，因此常见的视频屏幕自适配 16∶9、4∶3、全屏等不同屏幕尺寸比例的需求。

15.5 TextureView 与 MediaPlayer 实现视频播放

在前一节的基础上，本节再介绍利用 TextureView 实现视频播放。前一节是自定义一个 MyTextureView 继承自 TextureView，作为盛放相机采集到的图像的容器界面。本节换一种玩法，直接使用 TextureView。先看下面一段代码。

```
public classMainActivity extends AppCompatActivity {

private MediaPlayer mMediaPlayer;

@Override
protected void onCreate(Bundle savedInstanceState) {
    super.onCreate(savedInstanceState);

    TextureView textureView = new TextureView(this);
    setContentView(textureView);

    textureView.setSurfaceTextureListener(new TextureView.SurfaceTextureListener() {
        @Override
        public void onSurfaceTextureAvailable(SurfaceTexture surface, int width,
                                              int height) {
            Surface mSurface = new Surface(surface);
            player(mSurface);
        }

        @Override
          public void onSurfaceTextureSizeChanged ( SurfaceTexture surface, int
                                                    width, int height) {

        }

        @Override
        public boolean onSurfaceTextureDestroyed(SurfaceTexture surface) {
            mMediaPlayer.stop();
            mMediaPlayer.release();

            return false;
        }

        ......
```

```
            });
        }

        private void player(Surface surface) {
            try {
                 File file = new File(Environment.getExternalStorageDirectory() + "/
video.mp4");

                mMediaPlayer = new MediaPlayer();
                mMediaPlayer.setDataSource(file.getAbsolutePath());
                mMediaPlayer.setSurface(surface);
                mMediaPlayer.setAudioStreamType(AudioManager.STREAM_MUSIC);
                mMediaPlayer.setOnPreparedListener(new MediaPlayer.OnPreparedListener() {
                    @Override
                    public void onPrepared(MediaPlayer mp) {
                        mMediaPlayer.start();
                    }
                });
                mMediaPlayer.prepare();
            } catch (Exception e) {
                e.printStackTrace();
            }
        }
    }
```

本例直接把 TextureView 作为一个 View，通过 setContentView 放到整个窗口中。前一节已经强调过，使用 TextureView 编程开发，首先需要获取 SurfaceTexture。因此，给 TextureView 注册监听事件 setSurfaceTextureListener，在 setSurfaceTextureListener 的 onSurfaceTextureAvailable 函数中，等待 Android 系统把 SurfaceTexture 准备好以供使用。

Android 的 MediaPlayer 需要 Surface 作为试图的容器界面。本例中负责播放视频的 player 函数需要获得传入的 Surface，程序代码在 onSurfaceTextureAvailable 中把 Surface 构造好，传递给 player 播放使用。

在 player 函数里面，最关键的是把 Surface 配置给 MediaPlayer：

```
    mMediaPlayer.setSurface(surface);
```

剩余的工作就是配置好 Android 的 MediaPlayer 播放器，然后加载一个具体的视频文件，调用 MediaPlayer 播放之。

因为要播放本地视频文件，所以要增加相应的读写存储设备的权限。另外，本例所播放的 video.mp4 文件，需要事先放置到外部存储器的根目录下。

15.6 小 结

如今移动互联网时代，很多信息、交易、资讯等都像给自己帖了标签一样，均可以生成二维码，凭借这个二维码，普通用户可以无障碍地访问和通行，因此 Android App 的二维码(或条形码)扫描识别技术也应运而生。二维码扫描的可选技术方案很多，有一些是比较成熟稳定的，比如像业界的 ZXing，其作为二维码和条形码的先驱之一，在多年前的条形码时代，就已经开发设计出了良好的扫描技术。ZXing 作为扫码技术的先驱者，又接续设计出二维码扫描技术，更重要的是 ZXing 是开源系统，ZXing 全套的源代码可以在 github 上轻松获取。业界其他开发者借鉴了 ZXing 的思想和技术，催生出了各具特色的二维码扫描解决方案，开发者可结合自己项目的实情酌情选取使用。若 ZXing 提高的技术或者解决方案不够用，开发者可以把本章介绍的几个二维码扫描框架源代码拉下来，再做二次深度定制化开发，以适应自己项目的需要。

Surface 的英文意思是表面、表层，SurfaceView 顾名思义是表面表层的 View，它是和 Android 常规的 View 很不同的一种 View。打个比方，Android 的普通常规 View 及其子类是浮在窗口上的，而 SurfaceView 则像是在窗口上打穿了一个洞，就在这个洞的区域内，SurfaceView 绘制它自己的图形图像。SurfaceView 继承自 View，是 View 的子类。鉴于 SurfaceView 的高效，SurfaceView 特别适合制作游戏。TextureView 可谓是 SurfaceView 的增强和改进，大大提升了绘制和操作图形的能力。

在 Android 上实现图形绘制时，开发者可使用系统原生 View 及其派生子 View 或者自定义的 View，来满足大部分场景下的 UI 实现。然而要注意的是，不管是系统原生 View 及其子类，还是开发者自定义的 View，开发者都无法控制其绘制过程和速率。在设计的机制上，开发者可以通过调用 View 的 invalidate 重新唤起 View 画图(onDraw)，但 Android 系统则是通过发生系统信号对可见区域的图形 UI 进行重绘，这也是通常所理解的“刷新”。刷新时间为 16 ms。若在这个很短的刷新时间里面代码比较多，执行时间过长，那就会造成体验上的卡顿。特别是，若当前界面是高分辨率的视频或者游戏，高频的绘图仍基于常规的 Android View，这无疑就是一场灾难。有鉴于此，就必须考虑使用 SurfaceView 或 TextureView 这样的“表层 View”了。若采用 SurfaceView 或 TextureView，那么绘图处理就可以随心所欲地被开发者自己的代码操纵，可以简单理解为 SurfaceView 或 TextureView 的绘图机制有特定线程维护，它们的刷新和绘制机制和 Android 常规 View 不同，它们特别适合视频和游戏类的画帧绘制。

然而 SurfaceView 自身虽然强大，但是也有一些限制甚至是短板。正是由于 SurfaceView 所绘制的图形图像不依附于 App 的窗口，因此 SurfaceView 连 Android 常规 View 都具备的如平移、缩放、旋转、透明等位移变换都无法完成，以及常常使用的透明控制函数 setAlpha(),SurfaceView 也没有。为了弥补 SurfaceView 在这方面的不足,从 Android 4.0 开始,系统引入了新式的 TextureView。Textureview 有赖于硬件加速的窗口。TextureView 与 SurfaceView 极为相似,甚至两者在某些时候可以互相转换和操作。不过,TextureView 可以像普通的 View 一样进行变换、缩放、位移、透明度渐变等操作,这使得 TextureView 比 SurfaceView 功能更为强大,适用范围更广。

第16章

蓝牙网络通信技术

蓝牙是一种无线通信技术标准，蓝牙实现了固定设备、移动通信设备和楼宇个人域网等具备通信能力的数字终端在短距离内的网络数据通信。蓝牙使用2.4～2.485 GHz的ISM波段的UHF无线电波。蓝牙网络通信如今是移动设备（如手机）中普遍具备的一种通信能力，现在的手机中标准配置了蓝牙通信模块，蓝牙网络通信功耗低，适合近距离通信和数据传输。

Android平台提供了丰富的蓝牙通信相关的系统API，通过这些API可实现以下这些通信操作。

- 打开或关闭蓝牙设备终端。
- 扫描周边近距离范围内的其他蓝牙设备终端。
- 获得配对的蓝牙设备终端。
- 通过蓝牙服务发现其他通信设备终端。
- 建立蓝牙通信设备终端的连接通道进行数据传输。

基于蓝牙技术的两个设备进行通信，其中一个蓝牙设备终端需要设为主，另外一个设为从，形成主-从模式。蓝牙通信最常使用Java Socket套接字编程模型实现蓝牙通信。蓝牙网络通信的模型和逻辑比较清晰，通常一个蓝牙设备作为服务端，另一个蓝牙设备作为客户端，服务端建立后等待客户端连接，客户端启动扫描发现开放的服务端，然后客户端发送连接请求，服务端响应客户端的连接请求。如果允许连接建立，服务端则返回BluetoothSocket套接字维持和管理与客户端的网络连接，此时服务端与客户端就可以进行数据传输。

实现蓝牙通信首先需要扫描发现其他设备，进行配对，然后建立连接，才能进行互联通信。从网络通信的编程模型上划分，该逻辑大致可以划分为4个阶段：

- 发现蓝牙设备；
- 配对蓝牙设备；
- 连接蓝牙设备；
- 最终，建立连接管道进行蓝牙网络数据传输。

本章将围绕蓝牙通信的各个阶段和过程，逐步展开和介绍蓝牙通信的关键技术内容。

16.1 发现蓝牙设备

Android 蓝牙作为外接设备，要与其他蓝牙设备互联，前置条件就是该设备自身已经被发现，以下介绍蓝牙设备的发现。

1. 检测是否支持蓝牙功能模块

首先检查设备自身硬件是否具备蓝牙功能模块。如果设备自身硬件就没有蓝牙功能模块，巧妇难为无米之炊，就无法进行蓝牙网络通信。检查设备是否支持蓝牙，关键代码片段如下：

```
mBluetoothAdapter = BluetoothAdapter.getDefaultAdapter();

// 检查设备是否支持蓝牙设备
if (mBluetoothAdapter == null) {
    Log.d(TAG, "设备不支持蓝牙");

    // 不支持蓝牙，退出
    return;
}
```

BluetoothAdapter 代表设备上的蓝牙适配器，是蓝牙通信的编程开发接入点。开发者通过 BluetoothAdapte 发现周边其他蓝牙设备，或者查询已成功配对的蓝牙设备列表，实例化 BluetoothDevice 蓝牙设备，或者构建 BluetoothServerSocket 开启服务，接受其他蓝牙设备的通信请求。

2. 开启蓝牙功能

如果设备上有蓝牙功能模块，但此时用户尚未打开蓝牙开关，那么代码应启动一个系统调用，弹出系统打开蓝牙对话框，让用户手动打开蓝牙功能。关键代码片段如下：

```
//如果用户的设备没有开启蓝牙，则弹出开启蓝牙设备的对话框，让用户开启蓝牙
if (! mBluetoothAdapter.isEnabled()) {
    Log.d(TAG, "请求用户打开蓝牙");

    Intent enableBtIntent = new Intent(BluetoothAdapter.ACTION_REQUEST_ENABLE);
    startActivityForResult(enableBtIntent, REQUEST_ENABLE_BT);
    // 接下去，再 onActivityResult 回调判断
}
```

3. 发现周边近距离范围内的蓝牙设备终端

以上就绪后（设备上有蓝牙硬件模块，且蓝牙已经打开），接下来就是启动蓝牙扫

描,扫描设备周围存在的其他蓝牙设备。蓝牙扫描的代码很简单,就一句代码:startDiscovery()。startDiscovery()返回的是一个布尔值,此值为 true 时仅仅表示 Android 系统已经启动蓝牙的扫描过程,这个扫描过程是一个异步过程。为了得到扫描结果,在一个广播接收器中异步接收 Android 系统发送的扫描结果,关键代码片段如下:

```
//广播接收发现蓝牙设备
private BroadcastReceiver mReceiver = new BroadcastReceiver() {

    @Override
    public void onReceive(Context context, Intent intent) {
        String action = intent.getAction();

        if (BluetoothAdapter.ACTION_DISCOVERY_STARTED.equals(action)) {
            Log.d(TAG, "开始扫描...");
        }

        if (BluetoothDevice.ACTION_FOUND.equals(action)) {
            BluetoothDevice device = intent.getParcelableExtra(BluetoothDevice.EX-
TRA_DEVICE);
            if (device != null) {
                // 添加到 ListView 的 Adapter
                mAdapter.add("设备名:" + device.getName() + "\n 设备地址:" + de-
vice.getAddress());
                mAdapter.notifyDataSetChanged();
            }
        }

        if (BluetoothAdapter.ACTION_DISCOVERY_FINISHED.equals(action)) {
            Log.d(TAG, "扫描结束.");
        }
    }
};
```

以上代码在一个 MainActivity.Java 文件中:

```
public class MainActivity extends Activity implements View.OnClickListener {
    ......

    // 广播接收发现蓝牙设备
    private BroadcastReceiver mReceiver = new BroadcastReceiver() {
        @Override
```

```
            public void onReceive(Context context, Intent intent) {
                String action = intent.getAction();

                if (BluetoothAdapter.ACTION_DISCOVERY_STARTED.equals(action)) {
                    Log.d(TAG, "开始扫描...");
                }

                if (BluetoothDevice.ACTION_FOUND.equals(action)) {
                     BluetoothDevice device = intent.getParcelableExtra(BluetoothDe-
vice.EXTRA_DEVICE);
                    if (device != null) {
                        // 添加到 ListView 的 Adapter
                        mAdapter.add("设备名:" + device.getName() + "\n 设备地址:" +
device.getAddress());
                        mAdapter.notifyDataSetChanged();
                    }
                }

                if (BluetoothAdapter.ACTION_DISCOVERY_FINISHED.equals(action)) {
                    Log.d(TAG, "扫描结束.");
                }
            }
        };

        @Override
        protected void onCreate(Bundle savedInstanceState) {
            super.onCreate(savedInstanceState);
            setContentView(R.layout.activity_main);

            ......

            // 注册广播接收器
            // 接收蓝牙发现
            IntentFilter filterFound = new IntentFilter(BluetoothDevice.ACTION_FOUND);
            registerReceiver(mReceiver, filterFound);

            IntentFilter filterStart = new IntentFilter(BluetoothAdapter.ACTION_DISCOV-
ERY_STARTED);
            registerReceiver(mReceiver, filterStart);
            IntentFilter filterFinish = new IntentFilter(BluetoothAdapter.ACTION_DIS-
                                                         COVERY_FINISHED);
```

```
    registerReceiver(mReceiver, filterFinish);

    mAdapter = new ArrayAdapter <> (this, android.R.layout.simple_list_item_1,
                                    android.R.id.text1);
    ((ListView) findViewById(R.id.listView)).setAdapter(mAdapter);

    ……
}

@Override
public void onClick(View view) {
    switch (view.getId()) {
        case R.id.init:
            init();

        case R.id.discovery:
            discovery();

        case R.id.enable_discovery:
            enable_discovery();
    }
}

// 初始化蓝牙设备
private void init() {
    mBluetoothAdapter = BluetoothAdapter.getDefaultAdapter();

    // 检查设备是否支持蓝牙设备
    if (mBluetoothAdapter == null) {
        Log.d(TAG, "设备不支持蓝牙");

        // 不支持蓝牙,退出
        return;
    }

    // 如果用户的设备没有开启蓝牙,则弹出开启蓝牙设备的对话框,让用户开启蓝牙
    if (! mBluetoothAdapter.isEnabled()) {
        Log.d(TAG, "请求用户打开蓝牙");
        Intent enableBtIntent = new Intent(BluetoothAdapter.ACTION_REQUEST_ENABLE);
        startActivityForResult(enableBtIntent, REQUEST_ENABLE_BT);
        // 接下去,在 onActivityResult 回调判断
```

```
        }
    }

    // 启动蓝牙发现
    private void discovery() {
        if (mBluetoothAdapter == null) {
            init();
        }

        mBluetoothAdapter.startDiscovery();
    }

    // 可选方法,非必须
    // 此方法使自身的蓝牙设备可以被其他蓝牙设备扫描到
    // 注意时间阈值,0~3 600 s
    // 通常设置时间为 120 s
    private void enable_discovery() {
        Intent discoverableIntent = new Intent(BluetoothAdapter.ACTION_REQUEST_DIS-
                                    COVERABLE);

        // 第二个参数可设置的范围是 0~3 600 s,在此时间区间(窗口期)内可被发现
        // 任何不在此区间的值都将被自动设置成 120 s
        discoverableIntent.putExtra(BluetoothAdapter.EXTRA_DISCOVERABLE_DURATION, 3600);

        startActivity(discoverableIntent);
    }

        ......
}
```

Android 6.0+以上高版本系统需要在运行时申请蓝牙权限,否则会导致无法发现蓝牙设备问题。

在 AndroidManifest.xml 里面需要增加的蓝牙权限如下:

```
<uses-permission android:name="android.permission.ACCESS_COARSE_LOCATION" />
<uses-permission android:name="android.permission.BLUETOOTH" />
<uses-permission android:name="android.permission.BLUETOOTH_ADMIN" />
```

打算进行通信的蓝牙设备终端双方互相发现对方,是通信的前提。互相发现后,两者还需要做一次配对,下节将介绍蓝牙设备在发现彼此后的配对。

16.2 Paired Bluetooth Devices:蓝牙设备配对

蓝牙配对是在彼此发现对方后进行的操作,是为了下一步建立连接、数据传输做准备工作。不同蓝牙设备进行配对时,通常会显示如图 16-1 所示的配对提示(前提是已经打开蓝牙设备且已经互相发现对方)。

例如,当一个手机和一台具有蓝牙功能的笔记本电脑进行配对时,配对过程中的手机端会出现如图 16-1 所示的情形。

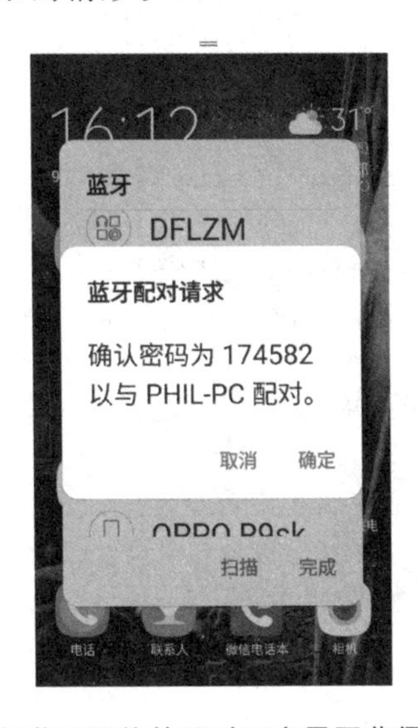

图 16-1 进行蓝牙通信的配对双方需要获得用户授权允许

与此同时,在蓝牙配对这个过程中,笔记本电脑上(具备蓝牙功能模块)会弹出对话框,要求确认蓝牙连接配对,如图 16-2 所示。

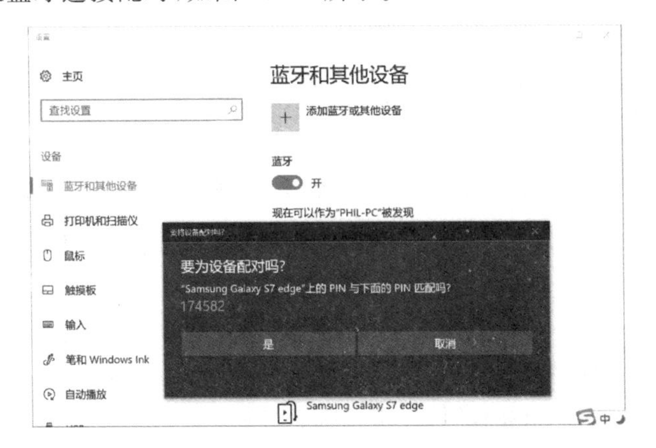

图 16-2 配对过程中的笔记本电脑端提示

图 16－1 和图 16－2 展示了一个 Android 设备主动发起对一台笔记本电脑进行蓝牙配对的对话。

蓝牙设备在配对过程中，Android 代码无法掌控，用户需要手动操作确认同意配对。在配对完成后，Android 设备上运行的 Java 代码即可遍历和当前设备已经配对的蓝牙设备。遍历代码比较简单，如下所示：

```
public classMainActivity extends Activity{

    @Override
    protected void onCreate(Bundle savedInstanceState) {
        super.onCreate(savedInstanceState);

        BluetoothAdapter mBluetoothAdapter = BluetoothAdapter.getDefaultAdapter();

        // 获取和当前 Android 已配对的蓝牙设备
        Set <BluetoothDevice> pairedDevices = mBluetoothAdapter.getBondedDevices();

        if (pairedDevices! = null && pairedDevices.size() > 0) {
            // 遍历
            for (BluetoothDevice device : pairedDevices) {
                // 把已配对的蓝牙设备名字和地址打印出来
                Log.d("已配对蓝牙设备", device.getName() + ":" + device.getAddress());
            }
        }
    }
}
```

代码运行结果输出如图 16－3 所示。

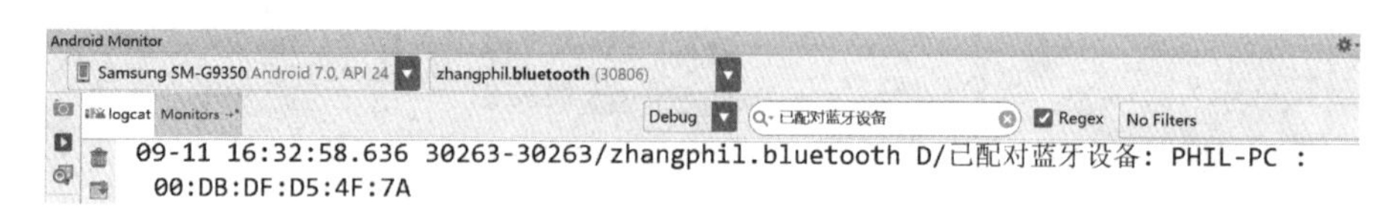

图 16－3　进行蓝牙通信的两个设备终端配对成功后的日志输出

配对完成，遍历已经配对的蓝牙设备，最主要的目的是获取配对集合 Set 中的 BluetoothDevice，从中选取某一特定有意向连接的 BluetoothDevice，从 BluetoothDevice 获得 BluetoothSocket，取出输入输出流，进而进行数据传输。

从蓝牙配对集合中获取某一特定的 BluetoothDevice 进行数据传输，是 Android 蓝牙通信编程实现的一条途径，但并不是唯一途径。

16.3 蓝牙设备连接的建立

进行蓝牙通信的两个设备终端配对成功后，接下来就可以建立蓝牙网络连接。蓝牙设备连接建立过程所具备的编程模型和标准 Java Socket 网络连接编程模型类似。蓝牙的连接建立，也可以在代码逻辑上区分为服务器端和客户端。

16.3.1 Android 蓝牙设备的服务器端

在蓝牙的服务器端，类比 Java 网络编程中的 ServerSocket，Android 的蓝牙服务器端是 BluetoothServerSocket，在一个线程中，开发者可在程序代码中把 BluetoothServerSocket 绑定一个熟知的 UUID(注意，此 UUID 类似 Java 网络编程中的熟知端口号，如 80)，然后等待客户端连接请求(listenUsingRfcommWithServiceRecord)。当 BluetoothServerSocket 接受(accept)客户端的连接请求后，这意味着不同蓝牙设备间传输连接的建立，此时返回一个类似 Java 网络编程的套接字 Socket，不同于 Java Socket 的是，Android 蓝牙的套接字为 BluetoothSocket。

综上所述，Android 蓝牙的服务器连接阶段的编程，大体上可以简化为三个阶段。

第一阶段，绑定地址端口。Android 蓝牙的 BluetoothServerSocket 首先需要在熟知端口进行监听：listenUsingRfcommWithServiceRecord 。简单起见，开发者在程序代码中可以把 BluetoothServerSocket 绑定熟知的蓝牙特殊 UUID：00001101-0000-1000-8000-00805F9B34FB。

第二阶段，等待连接请求。绑定成功后，蓝牙服务器端要做的就是静静地等待接入的蓝牙客户端连接请求。由于服务器端极可能要并发接受、处理若干客户端连接事务，因此开发者可以让程序代码在 while 循环里面做连接请求处理。蓝牙 BluetoothServerSocket 的 accept 类似 Java 的 accept。

第三阶段，建立连接开始数据读写传输。accept 线程阻塞式地等待传入的客户端连接请求，直到一个蓝牙连接请求传入，然后返回一个 BluetoothSocket 实例对象。成功获得 BluetoothSocket 后，就可以如同在 Java 里面操作 Socket 一样进行 I/O 流的读写了。

以上三个阶段关键代码摘要如下：

```
BluetoothServerSocket serverSocket;

serverSocket = mBluetoothAdapter.listenUsingRfcommWithServiceRecord(tag, UUID);

    while (true) {
    BluetoothSocket socket  =  serverSocket.accept();
```

```
        if (socket.isConnected()) {
            //已接受客户的连接
            //线程中处理 socket 的 I/O 流业务逻辑
        }
    }
```

服务器端代码是在阻塞等待、接受客户连接。Server 服务器端的代码如下：

```
    private class ServerThread extends Thread {

        @Override
        public void run() {
            Log.d(TAG, "等待客户端连接...");

            while (true) {
                try {
                    BluetoothSocket socket = serverSocket.accept();

                    BluetoothDevice device = socket.getRemoteDevice();
                    Log.d(TAG, "接受客户端连接，远程设备名：" + device.getName()
+ "，远程设备地址：" + device.getAddress());

                    if (socket.isConnected()) {
                        Log.d(TAG, "已建立与客户端连接.");
                        //后续即可根据 socket 进行 I/O 流读写操作
                    }
                } catch (Exception e) {
                    e.printStackTrace();
                }
            }
        }
    }

    @Override
    protected void onCreate(Bundle savedInstanceState) {
        super.onCreate(savedInstanceState);

        BluetoothAdapter mBluetoothAdapter = BluetoothAdapter.getDefaultAdapter();

        try {
               serverSocket = mBluetoothAdapter.listenUsingRfcommWithServiceRecord
(TAG, UUID.fromString(MY_UUID));
```

```
            new ServerThread().start();
        } catch (Exception e) {
            e.printStackTrace();
        }
    }
......
```

从上面代码可以看到,Android 蓝牙的服务器端代码和普通 Java 网络编程的服务器端代码很类似。

16.3.2 Android 蓝牙客户端

Android 蓝牙客户端发起对服务器端的连接,首先要获得服务器蓝牙设备 BluetoothDevice,该 BluetoothDevice 代表着服务器端的蓝牙设备,然后通过 BluetoothDevice 的 createRfcommSocketToServiceRecord(UUID)返回 BluetoothSocket,调用 BluetoothSocket 的连接方法 connect,connect 是对蓝牙服务器的连接。当 connect 正常返回后,也就意味着两个点到点的不同蓝牙设备数据传输连接建立了。

Android 蓝牙的客户端对服务器端的连接请求建立,关键代码摘要如下:

```
BluetoothDevice device;
BluetoothSocket socket;
socket = device.createRfcommSocketToServiceRecord(UUID);
socket.connect();
```

Android 蓝牙客户端代码如下:

```
public class MainActivity extends Activity {

    // 广播接收发现蓝牙设备
    private BroadcastReceiver mReceiver = new BroadcastReceiver() {

        @Override
        public void onReceive(Context context, Intent intent) {
            String action = intent.getAction();
            if (BluetoothDevice.ACTION_FOUND.equals(action)) {
                BluetoothDevice device = intent.getParcelableExtra(BluetoothDe-
vice.EXTRA_DEVICE);

                if (device != null) {
                    String name = device.getName();
                    Log.d(TAG, "发现设备:" + name);
```

```
                    if (TextUtils.equals(name, "Android - Phone")) {
                        Log.d(TAG, "发现目标设备,开始线程连接!");
                        // 蓝牙搜索是非常消耗系统资源的过程
                        // 一旦发现了目标感兴趣的设备,可以考虑关闭扫描
                        mBluetoothAdapter.cancelDiscovery();

                        new ClientThread(device).start();
                    }
                }
            }
        }
    };

    private class ClientThread extends Thread {
        ......

    @Override
        public void run() {
            BluetoothSocket socket;

            try {
                socket = device.createRfcommSocketToServiceRecord(UUID.fromString
(MY_UUID));

                Log.d(TAG, "连接服务端...");
                socket.connect();
                Log.d(TAG, "连接建立.");
            } catch (Exception e) {
                e.printStackTrace();
            }
        }
    }

    @Override
    protected void onCreate(Bundle savedInstanceState) {
        super.onCreate(savedInstanceState);
        ......
    mBluetoothAdapter = BluetoothAdapter.getDefaultAdapter();

        // 注册广播接收器。接收蓝牙发现信息
        IntentFilter filter = new IntentFilter(BluetoothDevice.ACTION_FOUND);
```

```
            registerReceiver(mReceiver, filter);

            if (mBluetoothAdapter.startDiscovery()) {
                Log.d(TAG, "启动蓝牙扫描设备...");
            }
        }
        ......
    }
```

注意，蓝牙客户端代码如果运行在高版本的 Android 系统（5.0、6.0 或 7.0+），开发者需要在蓝牙程序中申请蓝牙相关权限。

16.3.3 蓝牙设备服务器端与客户端连接

首先要准备两个不同的 Android 设备，以模拟现实场景中的蓝牙通信。当然，这两个 Android 设备必须具备蓝牙功能模块。

① 注意设备的名字。服务器端蓝牙设备名字设置成 Android - Phone。

② 先运行服务器端代码，然后再启动客户端代码。启动代码前，请务必打开蓝牙，同时需将两台设备配对好。特别地，本例代码为了简洁说明 Android 蓝牙连接功能，未做繁复的异常检测。

16.4 蓝牙设备之间的数据传输

前面介绍了 Android 蓝牙设备之间连接的建立。Android 蓝牙设备的 Socket 连接建立后，就可以进行数据传输了。

和 Java 网络编程模型类似，Android 蓝牙数据传输也是基于输入/输出流。在 Java 网络编程中，Socket 套接字可获得输入流（InputStream）、输出流（OutputStream），从而进行服务器端和客户端的点到点数据传输（读和写）。Android 蓝牙数据传输可以认为就是 Java 的流模型的翻版。

在前面介绍的技术内容基础上，更进一步，从已经建立 Socket 套接字的基础上获取输入/输出流，从而完成数据传输。

本例实现一个简单的功能——蓝牙设备服务器端等待客户端连接请求。当外部一个 Android 蓝牙设备传入一个连接请求并与服务器端建立连接后，服务器端就发给客户端一个简单的字符串数据，即经典的“hello，world!”。

为了完成上述简单的字符串传输，就在前几节的实例代码基础上，从已有的 Socket 获取 InputStream 进行数据的读，以及 Server 服务端 OutputStream 数据的写。

先简单描述一下编程模型的逻辑思路划分。

① 蓝牙通信的服务器端。先在一个蓝牙设备上部署服务器端代码,然后在一个while 循环里面等待客户端连接请求。当有客户端请求传入并且建立 Socket 连接后,服务器端就从这个 Socket 获取输出流 OutputStream。至此,问题就简化成一般的 Java 输出流的写操作,然后在这个 OutputStream 写入“hello, world!”。

② 蓝牙通信的客户端。在另外一个蓝牙设备上部署客户端代码。客户端代码扫描获得服务器端设备后,就发起连接,建立 Socket 连接,然后从 Socket 获得 InputStream。到这个阶段,问题就简化成一般的 Java 输入流的读操作,然后直接从输入流 InputStream 把“hello, world!”读出来即可。

上述功能过程的代码(Android 蓝牙服务器端)如下:

```
    public class MainActivity extends Activity {
            ……

        private class ServerThread extends Thread {

            @Override
            public void run() {
                Log.d(TAG, "等待客户端连接...");

                while (true) {
                    try {
                        BluetoothSocket socket = serverSocket.accept();

                        BluetoothDevice device = socket.getRemoteDevice();
                        Log.d(TAG, "接受客户端连接 ,远程设备名:" + device.getName()
+ ",远程设备地址:" + device.getAddress());

                        if (socket.isConnected()) {
                            Log.d(TAG, "已建立与客户端连接.");

                            //后续即可根据 socket 进行 I/O 流读写操作
                            sendDataToClient(socket);
                        }
                    } catch (Exception e) {
                        e.printStackTrace();
                    }
                }
            }
        }
```

```
    @Override
    protected void onCreate(Bundle savedInstanceState) {
        super.onCreate(savedInstanceState);

        BluetoothAdapter mBluetoothAdapter = BluetoothAdapter.getDefaultAdapter();

        try {
                serverSocket = mBluetoothAdapter.listenUsingRfcommWithServiceRecord
(TAG, UUID.fromString(MY_UUID));
            new ServerThread().start();
        } catch (Exception e) {
            e.printStackTrace();
        }
    }

    // 蓝牙服务端发送简单的一个字符串 hello,world! 给连接的客户
    private void sendDataToClient(BluetoothSocket socket) {
        String s = "hello , world !";
        byte[] buffer = s.getBytes();

        try {
            OutputStream os = socket.getOutputStream();
            os.write(buffer);
            os.flush();

            Log.d(TAG, "服务端数据发送完毕!");

            os.close();
            socket.close();
        } catch (Exception e) {
            e.printStackTrace();
        }
    }
}
```

服务器端程序代码启动运行后的输出日志如下：

```
09-12 15:27:39.525 27576-27603/zhangphil.bluetooth D/zhangphil:接受客户端连接，远程设备名:Coolpad 8739，远程设备地址:F6:D0:16:12:33:13
09-12 15:27:39.525 27576-27603/zhangphil.bluetooth D/zhangphil:已建立与客户端连接.
09-12 15:27:39.525 27576-27603/zhangphil.bluetooth D/zhangphil:服务端数据发送完毕!
```

相应的蓝牙客户端代码如下：

```
public class MainActivity extends Activity {
    ……

    // 广播接收发现蓝牙设备
    private BroadcastReceiver mReceiver = new BroadcastReceiver() {

        @Override
        public void onReceive(Context context, Intent intent) {
            String action = intent.getAction();
            if (BluetoothDevice.ACTION_FOUND.equals(action)) {
                BluetoothDevice device = intent.getParcelableExtra(BluetoothDe-
vice.EXTRA_DEVICE);

                if (device != null) {
                    String name = device.getName();
                    Log.d(TAG, "发现设备:" + name);

                    if (TextUtils.equals(name, "Android-Phone")) {
                        Log.d(TAG, "发现目标设备,开始线程连接!");
                        // 蓝牙搜索是非常消耗系统资源的过程
                        // 一旦发现了目标感兴趣的设备,可以考虑关闭扫描
                        mBluetoothAdapter.cancelDiscovery();

                        new ClientThread(device).start();
                    }
                }
            }
        }
    };

    private class ClientThread extends Thread {
        ……

        @Override
        public void run() {
            BluetoothSocket socket;

            try {
                socket = device.createRfcommSocketToServiceRecord(UUID.fromString
(MY_UUID));
```

```
                Log.d(TAG, "连接服务端...");
                socket.connect();
                Log.d(TAG, "连接建立.");

                readDataFromServer(socket);
            } catch (Exception e) {
                e.printStackTrace();
            }
        }
    }

    private void readDataFromServer(BluetoothSocket socket) {
        byte[] buffer = new byte[64];
        try {
            InputStream is = socket.getInputStream();

            int cnt = is.read(buffer);
            is.close();
            socket.close();

            String s = new String(buffer, 0, cnt);
            Log.d(TAG, "收到服务端数据:" + s);
        } catch (Exception e) {
            e.printStackTrace();
        }
    }

    @Override
    protected void onCreate(Bundle savedInstanceState) {
        super.onCreate(savedInstanceState);

        ……

        mBluetoothAdapter = BluetoothAdapter.getDefaultAdapter();

        // 注册广播接收器。接收蓝牙发现信息
        IntentFilter filter = new IntentFilter(BluetoothDevice.ACTION_FOUND);
        registerReceiver(mReceiver, filter);

        if (mBluetoothAdapter.startDiscovery()) {
            Log.d(TAG, "启动蓝牙扫描设备...");
```

```
            }
        }

        ……

    }
```

客户端程序运行后,会收到服务器端发来的数据,如下所示:

```
    09 - 12 15:27:07.574 22476 - 22476/zhangphil.client D/zhangphil:发现设备:Android
- Phone
    09 - 12 15:27:07.574 22476 - 22476/zhangphil.client D/zhangphil:发现目标设备,开始线
程连接!
    09 - 12 15:27:07.580 22476 - 22566/zhangphil.client D/zhangphil:连接服务端...
    09 - 12 15:27:07.580 22476 - 22566/zhangphil.client W/BluetoothAdapter: getBluetooth-
Service() called with no BluetoothManagerCallback
    09 - 12 15:27:09.502 22476 - 22566/zhangphil.client D/zhangphil:连接建立.
    09 - 12 15:27:09.512 22476 - 22566/zhangphil.client D/zhangphil:收到服务端数据:hello
, world !
```

注意运行服务器端代码和客户端代码的过程和细节。首先,两台 Android 设备必须开启蓝牙功能,然后两台设备配套完成。之后,先启动本例蓝牙服务器端的代码,然后再启动蓝牙客户端的代码。

16.5 手机端通过蓝牙发送文件到电脑端

前几节的蓝牙开发中,介绍的是 Android 手机之间如何通过蓝牙建立连接然后通信。在日常生活中,手机用户还有一种比较常见的需求是,通过蓝牙网络把 Android 手机中的文件传输到电脑(比如 Windows 操作系统的电脑)上,或者反之,把电脑上的文件通过蓝牙网络传输到 Android 手机中。

比如一个典型的使用蓝牙的场景:用户通过 Android 手机拍完照,然后通过 Android 手机蓝牙连接到电脑端(这台电脑必须具备蓝牙功能),接着把照片传到电脑上。作为开发者,如何基于 Android 编程实现这种功能呢?本节开始,以 Android 手机通过蓝牙网络把一张照片传输到 Windows 电脑上为例,介绍如何在 Android 手机和 Windows 电脑间传输文件。

Android 手机和 Windows 电脑之间传输文件的编程模型,首先要区分服务器端和客户端,至于谁做服务器端,谁做客户端,不是固定不变的。本例中,把 Windows 电脑端作为蓝牙服务器端,用 Java 实现一个 Windows 电脑上的蓝牙服务器程序,这个在 Windows 电脑上运行的蓝牙服务器端程序暂且命名为 BluetoothJavaServer。

基于桌面的 Java 标准编程语言本身并没有实现蓝牙通信功能模块,如果开发者

要在 Windows 电脑上通过 Java 实现蓝牙通信功能,则需要额外引入两个 jar 库。

① bluecove - 2.1.1 - SNAPSHOT.jar(64 位),是一家蓝牙通信厂商开发出来的蓝牙通信功能 Java 实现。该 jar 包的下载链接地址为 http://snapshot.bluecove.org/distribution/download/2.1.1 - SNAPSHOT/2.1.1 - SNAPSHOT.63/。

② commons - io - 2.6.jar,是 Apache 的基础输入/输出流框架包。该 jar 包的下载链接地址为 http://commons.apache.org/proper/commons-io/download_io.cgi。

在自己的 Java 项目中引入上面两个 jar 包,就可以着手编写部署在 Windows 电脑上作为蓝牙服务器端的 BluetoothJavaServer.java。其代码如下:

```
public class BluetoothJavaServer {
//蓝牙服务器端的 UUID 必须和手机端的 UUID 一致
//手机端的 UUID 需要去掉中间的 - 分割符
private String MY_UUID = "0000110100001000800000805F9B34FB";

public static void main(String[] args) {
    new BluetoothJavaServer();
}

public BluetoothJavaServer() {
    StreamConnectionNotifier mStreamConnectionNotifier = null;

    try {
        mStreamConnectionNotifier = (StreamConnectionNotifier) Connector.open
("btspp://localhost:" + MY_UUID);
    } catch (Exception e) {
        e.printStackTrace();
    }

    try {
        System.out.println("服务器端开始监听客户端连接请求...");
        while (true) {
            StreamConnection connection = mStreamConnectionNotifier.acceptAndOpen();
            System.out.println("接受客户端连接");

            new ClientThread(connection).start();
        }
    } catch (Exception e) {
        e.printStackTrace();
```

```
        }
    }

    /**
     * 开启一个线程专门从与客户端蓝牙设备中读取文件数据,并把文件数据存储到本地
     */
    private class ClientThread extends Thread {
        private StreamConnection mStreamConnection = null;

        public ClientThread(StreamConnection sc) {
        mStreamConnection = sc;
    }

    @Override
    public void run() {
        try {
            BufferedInputStream bis = new BufferedInputStream(mStreamConnection.
openInputStream());

            //本地创建一个 image.jpg 文件,接收来自手机客户端发来的图片文件数据
            FileOutputStream fos = new FileOutputStream("image.jpg");

            int c = 0;
            byte[] buffer = new byte[1024];

            System.out.println("开始读数据...");
            while (true) {
                c = bis.read(buffer);
                if (c == -1) {
                    System.out.println("读取数据结束");
                    break;
                } else {
                    fos.write(buffer, 0, c);
                }
            }

            fos.flush();

            fos.close();
            bis.close();
            mStreamConnection.close();
```

```
            } catch (Exception e) {
                e.printStackTrace();
            }
        }
    }
}
```

蓝牙服务端程序 BluetoothJavaServer 在 Windows 电脑上运行起来后，它就监听蓝牙客户端的连接请求。蓝牙服务器端和蓝牙客户端建立连接后，BluetoothJavaServer 程序内部开启一个单独的线程，接收蓝牙客户端发送过来的文件数据，然后将这些数据保存成文件。本例是把蓝牙客户端传输过来的照片数据保存成 image.jpg 文件。

相应地，手机客户端程序 BluetoothClientActivity.java 代码如下：

```
public class BluetoothClientActivity extends AppCompatActivity {
    private BluetoothAdapter mBluetoothAdapter;

    //要连接的目标蓝牙设备(Windows 电脑的名字)
    private final String TARGET_DEVICE_NAME = "PHIL-PC";

    private final String TAG = "蓝牙调试";

    //UUID 必须是 Android 蓝牙客户端和电脑端一致
    private final String MY_UUID = "00001101-0000-1000-8000-00805F9B34FB";

    // 通过广播接收系统发送出来的蓝牙设备发现通知
    private BroadcastReceiver mBroadcastReceiver = new BroadcastReceiver() {
        @Override
        public void onReceive(Context context, Intent intent) {
            String action = intent.getAction();
            if (BluetoothDevice.ACTION_FOUND.equals(action)) {
                BluetoothDevice device = intent.getParcelableExtra(BluetoothDevice.EXTRA_DEVICE);

                String name = device.getName();
                if (name != null)
                    Log.d(TAG, "发现蓝牙设备:" + name);

                if (name != null && name.equals("PHIL-PC")) {
                    Log.d(TAG, "发现目标蓝牙设备,开始线程连接");
                    new Thread(new ClientThread(device)).start();
```

```
                    //蓝牙搜索是非常消耗系统资源的过程,一旦发现了目标感兴趣的
                    //设备,可以关闭扫描
                    mBluetoothAdapter.cancelDiscovery();
                }
            }
        }
    };

    /**
     * 该线程往蓝牙服务器端发送文件数据
     */
    private class ClientThread extends Thread {
        private BluetoothDevice device;

        public ClientThread(BluetoothDevice device) {
            this.device = device;
        }

        @Override
        public void run() {
            BluetoothSocket socket;

            try {
                socket = device.createRfcommSocketToServiceRecord(UUID.fromString
(MY_UUID));

                Log.d(TAG, "连接蓝牙服务端...");
                socket.connect();
                Log.d(TAG, "连接建立.");

                // 开始往服务器端发送数据
                Log.d(TAG, "开始往蓝牙服务器发送数据...");
                sendDataToServer(socket);
            } catch (Exception e) {
                e.printStackTrace();
            }
        }

        private void sendDataToServer(BluetoothSocket socket) {
            try {
                FileInputStream fis = new FileInputStream(getFile());
```

```
                BufferedOutputStream bos = new BufferedOutputStream(socket.getOut-
putStream());

                byte[] buffer = new byte[1024];
                int c;
                while (true) {
                    c = fis.read(buffer);
                    if (c == -1) {
                        Log.d(TAG, "读取结束");
                        break;
                    } else {
                        bos.write(buffer, 0, c);
                    }
                }

                bos.flush();

                fis.close();
                bos.close();

                Log.d(TAG, "发送文件成功");
            } catch (Exception e) {
                e.printStackTrace();
            }
        }
    }

    /**
     * 发给蓝牙服务器的文件
     * 本例发送一张位于存储器根目录下名为 image.jpg 的照片
     * @return
     */
    private File getFile() {
        File root = Environment.getExternalStorageDirectory();
        File file = new File(root, "image.jpg");
        return file;
    }

    /**
     * 获得和当前 Android 蓝牙已经配对的蓝牙设备
     * @return
```

```
    */
    private BluetoothDevice getPairedDevices() {
        Set <BluetoothDevice> pairedDevices = mBluetoothAdapter.getBondedDevices();
        if (pairedDevices != null && pairedDevices.size() > 0) {
            for (BluetoothDevice device : pairedDevices) {
                // 把已经取得配对的蓝牙设备名字和地址打印出来
                Log.d(TAG, device.getName() + " : " + device.getAddress());

                //如果发现目标蓝牙设备和 Android 蓝牙已经配对,则直接返回
                if (TextUtils.equals(TARGET_DEVICE_NAME, device.getName())) {
                    Log.d(TAG, "已配对目标设备→" + TARGET_DEVICE_NAME);
                    return device;
                }
            }
        }

        return null;
    }

    @Override
    protected void onCreate(Bundle savedInstanceState) {
        super.onCreate(savedInstanceState);

        mBluetoothAdapter = BluetoothAdapter.getDefaultAdapter();
        BluetoothDevice device = getPairedDevices();
        if (device == null) {
            // 注册广播接收器
            // 接收系统发送的蓝牙发现通知事件
            IntentFilter filter = new IntentFilter(BluetoothDevice.ACTION_FOUND);
            registerReceiver(mBroadcastReceiver, filter);

            if (mBluetoothAdapter.startDiscovery()) {
                Log.d(TAG, "搜索蓝牙设备...");
            }
        } else {
            new ClientThread(device).start();
        }
    }

    @Override
```

```
    protected void onDestroy() {
        super.onDestroy();
        unregisterReceiver(mBroadcastReceiver);
    }
}
```

由于篇幅所限，这里蓝牙客户端程序省去了运行时蓝牙权限申请。BluetoothClientActivity 在 Android 高版本的第一次运行不会成功，原因是没有授予相关的蓝牙权限和读写存储器权限。读者可以打开手机应用管理设置，授予相关权限，然后再次启动 BluetoothClientActivity 即可。

本例还省去了 Android 客户端选择照片作为要发送的文件代码实现，因此事先在 Android 手机的存储器根目录下放置一张名为 image.jpg 的图片，将其作为 Android 手机要发送到电脑端的文件。

蓝牙客户端程序启动后，首先会检测目标蓝牙设备（名为 PHIL-PC 的蓝牙设备）和当前手机蓝牙是否已经配对。如果没有配对，Android 手机蓝牙客户端则开启蓝牙搜索扫描，搜索名为 PHIL—PC 的目标蓝牙设备，开始建立连接并发送照片文件。如果已经配对，那么就直接发起蓝牙连接请求，并启动一个线程发送照片文件数据到蓝牙服务器端。

可以看到，Android 蓝牙客户端和 Windows 电脑的蓝牙服务器端均有一个绑定 ID。UUID 是 Android 手机蓝牙客户端和 Windows 蓝牙服务器端连接的依据，两端的 UUID 必须一致。本例使用熟知的蓝牙连接 UUID：00001101-0000-1000-8000-00805F9B34FB。在 Windows 的 Java 服务器端代码中，需要去掉 UUID 里面含有的分割线，UUID 变成：0000110100001000800000805F9B34FB。而在 Android 手机蓝牙客户端代码中，UUID 不需要改变，直接使用 00001101-0000-1000-8000-00805F9B34FB。

先运行 Windows 蓝牙服务器端程序 BluetoothJavaServer，BluetoothJavaServer 启动后接收到来自于 Android 手机蓝牙客户端连接请求和照片文件的日志输出：

```
BlueCove version 2.1.1-SNAPSHOT on winsock
服务器端开始监听客户端连接请求...
接受客户端连接
开始读数据...
读取数据结束
```

相应地，Android 手机上运行 BluetoothClientActivity 后，和 Windows 电脑上蓝牙服务器建立连接并发送照片文件，下面是手机端的日志输出：

```
2018-10-19 20:10:39.762 18627-18627/? D/蓝牙调试: PHIL-PC : 44:03:2C:87:28:C7
2018-10-19 20:10:39.764 18627-18627/? D/蓝牙调试: 已配对目标设备→PHIL-PC
2018-10-19 20:10:39.769 18627-18655/? D/蓝牙调试: 连接蓝牙服务端...
```

```
2018-10-19 20:10:41.006 18627-18655/zhangphil.test D/蓝牙调试：连接建立.
2018-10-19 20:10:41.006 18627-18655/zhangphil.test D/蓝牙调试：开始往蓝牙服务器发送数据...
2018-10-19 20:10:46.001 18627-18655/zhangphil.test D/蓝牙调试：读取结束
2018-10-19 20:10:46.456 18627-18655/zhangphil.test D/蓝牙调试：发送文件成功
```

运行本例前，请确保 Android 手机和 Windows 电脑上的蓝牙均处于打开状态。

16.6 小 结

蓝牙通信技术是一种短距离范围内的无线电通信技术。基于蓝牙通信技术的产品丰富多样，使用范围也比较广，如常见的蓝牙耳机、蓝牙音响、蓝牙麦克风、蓝牙录音笔等。

UUID 是蓝牙设备的唯一身份标志物。当有了 UUID 后，蓝牙设备的客户端就知晓该连接到哪一个目的地址的蓝牙服务端设备。

Android 蓝牙设备构建网络连接模型和标准 Java Socket 连接很类似。在 Android 的蓝牙通信 API 中，Java 的 Socket 换成了 Android 平台封装好的 BluetoothSocket。蓝牙服务器端的设计和编程实现思路也和 Java ServerSocket 类似，所以读者如果有 Java 网络编程基础的话，学习 Android 蓝牙网络通信技术会有一种似曾相识的感觉。

借助蓝牙通信技术，可以快速有效地把计算机、移动通信设备等支持蓝牙通信的终端设备组成一个小型通信网络，进行简单的数据通信。蓝牙通信技术解决了在特定环境下的快速组网问题，拓宽了无线通信的领域。

第 17 章

RxJava/RxAndroid 脉络清晰的响应式编程

在 Java 软件设计方案中，RxJava 是一套响应式编程技术，开发者通过 RxJava 技术可异步处理业务数据流。在逻辑上，RxJava 把代码功能逻辑模块划分为观察者（Observer）和被观察者（Observable），以此为基础，以函数的样式形成一系列功能强大的操作符（函数、方法），形成一种针对逻辑和业务发展结果作出响应并输出结果的"响应式编程"，实现业务和逻辑上的链式操作。被观察者是一类发射事件或数据流的类，观察者对被观察者发射出的事件或数据流做出响应。在 RxJava 中，一个被观察者可以有若干个观察者追随，RxJava 中的观察者对被观察者发射出来的结果（或信号）采取响应式的动作，事件或数据流都会被观察者接收并处理。以 RxJava 为代表的这一类响应式编程技术，使大型软件系统设计的组织结构脉络更清晰，这使得 RxJava 作为新型软件设计的基础架构得以迅速推广。

而 RxAndroid 是 RxJava 针对 Android 平台量身定制的一套 RxJava 技术子集。由于 Android 系统开发语言是 Java，自然而然，RxJava 的大多数代码也可以在 Android 系统中运转。但是 Android 系统又有自身的技术特性和规范，因此 RxJava 经过调整，拓展到 Android 平台，形成了 Android 平台上的响应式编程技术 RxJava/RxAndroid 体系。本章将介绍在 Android 平台上的 RxJava 和 RxAndroid 技术。

17.1 RxJava/RxAndroid 技术概论

典型的 RxAndroid 编程设计，基于观察者模式：一个观察者和一个被观察者。被观察者完成计算任务，观察者响应被观察者的计算结果，做出实时响应。被观察者和观察者通过 subscribe 绑定在一起，实现两者链式的数据流动。

本书写作是基于 RxJava 新版本 2.1.8、RxAndroid 版本 2.0.1，通常会概括地说是新版 RxJava/RxAndroid 2，以和旧版 1.0 的 RxJava 及 RxAndroid 区别开来。

新版 RxJava/RxAndroid 中，新增了 Disposable 这一订阅者，相应地也增加了针对 Disposable 的 CompositeDisposable。注册到被观察者的 Disposable，可以通过 CompositeDisposable 集中管理和维护。CompositeDisposable 内部以一个集合存储和管理添加进来的订阅者 Disposable。

在 Android 开发中，网络加载、本地文件或数据库读写等耗时任务经常需要放到后台线程任务执行，执行完毕获取结果后再把数据返还给 Android UI 主线程，因此后台任务执行的所在线程和 Android 的 UI 主线程不同，那最终仍需要把执行任务的线程进行调度和切换，使非 Android UI 主线程的任务执行获得的结果，可以返回给 Android UI 主线程。

在 RxJava/RxAndroid 中，比较重要的线程调度和线程切换由关键函数 subscribeOn 和 observeOn 决定。给 subscribeOn（即打算后台处理耗时操作的线程任务）和 observeOn（即最终后台线程任务执行完毕把结果传递的目标线程，在 Android 中，通常就是 Android UI 主线程）方法传入具体的线程调度对象，可以主动切换异步任务发生的线程为何种线程。

17.1.1 subscribeOn：规定任务执行的线程

执行后台线程任务的线程类型，可以是普通 Java 线程，也可以是计算密集型的线程。RxJava 定义了一些常见的线程类型以满足不同的任务场合。

① Schedulers.newThread()。新起一个普通的 Java 线程执行任务。

② Schedulers.io()。I/O 操作类型的线程任务，如读写本地文件、存取数据库、网络流的 I/O 等。一般的编程任务中，Schedulers.io() 和 Schedulers.newThread() 无本质区别，均可在后台执行耗时线程任务。只是 Schedulers.io() 内部维护有线程池，可使系统给线程任务分配的资源得到有效利用。

③ Schedulers.computation()。计算密集型线程，例如高频的游戏图形图像的绘图渲染、数学计算等，此类线程任务需要密集使用 CPU。

17.1.2 observeOn：配置被观察者发射的事件或数据流导出的线程类型

Android 开发最常用到的是，在 Android UI 主线程中接收后台线程计算结果或者接收后台线程任务执行完毕后传递过来的结果，然后在 Android UI 主线程中做出处理和响应。那么在 Android UI 主线程中取出后台线程任务执行结果的一般写法是：

```
observeOn(AndroidSchedulers.mainThread()),AndroidSchedulers.mainThread()
```

即配置了观察者所在的线程为 Android UI 主线程。

以上对 RxJava/RxAndroid 和技术要点做了概要性介绍，下面写一个简单的例子来说明。

```
public classMainActivity extends AppCompatActivity {
    private String TAG = "输出";


    //观察者(或称为订阅者)
```

```
    private DisposableObserver <String> mDisposableObserver = new DisposableOb-
server <String> () {
        @Override
        public void onNext(String string) {
            Log.d(TAG, "onNext:" + string);
        }

        @Override
        public void onComplete() {
            Log.d(TAG, "onComplete");
        }

        @Override
        public void onError(Throwable e) {
            Log.e(TAG, e.toString(), e);
        }
    };

    private CompositeDisposable mCompositeDisposable = new CompositeDisposable();

    @Override
    protected void onCreate(Bundle savedInstanceState) {
        super.onCreate(savedInstanceState);

        //包含被观察者的代码模块
        Disposable mDisposable = Observable.just("zhang", "phil", "book")
                .subscribeOn(Schedulers.newThread())
                .observeOn(AndroidSchedulers.mainThread())
                .subscribeWith(mDisposableObserver);

        //把被观察者代码放入到 CompositeDisposable 中,集中管理和维护
        mCompositeDisposable.add(mDisposable);
    }

    @Override
    protected void onDestroy() {
        super.onDestroy();

        //应用退出,清空所有被观察者
        mCompositeDisposable.clear();
    }
}
```

这个例子实现一个很简单的功能：被观察者连续发射三个字符串类型组成字符串数据流，观察者响应被观察者的输出，然后接收这些发射出来的数据流。代码运行后，logcat 的结果输出如下：

```
01-18 16:08:28.331 9516-9516/zhangphil.book D/输出：onNext:zhang
01-18 16:08:28.331 9516-9516/zhangphil.book D/输出：onNext:phil
01-18 16:08:28.331 9516-9516/zhangphil.book D/输出：onNext:book
01-18 16:08:28.331 9516-9516/zhangphil.book D/输出：onComplete
```

Observable 是 RxJava/RxAndroid 中典型的被观察者类。操作符是 RxJava/RxAndroid 中非常重要的概念。在上例中，被观察者 Observable 使用操作符 just，连续发射出来一个字符串组成的序列性数据流：zhang、phil、book。Observable 发射数据流后，等待观察者接收这些数据流。

DisposableObserver 是新版 RxJava/RxAndroid 中典型的观察者（或称为订阅者）类。RxJava/RxAndroid 通过 subscribeWith 把被观察者和观察者链接在一起，形成一个在数据或事件业务上的“流水线”。被观察者在“流水线”上发射数据或事件，观察者从“流水线”上取出数据或事件。

Android 中，执行的线程任务通常放在后台线程中，因此本例中“. subscribeOn(Schedulers. newThread())”把被观察者 Observable 发射数据流的业务放在一个线程中执行。

一般地，Android 程序中观察者接收到数据流后，不会无所事事什么都不干，而是希望把这些数据流渲染到 UI 线程中的 TextView、ListView 等 View 中。对这些 View 的渲染必须切换到 UI 主线程中执行，因此在后台执行线程任务的后面会跟上：

```
.observeOn(AndroidSchedulers.mainThread())
```

这样观察者 mDisposableObserver 的 onNext 回调就发生在了 Android UI 主线程。

通过配置 subscribeOn 和 observeOn 的线程类型，以灵活地在 Android 的 UI 线程和非 UI 线程中切换，这是一种强大的编程设计利器。

17.2 intervalRange 与 interval 周期性地发射数据流

subscribeOn 和 observeOn 决定了任务的发生和接收线程。之所以要强调 subscribeOn 和 observeOn，是因为在 Android 开发中，必须要对非主线程之外的线程任务格外小心处理。准备好了线程执行的环境前台（UI 主线程）/后台后，就可以大刀阔斧地使用各种操作符进行响应式编程了。

RxJava/RxAndroid 中有诸多的操作符（操作符其实也是一种函数方法），这些操作符可以帮助开发者快捷实现链式操作。

17.2.1 intervalRange 操作符

本小节介绍操作符 intervalRange。先看看 intervalRange 的定义：

```
public staticObservable <Long> intervalRange(long start, long count, long initialDe-
lay, long period, TimeUnit unit)
```

intervalRange 从一个 long 型值 start 开始，延迟 initialDelay 个 unit 时间单位，以 period 作为一个轮回周期，连续发射 count 个 long 型值，每一次发射后，start 进行++自增，例如：

```
Observable.intervalRange(0, 3, 0, 4, TimeUnit.SECONDS).subscribe(new Consumer <Long> (){
    @Override
    public void accept(Long aLong) throws Exception {
        Log.d(TAG, String.valueOf(aLong));
    }
});
```

代码运行后结果输出如下：

```
01-18 17:23:39.963 2567-2587/zhangphil.book D/输出：0
01-18 17:23:43.963 2567-2587/zhangphil.book D/输出：1
01-18 17:23:47.963 2567-2587/zhangphil.book D/输出：2
```

start 为 0，RxJava 中的 intervalRange 功能函数从 0 开始连续发射 3(count 为 3)个 long 型值，每一次的输出值在前一个值的基础上加 1。initialDelay 为 0，延迟为 0 即为没有延迟。period 为 4，时间单位 unit 为秒，因此每隔 4 秒发射一次。

此例中的观察者（订阅者）是 Consumer，Consumer 通过 accept 接收、消耗掉被观察者发射出来的数据流或事件。

17.2.2 interval 操作符

RxJava/RxAndroid 中提供了一个更为简单的 interval，以达到周期性地执行或触发观察者，如下所示：

```
privateDisposableObserver mDisposableObserver = new DisposableObserver <Long> () {
    @Override
    public void onNext(Long l) {
        Log.d(TAG, "onNext:" + l);
    }

    @Override
    public void onComplete() {
```

```
            Log.d(TAG, "onComplete");
        }

        @Override
        public void onError(Throwable e) {
            Log.e(TAG, e.toString(), e);
        }
    };

    @Override
    protected void onCreate(Bundle savedInstanceState) {
        super.onCreate(savedInstanceState);

        Observable.interval(0, 3, TimeUnit.SECONDS)
                .subscribeOn(Schedulers.io())
                .observeOn(AndroidSchedulers.mainThread())
                .subscribeWith(mDisposableObserver);
    }
```

在这段代码中用到 interval，其函数定义是 interval(long initialDelay, long period, TimeUnit unit)，意为延迟 initialDelay 个 unit 时间单位，然后以 period 个 unit 时间单位为周期，周期性无止境地触发观察者。在本例中，interval 函数延迟 0 个时间单位（即没有延迟），然后以 3（period）秒（TimeUnit. SECONDS）为周期，轮番周期性地触发观察者 mDisposableObserver。

代码运行结果输出如下：

```
01-19 18:29:04.713 12631-12631/zhangphil.book D/输出: onNext:0
01-19 18:29:07.644 12631-12631/zhangphil.book D/输出: onNext:1
01-19 18:29:10.645 12631-12631/zhangphil.book D/输出: onNext:2
01-19 18:29:13.644 12631-12631/zhangphil.book D/输出: onNext:3
01-19 18:29:16.645 12631-12631/zhangphil.book D/输出: onNext:4
01-19 18:29:19.644 12631-12631/zhangphil.book D/输出: onNext:5
......
```

限于篇幅，这里只截取一部分输出结果。输出的“数据流”流入到 mDisposableObserver 里面，并且以 3 s 作为一个周期。

17.3 map 和 flatMap 操作符

17.2 节简单介绍了如何发射 RxJava 和 RxAndroid 的数据流，为了加深读者对响应式编程的整体感觉，下面将介绍数据流的转换，即如何把发射出去的数据结果转换成另外一种形式输出。在 RxJava 中,map 和 flatMap 的作用就是实现数据的变换和映射。比如 Android 常见的网络图片加载编程实现,开发者拿到一个 url 链接后,希望获得该 url 链接指向的图片。显然,开发者最终想要的结果不是这个 url 链接,而是 Bitmap 图片,那么就需要通过 RxJava 中的 map 或者 flatMap 把 url 链接转换为 Bitmap。

在这种情况下,就可以通过 map 把 url 链接转化为一个 Bitmap 图片,具体的转换过程则是通过 map 中的 Function 功能函数实现的。

17.3.1 map 操作符

使用 map 实现一个简单的功能——把一组字符串都转化为大写输出,其代码如下:

```
……
    Observer <String> mObserver = new Observer <String> () {
        @Override
        public void onSubscribe(Disposable d) {

        }

        @Override
        public void onNext(String s) {
            Log.d(TAG, "onNext:" + String.valueOf(s));
        }

        @Override
        public void onComplete() {
            Log.d(TAG, "onComplete");
        }

        @Override
        public void onError(Throwable e) {
            Log.e(TAG, e.toString(), e);
        }
    };

    @Override
    protected void onCreate(Bundle savedInstanceState) {
        super.onCreate(savedInstanceState);

        // 观察者是 mObserver
```

```
        // 被观察者 Observable 吐出观察到的数据
        Observable.just("zhang", "phil", "book")
                .map(mFunction)
                .subscribeOn(Schedulers.io())
                .observeOn(AndroidSchedulers.mainThread())
                .subscribeWith(mObserver);
    }

    private Function <String, String> mFunction = new Function <String, String> () {
        @Override
        public String apply(String s) throws Exception {
            return s.toUpperCase(); //把字符串 s 转换为大写
        }
    };
        ......
```

代码运行结果输出如下：

```
01-18 17:49:21.017 11018-11018/zhangphil.book D/输出: onNext:ZHANG
01-18 17:49:21.017 11018-11018/zhangphil.book D/输出: onNext:PHIL
01-18 17:49:21.017 11018-11018/zhangphil.book D/输出: onNext:BOOK
01-18 17:49:21.017 11018-11018/zhangphil.book D/输出: onComplete
```

现在拿到手的原始数据是 zhang、phil、book，但它们均为小写。要求输出的结果全部是大写。

被观察者通过 just 连续发射出均为小写的数据流。然后被观察者通过 map 中的转换方法 Function，对发射出来的数据流进行二次转换，转换过程由 apply 实现。最终观察者 mObserver 收到的数据，是经过 Function 中 apply 变换的数据流结果，而非原始数据。

17.3.2 flatMap 操作符

map 通过 Function 把一个原始对象进行加工改造，将其变换为一个新对象，作为结果输出给观察者。flatMap 则可以简单地理解为，把一个集合元素对象拆分成单个元素对象，然后丢给观察者作为输入，如下所示：

```
@Override
protected void onCreate(Bundle savedInstanceState) {
    super.onCreate(savedInstanceState);

    String[] source = {"zhang", "phil", "book"};
```

```
        List <String> mList = Arrays.asList(source);

        Observable.just(mList)
                .flatMap(mFunction)
                .subscribeOn(Schedulers.io())
                .observeOn(AndroidSchedulers.mainThread())
                .subscribeWith(mObserver);
    }

    private Function <List <String>, Observable <String>> mFunction = new Function <
List <String>, Observable <String>> () {
        @Override
        public Observable <String> apply(List <String> list) {
            String[] string = new String[list.size()];
            for (int i = 0; i <list.size(); i++) {
                string[i] = list.get(i);
            }

            return Observable.fromArray(string);
        }
    };
```

这个例子继续沿用在 map 例子中的观察者 mObserver，代码运行结果输出如下：

```
01-18 18:10:11.938 17183-17183/zhangphil.book D/输出: onNext:zhang
01-18 18:10:11.938 17183-17183/zhangphil.book D/输出: onNext:phil
01-18 18:10:11.938 17183-17183/zhangphil.book D/输出: onNext:book
01-18 18:10:11.938 17183-17183/zhangphil.book D/输出: onComplete
```

本例中，RxJava 的被观察者通过操作符(函数)just，传入列表函数参数 mList，如果此时 mList 不做任何变换，被观察者就发射一个数据列表出去，那么观察者也只能接收一个数据列表 List。但是在有些场景中，我们希望把原始的如 mList 这样的集合或者复杂数据结构或事件拆解成单一数据或事件发射出去，那么此时就需要 flatMap。在执行变换的 mFunction 中，mFunction 把 List <String> 集合类型的批量数据对象，转换为一个个单一的 Observable <String>。

17.4 zip、merge 和 concat 操作符

RxJava/RxAndroid 的 zip、merge 和 concat 三个操作符，可以把若干个被观察者整合成一个易于观察到的被观察者。这三个操作符有着细微的差别，下面将一一

介绍。

17.4.1 zip 操作符

zip 操作符的目的是合并两个 RxJava 的被观察者，并最终发射一个单一的被观察者作为结果输出。

比如，针对 Android 的开发中后台接口的交互，网络请求结果往往不是一次到位完成所有链式操作。下面以用户登录并获取用户头像 Bitmap 的网络链式流程为例来讲解。

第一阶段，登录成功，获得该用户的 id 等必要元数据。

第二阶段，根据第一阶段获得的用户 id 再次发起网络请求，进而获取该 id 头像的 Bitmap 数据，将其显示在 ImageView 里面。

要实现第一、二两个阶段的业务逻辑，如果不使用 RxJava 技术，那么通常的作法是在第一阶段请求成功后，紧接着发起第二阶段网络请求。比如使用 Okhttp 完成登录操作后，在 OkHttp 的 onSuccess 里面拿到了用户的 id，然后就发起第二阶段的头像数据请求。这样写代码未尝不可，但是这样势必导致代码的业务逻辑嵌套深、不易于解耦和维护。业务逻辑中若干个子业务逻辑相互依赖，且前后业务逻辑呈现一定的链式关联（比如，前一个子业务逻辑的结果输出，是下一个业务逻辑的数据输入），这就比较契合 RxJava/RxAndroid 的 zip 需要解决的开发场景。举个例子，假设现有两个不同的字符串 zhang 和 phil，要求被观察者将这两个字符串压缩成一个单独的字符串 zhangphil，最终把这个单一字符串发射给观察者，代码如下：

```
@Override
protected void onCreate(Bundle savedInstanceState) {
    super.onCreate(savedInstanceState);

    Observable.zip(getObservableA(), getObservableB(), mBiFunction)
            .subscribeOn(Schedulers.io())
            .observeOn(AndroidSchedulers.mainThread())
            .subscribeWith(mObserver);
}

private BiFunction mBiFunction = new BiFunction <String, String, String > () {
    @Override
    public String apply(String a, String b) throws Exception {
        return a + b;
    }
};
```

```
private Observable <String> getObservableA() {
    return Observable.fromCallable(new Callable <String> () {
        @Override
        public String call() throws Exception {
            SystemClock.sleep(3000); // 假设此处是耗时操作
            return "zhang";
        }
    });
}

private Observable <String> getObservableB() {
    return Observable.fromCallable(new Callable <String> () {
        @Override
        public String call() throws Exception {
            SystemClock.sleep(3000); // 假设此处是耗时操作
            return "phil";
        }
    });
}
```

观察者依然复用前几节一直使用的 mObserver。代码运行结果输出如下：

```
01-18 18:52:13.171 29795-29795/zhangphil.book D/输出: onNext:zhangphil
01-18 18:52:13.171 29795-29795/zhangphil.book D/输出: onComplete
```

getObservableA()返回字符串 zhang，getObservableB()返回了字符串 phil，getObservableA()和 getObservableB()返回的均是一个 RxJava 中普通线程，特意在这两个函数返回的各自线程任务中休眠 3 秒，以模拟真实场景中业务处理的耗时操作。getObservableA()和 getObservableB()返回的两个线程任务经过操作符 zip 压缩后，被观察者输出的字符串压缩成一个单一字符串发射给观察者。

zip 的重点是 BiFunction 功能类。此类将 zip 前两个参数中的输出再次接收，分别存放到 apply 中的 String a 和 String b 中，经过 apply 转换后，a 和 b 压缩(拼接)成一个单独字符串，此字符串最终发射出去。在本例中，zip 压缩把两个被观察者输出的数据，通过 BiFunction 接收，然后经过 BiFunction 的 apply 转换出开发者需要的数据，最终返回。

17.4.2 merge 操作符

操作符 merge 和 zip 的功用类似，merge 相对简单些。merge 不像 zip 要对多个数据进行压缩或变换，merge 只合并若干个被观察者，形成一个被观察者，然后线性输出结果。其代码如下：

```
Observable.merge(getObservableA(), getObservableB())
        .subscribeOn(Schedulers.io())
        .observeOn(AndroidSchedulers.mainThread())
        .subscribeWith(mObserver);
```

其中,mObserver、getObservableA()和 getObservableB()均为 zip 例子中的代码,没有做任何改动,运行结果输出如下:

```
01-18 19:12:15.782 4352-4352/zhangphil.book D/输出: onNext:zhang
01-18 19:12:18.786 4352-4352/zhangphil.book D/输出: onNext:phil
01-18 19:12:18.786 4352-4352/zhangphil.book D/输出: onComplete
```

17.4.3 concat 操作符

concat 操作符和 merge 类似,可以把多个被观察者拼接成一个可观察的输出。在前一节中,如果 merge 修改成 concat,则代码运行结果是一致的。那么问题来了,如果 concat 和 merge 完全相同,为何多设计出一个操作符呢?答案在于,concat 和 merge 虽然均可以合并若干个被观察者,但是这两个操作符合并后的结果次序的序列不同。简单地说,merge 虽然可以将若干个被观察者合并在一起,但是不保证合并后的次序,换句话说,merge 合并后的结果可能会以杂乱无章的次序输出。但是 concat 依次连接进行合并,保证结果会以开发者连接的次序依次输出。

17.5 scan 和 filter 操作符

前几节着重介绍了如何在 RxJava/RxAndroid 中发射数据。有些开发场景不仅需要关注发射,也需要关心有条件的数据发射。比如,需要对被观察者发射的数据做一次有条件的过滤,只发射符合一定筛选条件的被观察者数据流,那么这就需要借助操作符 scan 和 filter。

17.5.1 scan 操作符进行扫描

scan 操作符将被观察者的发射结果在 BiFunction 扫描一遍后交给观察者使用。scan 最大的功用是在 BiFunction 的 apply 里面做一次计算,有条件地筛选输出最终结果。scan 把扫描的数据序列的上一次操作结果,作为第二次的参数传递给第二次被观察者使用。比如,从 0、1、2、3、4 这五个数中,找出最小的数字,显然最小的数字是 0。现在通过 scan 找出最小数字 0,代码如下:

```
privateObserver <Integer> mObserver = new Observer <Integer> () {
    @Override
    public void onSubscribe(Disposable d) {
```

```
        }

        @Override
        public void onNext(Integer i) {
            Log.d(TAG, "onNext:" + String.valueOf(i));
        }

        @Override
        public void onComplete() {
            Log.d(TAG, "onComplete");
        }

        @Override
        public void onError(Throwable e) {
            Log.e(TAG, e.toString(), e);
        }
    };

    @Override
    protected void onCreate(Bundle savedInstanceState) {
        super.onCreate(savedInstanceState);

        Observable.range(0, 5)
                .scan(mBiFunction)
                .subscribeOn(Schedulers.io())
                .observeOn(AndroidSchedulers.mainThread())
                .subscribeWith(mObserver);
    }

    private BiFunction mBiFunction = new BiFunction<Integer, Integer, Integer>() {
        @Override
        public Integer apply(Integer a, Integer b) throws Exception {
            Log.d(TAG, "apply:" + a + "," + b);
            return Math.min(a, b);
        }
    };
```

代码运行结果输出如下：

```
01-18 20:00:03.878 20409-20429/zhangphil.book D/输出：apply:0,1
01-18 20:00:03.878 20409-20429/zhangphil.book D/输出：apply:0,2
01-18 20:00:03.878 20409-20429/zhangphil.book D/输出：apply:0,3
```

```
01 - 18 20:00:03.878 20409 - 20429/zhangphil.book D/输出: apply:0,4
01 - 18 20:00:03.947 20409 - 20409/zhangphil.book D/输出: onNext:0
01 - 18 20:00:03.947 20409 - 20409/zhangphil.book D/输出: onNext:0
01 - 18 20:00:03.947 20409 - 20409/zhangphil.book D/输出: onNext:0
01 - 18 20:00:03.947 20409 - 20409/zhangphil.book D/输出: onNext:0
01 - 18 20:00:03.947 20409 - 20409/zhangphil.book D/输出: onNext:0
01 - 18 20:00:03.947 20409 - 20409/zhangphil.book D/输出: onComplete
```

本例借助 Observable.range(0, 5)生成 0,1,2,3,4 五个测试数字(数字是从 0 到 5 依次递增,读者可以举一反三,通过调整 mBiFunction 中的 apply 过滤函数把过滤条件复杂化,即可过滤筛选出更丰富的数据输出)。scan 首先把源输入数据流成对扫描一次,然后根据 apply 的约束条件(Math. min,寻找最小值)找出所需数据,并将该数据结果再次返回给接下来的数据对中,最终形成一个输出结果给观察者。

① 在开始第一轮 scan 扫描时,数据流队列中的数据 0 和 1 进行配对。根据 Math. min 函数计算的结果,返回最小值 0。

② 开始第二轮扫描,将原数据流中的 2 放进来,和第一轮返回的 0 形成新的扫描数据对。根据 Math. min 约束函数计算,最小值是 0,继续返回 0。

③ 第三轮扫描开始,把原数据流中的 3 放进来,和第二轮返回的 0 形成新的数据对。根据 Math. min 约束函数计算,返回 0。

就这样一轮一轮依次配对扫描分析数据。在配对过程中,把上一轮扫描返回的结果作为下一轮扫描配对的数据之一,和新放进来的数据形成数据对扫描,直到全部数据放进来扫描完毕。

17.5.2 filter 操作符过滤筛查

filter 操作符根据一定条件或者约束规则,过滤和筛选数据流。filter 的功能是:从被观察者输出的数据流中,先筛查(即通过 Predicate 的 test 筛查,如果 test 返回结果为 true,则表明通过筛查,正常发送这个数据流;如果 test 返回 false,则表明未通过筛查,不予发射)一次,只有 Predicate 的 test 判断返回值为真,才会把这个数据交给观察者;否则忽略该条数据。代码如下:

```
Observable.range(0, 5)
        .filter(new Predicate <Integer> () {
            @Override
            public boolean test(Integer integer) throws Exception {
                int result = integer % 2;
                boolean b = (result == 0); //如果是偶数则返回 true
                return b; // 返回的判断若为 true,则数据发射给观察者,否则忽略
            }
```

```
    }).subscribeOn(Schedulers.io())
    .observeOn(AndroidSchedulers.mainThread())
    .subscribeWith(mObserver);
```

其中 mObserver 沿用 scan 中的观察者。代码运行结果输出如下：

```
01-19 10:53:39.014 4724-4724/zhangphil.book D/输出: onNext:0
01-19 10:53:39.014 4724-4724/zhangphil.book D/输出: onNext:2
01-19 10:53:39.014 4724-4724/zhangphil.book D/输出: onNext:4
01-19 10:53:39.014 4724-4724/zhangphil.book D/输出: onComplete
```

这段代码实现一个简单的功能，即从 0,1,2,3,4 这五个数字中找到偶数，然后发射出去。在被观察者发射这五个数字前，增加了一道过滤 filter，filter 具体的工作是在 Predicate 中完成。将欲发射的数据一个一个在 test 内做预处理预判断，只有通过 test 函数的数据，才会被发射出去。

本节介绍了如何以一定约束条件发射数据流，接下来介绍如何根据一定序列选择性发射数据流。

17.6 take、skip 和 takeLast 操作符

有时候，被观察者发射出来的数据流包含很多数据元素，但在后续的业务逻辑中只需要某些特定位置的数据元素，那么这就需要引入 take、skip 和 takeLast 这样的操作符，下面将逐一介绍它们。

17.6.1 take 操作符

take 操作符截取 Observable 发射结果的前 n 个结果作为最终发射数据，代码如下：

```
Observable.range(0, 5)
    .take(3)
    .subscribeOn(Schedulers.io())
    .observeOn(AndroidSchedulers.mainThread())
    .subscribeWith(mObserver);
```

take(3)告诉 RxJava 只截取前 3 个数据发射出去，最终发射给观察者的数据为 0、1、2。

代码运行结果输出如下：

```
01-19 11:03:03.409 7770-7770/zhangphil.book D/输出: onNext:0
01-19 11:03:03.409 7770-7770/zhangphil.book D/输出: onNext:1
01-19 11:03:03.409 7770-7770/zhangphil.book D/输出: onNext:2
01-19 11:03:03.409 7770-7770/zhangphil.book D/输出: onComplete
```

如果不引入操作符 take(3)，那么最终输出(被观察者发射出来的数据流)0，1，2，3，4 通过 take(3)操作符截取后，只截取前三个(0，1，2)数据元素发射，后面的两个数据元素(3，4)则被跳过不予发射了。

17.6.2 skip 操作符

take 操作符获取某个特定的数据，而 skip 则是跳过特定的 n 个数据，代码如下：

```
Observable.range(0, 5)
    .skip(3)
    .subscribeOn(Schedulers.io())
    .observeOn(AndroidSchedulers.mainThread())
    .subscribeWith(mObserver);
```

代码运行结果输出如下：

```
01-19 11:09:09.525 9925-9925/zhangphil.book D/输出: onNext:3
01-19 11:09:09.525 9925-9925/zhangphil.book D/输出: onNext:4
01-19 11:09:09.525 9925-9925/zhangphil.book D/输出: onComplete
```

range(0，5)共生成 0，1，2，3，4 五个数据。因为被观察者跳过了 3 个(skip(3))数据元素，所以最终只发射出最后两个数据 3 和 4。

17.6.3 takeLast 操作符

takeLast 是前文所述的操作符 take 的变形，takeLast 截取最后若干个数据发射，代码如下：

```
privateObserver <Integer> mObserver = new Observer <Integer>() {
    ……

    @Override
    public void onNext(Integer i) {
        Log.d(TAG, "onNext:" + i);
    }

    @Override
    public void onComplete() {
        Log.d(TAG, "onComplete");
    }

    @Override
    public void onError(Throwable e) {
        Log.e(TAG, e.toString(), e);
```

```
        }
    };

    @Override
    protected void onCreate(Bundle savedInstanceState) {
        super.onCreate(savedInstanceState);

        Integer[] numbers = new Integer[]{0, 1, 2, 3, 4};

        Observable.fromArray(numbers)
                .takeLast(3)
                .subscribeOn(Schedulers.io())
                .observeOn(AndroidSchedulers.mainThread())
                .subscribeWith(mObserver);
    }
```

共有 5 个等待被发射的数据：

```
numbers:Integer[] numbers = new Integer[]{0, 1, 2, 3, 4};
```

takeLast(3)表示把 numbers 这五个数据中的最后三个数据发射出去，即发射数据 2、3、4。

运行结果输出也表明了这一点：

```
01-19 14:48:30.219 7642-7642/zhangphil.book D/输出: onNext:2
01-19 14:48:30.219 7642-7642/zhangphil.book D/输出: onNext:3
01-19 14:48:30.219 7642-7642/zhangphil.book D/输出: onNext:4
01-19 14:48:30.219 7642-7642/zhangphil.book D/输出: onComplete
```

17.7 ofType 根据类型选择输出结果

作为对发射的数据流结果的二次过滤和筛选操作，操作符 ofType 可根据指定的数据类型，选出符合条件的数据结果。比如现在有一个混合的 Object 对象数组：

```
Object[] objects = new Object[]{"zhang", 0, "phil", 1, "book", 2};
```

objects 数组里面，混合有字符串类型的数据 zhang、phil、book，也有整型值 0、1、2。假设现在只想选择字符串类型的数据发射出去，代码如下：

```
privateObserver <Object> mObserver = new Observer <Object>() {
    @Override
    public void onSubscribe(Disposable d) {

    }
```

```
        @Override
        public void onNext(Object o) {
            Log.d(TAG, "onNext:" + String.valueOf(o));
        }

        @Override
        public void onComplete() {
            Log.d(TAG, "onComplete");
        }

        @Override
        public void onError(Throwable e) {
            Log.e(TAG, e.toString(), e);
        }
    };

    @Override
    protected void onCreate(Bundle savedInstanceState) {
        super.onCreate(savedInstanceState);

        Object[] objects = new Object[]{"zhang", 0, "phil", 1, "book", 2};

        Observable.fromArray(objects)
                .ofType(String.class)
                .subscribeOn(Schedulers.io())
                .observeOn(AndroidSchedulers.mainThread())
                .subscribeWith(mObserver);
    }
```

代码运行的结果输出如下：

```
01-19 11:18:00.000 13177-13177/zhangphil.book D/输出：onNext:zhang
01-19 11:18:00.000 13177-13177/zhangphil.book D/输出：onNext:phil
01-19 11:18:00.000 13177-13177/zhangphil.book D/输出：onNext:book
01-19 11:18:00.000 13177-13177/zhangphil.book D/输出：onComplete
```

ofType 操作符中传入了 String.class，那么只有匹配字符串类型的数据发射出去，除此之外的类型则忽略跳过。

17.8 distinct 与 distinctUntilChanged 操作符

数据的去重是一个很重要的操作，上一节介绍的 ofType 操作符实现的功能，若不对发射的数据流加以预判和筛选，也可以在一定程度上去重。然而，RxJava/RxAndroid 中有明确的操作符支持去重技术，那就是 distinct 与 distinctUntilChanged。

17.8.1 distinct 操作符

distinct 操作符的作用是剔除重复数据。假设现在有一个整型数组：

```
Integer[] numbers = new Integer[]{0, 1, 1, 2, 3, 1, 3, 4};
```

其中整数 1 重复了三次，整数 3 重复了两次。通过 distinct 可以把重复的数据剔除掉，代码如下：

```
Integer[] numbers = new Integer[]{0, 1, 1, 2, 3, 1, 3, 4};

Observable.fromArray(numbers)
        .distinct()
        .subscribeOn(Schedulers.io())
        .observeOn(AndroidSchedulers.mainThread())
        .subscribeWith(mObserver);
```

mObserver 是一个输出整型数值的观察者，代码运行结果输出如下：

```
01-19 14:19:25.795 30435-30435/zhangphil.book D/输出: onNext:0
01-19 14:19:25.795 30435-30435/zhangphil.book D/输出: onNext:1
01-19 14:19:25.795 30435-30435/zhangphil.book D/输出: onNext:2
01-19 14:19:25.795 30435-30435/zhangphil.book D/输出: onNext:3
01-19 14:19:25.795 30435-30435/zhangphil.book D/输出: onNext:4
01-19 14:19:25.795 30435-30435/zhangphil.book D/输出: onComplete
```

这段代码有效地除去了重复的数字 1 和数字 3。

17.8.2 distinctUntilChanged 操作符

和 distinct 去重操作符类似，distinctUntilChanged 也是剔除数据流中的重复数据，但是 distinctUntilChanged 和 distinct 的剔除策略不同，distinct 是针对要发射的数据流全部做去重，而 distinctUntilChanged 是对全部数据流中的某一段、某一区间数据进行去重。distinct 去重的操作对象是针对全部数据，而 distinctUntilChanged 操作的数据对象是某一部分。这样的解释比较抽象，下面结合一个具体的例子说明：

```
Integer[] numbers = new Integer[]{0, 1, 1, 2, 3, 1, 3, 4};

Observable.fromArray(numbers)
        .distinctUntilChanged()
        .subscribeOn(Schedulers.io())
        .observeOn(AndroidSchedulers.mainThread())
        .subscribeWith(mObserver);
```

代码运行结果输出如下：

```
01-19 14:25:59.811 32488-32488/zhangphil.book D/输出：onNext:0
01-19 14:25:59.811 32488-32488/zhangphil.book D/输出：onNext:1
01-19 14:25:59.811 32488-32488/zhangphil.book D/输出：onNext:2
01-19 14:25:59.811 32488-32488/zhangphil.book D/输出：onNext:3
01-19 14:25:59.811 32488-32488/zhangphil.book D/输出：onNext:1
01-19 14:25:59.811 32488-32488/zhangphil.book D/输出：onNext:3
01-19 14:25:59.811 32488-32488/zhangphil.book D/输出：onNext:4
01-19 14:25:59.811 32488-32488/zhangphil.book D/输出：onComplete
```

把这一输出结果和前一节作对比就容易理解 distinctUntilChanged 的用途了。针对和前一节相同的一批整型重复数据：

```
Integer[] numbers = new Integer[]{0, 1, 1, 2, 3, 1, 3, 4};
```

distinctUntilChanged 在去除重复数据时，是“逐段”进行的，直到这段数据发生变化，结束这一阶段的去重工作。

distinctUntilChanged 对数组 numbers 去重时，从 0 开始，发现在 0 之后、2 之前的连续两个数据 1 重复，于是 distinctUntilChanged 把重复的 1 去除。随后的 3,1,3,4 虽然“3”重复了，但“3”的重复不发生在连续的“段”中，所以 distinctUntilChanged 不予去重。distinctUntilChanged 在这一点上的工作机制和 distinct 很不同，distinctUntilChanged 从一个数据开始去重，去重直到下一个数据元素不再和重复的元素相同为止。本例中，distinctUntilChanged 操作 numbers，从 0 开始，逐个检查重复的数据，0,1 没有重复，继续检查下一组 1,1，此时发现 1,1 重复，那么去除重复的 1，这样原先前三个数据 0,1,1 经过去重，变成 0,1。接着检查下一个数据元素 2，distinctUntilChanged 发现 2 和当前的 1 不同，于是就停止去重，从 2 开始往后进行新一轮的去重。

17.9 doAfterNext 和 doOnNext 接力链式操作

在之前的例子中可以看到，被观察者最终发射出来的数据流被观察者的 onNext 接收。那么数据到这里就结束了吗？如果业务逻辑设计得较为复杂，在观察者的

onNext 接收的数据只是整个数据流链式处理链条中的一环，而业务需要继续对接收到的数据做处理，换句话说，在 onNext 中收到的数据仍需进一步处理，该怎么办？

按照响应式编程的一贯风格，当然可以就地在 onNext 方法里面展开代码逻辑，这样做无可厚非，但是在 RxJava/RxAndroid 编程设计中，有一个基本原则就是，尽可能把代码和逻辑以链式的方式进行数据流转和操作。因此，本节引出 doAfterNext。doAfterNext，顾名思义，是在 onNext 收到数据后的进一步操作。代码如下：

```
    privateObserver <Integer> mObserver = new Observer <Integer> () {
    ……
    @Override
    public void onNext(Integer i) {
        Log.d(TAG, "onNext:" + i);
    }

    @Override
    public void onComplete() {
        Log.d(TAG, "onComplete");
    }

    @Override
    public void onError(Throwable e) {
        Log.e(TAG, e.toString(), e);
    }
};

@Override
protected void onCreate(Bundle savedInstanceState) {
    super.onCreate(savedInstanceState);

    Integer[] numbers = new Integer[]{0, 1, 2, 3, 4};

    Observable.fromArray(numbers)
            .takeLast(2)
            .subscribeOn(Schedulers.io())
            .observeOn(AndroidSchedulers.mainThread())
            .doAfterNext(new Consumer <Integer> () {
                @Override
                public void accept(Integer integer) throws Exception {
                    Log.d(TAG, "accept:" + integer);
                }
```

```
                })
                .subscribeWith(mObserver);
    }
```

代码运行结果输出如下：

```
01-19 15:34:32.059 22108-22108/zhangphil.book D/输出：onNext:3
01-19 15:34:32.059 22108-22108/zhangphil.book D/输出：accept:3
01-19 15:34:32.059 22108-22108/zhangphil.book D/输出：onNext:4
01-19 15:34:32.059 22108-22108/zhangphil.book D/输出：accept:4
01-19 15:34:32.059 22108-22108/zhangphil.book D/输出：onComplete
```

被观察者从五个0～4的递增整型数据中截取最后2个发射给观察者，观察者收到被观察者发射出来的数据后，进一步接力传递，把数据传给 doAfterNext 里面的 Consumer 使用。

与 doAfterNext 类似的是 doOnNext。doOnNext 的作用是在观察者的 onNext 之前收到被观察者发射的数据，doOnNext 比较适合做 Android 开发中常见的网络数据缓存，比如当从一个 url 链接拿到数据后，先在 doOnNext 做一次缓存，然后在观察者 onNext 做正常业务逻辑的处理。

17.10 buffer 缓冲操作符

之前介绍的 RxJava/RxAndroid 发射数据流没有涉及缓冲的概念。但是在大型的软件开发中，业务数据将会是十分庞大的，如果发射的数据不做任何缓冲处理，代码性能和效率执行上都会埋下隐患，因此本节引入 RxJava/RxAndroid 中的缓冲操作符 buffer。

17.10.1 分组缓冲发射数据的个数

buffer(int count)定义了一个 count 值，count 值设置了发射出去的数据流的“缓冲池”的大小。比如有五个整型数字：

```
Integer[] numbers = new Integer[]{0, 1, 2, 3, 4};
```

现在将这五个整型数字分组发射，一组两个数字，代码如下：

```
privateObserver <List <Integer>> mObserver = new Observer <List <Integer>> () {
……

@Override
public void onNext(List <Integer> list) {
    Log.d(TAG, "onNext Start");
```

```
        for (int i = 0; i <list.size(); i++ ) {
            Log.d(TAG, "onNext:" + list.get(i));
        }
    }

    @Override
    public void onComplete() {
        Log.d(TAG, "onComplete");
    }
    ……
    };

    @Override
    protected void onCreate(Bundle savedInstanceState) {
        super.onCreate(savedInstanceState);

        Integer[] numbers = new Integer[]{0, 1, 2, 3, 4};

        Observable.fromArray(numbers)
                .buffer(2)
                .subscribeOn(Schedulers.io())
                .observeOn(AndroidSchedulers.mainThread())
                .subscribeWith(mObserver);
    }
```

代码结果输出如下：

```
01-19 17:32:18.320 27112-27112/zhangphil.book D/输出：onNext Start
01-19 17:32:18.320 27112-27112/zhangphil.book D/输出：onNext:0
01-19 17:32:18.320 27112-27112/zhangphil.book D/输出：onNext:1
01-19 17:32:18.320 27112-27112/zhangphil.book D/输出：onNext Start
01-19 17:32:18.320 27112-27112/zhangphil.book D/输出：onNext:2
01-19 17:32:18.320 27112-27112/zhangphil.book D/输出：onNext:3
01-19 17:32:18.320 27112-27112/zhangphil.book D/输出：onNext Start
01-19 17:32:18.320 27112-27112/zhangphil.book D/输出：onNext:4
01-19 17:32:18.320 27112-27112/zhangphil.book D/输出：onComplete
```

可以看到，这五个数字在 buffer(2)的作用下，分组发射出去，每组两个数据，依次是(0,1)、(2,3)、(4)。之所以最后一轮分组只有一个数字 4，是因为没有更多数据，数字 4 被单独编组发射出去。

如果我们设置 buffer(3)，又会是怎样的分组发射情形呢？那么这五个数字分组发射的结果是(0,1,2)、(3,4)。

17.10.2 分组缓冲发射数据的时间

如果数据需要缓冲,然后分组发射出去,那么这种情形下的 buffer 函数定义为

```
buffer(long timespan, TimeUnit unit)
```

即在 timespan 个 unit 时间单位内,分组把数据流中的数据缓冲发射完毕,代码如下:

```
Integer[] numbers = new Integer[100];
for (int i = 0; i <numbers.length; i++ ) {
    numbers[i] = i;
}

Observable.fromArray(numbers)
        .buffer(1, TimeUnit.MILLISECONDS)
        .subscribeOn(Schedulers.io())
        .observeOn(AndroidSchedulers.mainThread())
        .subscribeWith(mObserver);
```

为了观看这种情形下的功能作用,需要把发射的 numbers 数量增大到一百个容量单位。然后通过 buffer(1, TimeUnit. MILLISECONDS),限定每一轮的分组缓冲发射时间段只有 1 ms。代码运行后结果输出如下:

```
01-19 17:42:34.954 30647-30647/zhangphil.book D/输出: onNext Start
01-19 17:42:34.954 30647-30647/zhangphil.book D/输出: onNext:0
01-19 17:42:34.954 30647-30647/zhangphil.book D/输出: onNext:1
……
01-19 17:42:34.954 30647-30647/zhangphil.book D/输出: onNext:25
01-19 17:42:34.954 30647-30647/zhangphil.book D/输出: onNext:26
01-19 17:42:34.955 30647-30647/zhangphil.book D/输出: onNext:27
01-19 17:42:34.955 30647-30647/zhangphil.book D/输出: onNext:28
……
01-19 17:42:34.955 30647-30647/zhangphil.book D/输出: onNext:98
01-19 17:42:34.955 30647-30647/zhangphil.book D/输出: onNext:99
01-19 17:42:34.956 30647-30647/zhangphil.book D/输出: onComplete
```

限于篇幅,这里把输出的数据做了删减,但删减后的日志不影响对结果的分析。从输出的日志,可以得到如下结论:

① 在时间 01-19 17:42:34.954 这 1 ms 内,发射了 0~26 这批分组数据,系统耗光了 1 ms,所以,剩余的数据只能安排在下 1 ms 中发射。

② 在接下来的 01-19 17:42:34.955 这 1 ms 内,又发射了 27~99 这批分组数据,幸好系统在这 1 ms 内足够快,才把[27,99]分组发射完。如果系统不够快,或者

数据量不是一百条而是一百万条数据，那么就可以观察到形成的新的分组，缓冲到下一个 1 ms 发射出去（读者可以自己写一个代码例子，特意把 numbers 设置成更大容量，如一万条数据或者若干万条数据）。

从上述输出结果可以看出，当给 buffer 设置了缓冲时间后（如本例的 1 ms），RxJava 会在设置的缓冲时间内尽可能多地发射数据元素，但是假如数据元素很多（一万条或者一百万条数据），1 ms 根本发射不完，那么剩余的数据就“缓”到下一次发射。本例特意设置缓冲的时间是 1 ms，让 RxJava 在 1 ms 内无法发射出全部数据，进而观察到了缓冲-分组的效果。如果本例中把缓冲时间设置成 1 s 甚至 1min，以现代计算机的运行能力，足够把本例 100 条数据全部发射出去，就看不到缓冲－分组效果了。

17.11 retry 错误重试

之前介绍的 RxJava/RxAndroid 操作符隐含了一个前提：开发者编写的软件代码是正常运转的。但是现实的情况往往不是这样，发布后的软件系统，在实际的运行环境中，一定会遭遇各种意想不到的异常和错误。最常见、最经常发生的莫过于联网和服务器端进行数据读写操作的时候，发生的网络异常，以及发生异常后的善后工作，这将考验软件的健壮性。RxJava/RxAndroid 提供了 retry 操作符，以增强软件的健壮性。

retry 错误重试提供了代码模块出现错误抛出异常时候的容错处理机制。在 Android 开发中，常见的网络 I/O 处理、本地文件读写等操作常常会遭遇莫名其妙的异常，而发生异常后的容错处理，是构建代码健壮性的一个重要环节，为开发者提供了便利的容错处理。

以一个普通的 Java Socket 连接为例。我们拿到一个主机，再加上一个端口号，就可以建立一个 Java 网络 Socket 连接。但是网络的连接状态不稳定，一次连接失败后，鉴于代码健壮性的要求，要在网络连接失败后重新恢复连接请求，可借助 RxJava/RxAndroid 的 retry 重试机制，代码如下：

```
public class MainActivity extends AppCompatActivity {
    private String TAG = "输出";

    private DisposableObserver mDisposableObserver = new DisposableObserver <Socket> () {
        @Override
        public void onNext(Socket socket) {
            Log.d(TAG, "onNext:" + socket);
        }
        @Override
```

```
            public void onComplete() {
                Log.d(TAG, "onComplete");
            }

            @Override
            public void onError(Throwable e) {
                Log.e(TAG, e.toString(), e);
            }
        };

        private Socket mSocket = null;

        @Override
        protected void onCreate(Bundle savedInstanceState) {
            super.onCreate(savedInstanceState);

            Observable.fromCallable(new Callable<Socket>() {
                @Override
                public Socket call() throws Exception {
                    Log.d(TAG, "call");
                    mSocket = new Socket("127.0.0.1", 80); //此处发起一个网络连接
                    return mSocket;
                }
            }).retry(3, new Predicate<Throwable>() {
                @Override
                public boolean test(Throwable throwable) throws Exception {
                    Log.d(TAG, "test:" + throwable.toString());

                    if (mSocket != null && mSocket.isConnected()) {
                        return false;
                    } else {
                        return true;
                    }
                }
            })
                    .subscribeOn(Schedulers.io())
                    .observeOn(AndroidSchedulers.mainThread())
                    .subscribeWith(mDisposableObserver);
        }
    }
```

代码运行后的 logcat 日志输出如下：

```
01-22 14:11:37.594 4708-4747/zhangphil.book D/输出：call
01-22 14:11:37.596 4708-4747/zhangphil.book D/输出：test:java.net.ConnectException: Connection refused
01-22 14:11:37.596 4708-4747/zhangphil.book D/输出：call
01-22 14:11:37.598 4708-4747/zhangphil.book D/输出：test:java.net.ConnectException: Connection refused
01-22 14:11:37.598 4708-4747/zhangphil.book D/输出：call
01-22 14:11:37.599 4708-4747/zhangphil.book D/输出：test:java.net.ConnectException: Connection refused
01-22 14:11:37.600 4708-4747/zhangphil.book D/输出：call
01-22 14:11:37.689 4708-4708/zhangphil.book E/输出：java.net.ConnectException: Connection refused
......
```

本地没有建立 Java ServerSocket 在端口 80 的监听，所以本例的 Socket 连接必然是以失败告终，这是因为 Socket 连接一个不存在的服务器端口，肯定会发生网络连接错误。刚好借此机会得以观察 retry 的工作机制。

RxJava/RxAndroid 的 retry 函数有若干个，本例使用了：

```
retry(long times, Predicate<? super Throwable> predicate)
```

其中，times 是失败后的重试次数，predicate 可对异常进行决断。当 predicate 的 test 函数返回布尔值 false 时，表示一切正常，可以进行后续正常的代码逻辑；若返回 true，则表明发生了异常，告知系统需要发起新的重试操作。

mSocket 在连接本地 127.0.0.1:80 失败后，迅速抛出一个 Java 的拒绝连接异常，然后由 Predicate 的 test 函数对异常进行研判，test 返回了 true，表明一次异常错误发生了，因此要重启连接。因为配置了 retry 次数为 3，所以重试 3 次，但是本地根本就没有服务器提供对 mSocket 的连接服务，故最后抛出异常结束运行。之所以配置了 3 次重试，是因为代码发生错误时，不断的重试是没有意义的。就比如常见的网络连接代码实现，本地客户端对远程服务器发起网络连接，一两次的连接失败可能是正常情况，也是可以容许的，因为服务器不总是有空闲来处理客户端的连接请求，TCP/IP 网络允许服务器端在一些情况下（服务器端繁忙）拒绝客户端的连接请求。但是服务器不会一直繁忙，当服务器端处理完繁重任务后，可以接受来自客户端的连接请求了，那么服务器和客户端的网络连接就正常建立了。但是在有些情况下，比如服务器宕机或崩溃了，来自客户端的多次尝试就变得没有意义。客户端能做的就是抱着“试一试”的态度反复尝试连接服务器端，如果多次（3 次或者 5 次）仍不能成功，客户端可以大致推测服务器端发生异常，不能接受客户端的连接，那么此时客户端为减少不必要的操作，就放弃重试。

17.12 小　结

本章选取关键的 RxJava/RxAndroid 常用操作符，对响应式的编程技术方案作了解读，开发者通过组织这些功能丰富的操作符，优化代码工程的组织，进而可以实现简洁的链式编程风格。

RxJava/RxAndroid 的操作符除了本章介绍的以外，还有很多。本章介绍的操作符的函数构造变体有很多，如同样的一个 buffer 函数定义，buffer 函数可接受一个、两个或者三个参数，通过传入不同的配置参数实现更复杂和更精致的缓冲控制。限于篇幅，这里没有把 RxJava/RxAndroid 所有操作符都一一展开细说，读者可根据工作中的实际业务场景，以本章中介绍的操作符为基础，从点到线、由线到面地拓展到 RxJava/RxAndroid 的全貌。

第 18 章

Android DataBinding:MVVM 架构基石，数据驱动 App 运转

Google Android 官方发布了一种新型、重要的 Android 编程模型和基础架构：Android DataBinding 数据绑定技术。Android DataBinding 这项开拓性基础架构技术，自底向上实现了 View 和 Data 的自组织和绑定。DataBinding 数据绑定技术解决了困扰 Android 开发者时时刻刻必须面对的 View 和数据模型如何组织和交互的复杂编程挑战。以 Android 官方发布的 DataBinding 数据绑定技术作为基石，开发者可以更为便捷地实现更精良、更标准、更简化的 MVVM（Model - View - View Model，数据模型层-视图层-视图和数据模型联合层）架构设计与编程实现。

18.1 Android DataBinding 概述

Android DataBinding 技术奠定了 Android MVVM 数据对象与 View 视图映射的基础。MVVM 在一定程度上可以认为是传统 MVP（Model View Presenter，数据模型层一视图层一表示层）的精简和增强，是一种面向开发者更友好的架构设计模式。在 Android DataBinding 技术发布之前，Android 行业领域内亦有一些数据和 View 的绑定技术，但是相比较，Android DataBinding 有更多优势。

① Android DataBinding 是 Google Android 官方指定和发布的技术解决方案，天然归属于 Android 阵营嫡系技术流派。

② Android DataBinding 数据绑定，不是单向的，而是完整的双向绑定，这是 Android DataBinding 最有趣的地方。View 自身变化，产生了结果，然后自动回写到 DataBinding 定义的 ViewModel 中；反过来，如果 ViewModel（核心是数据模型）中定义的元素发生变化，DataBinding 系统自动改变和 ViewModel 绑定在一起的 View。

③ View 和 Model 通过 ViewModel“注入”方式解耦。

如图 18 - 1 所示，在过去 MVC（Model View Controller，模型-视图-控制器）的设计架构中，Android 中通常用 xml 定义和描述 View，View 可以直接访问 Data Model。通常，Android 中诸如 Activity 这样的组件担负了繁重的 MVC 之 Controller 层任务。Model 层进行网络数据的 I/O 任务或者数据存取等。

依照 MVC 设计模式写下去的代码，几乎不可避免地会在 View 中围绕 Data

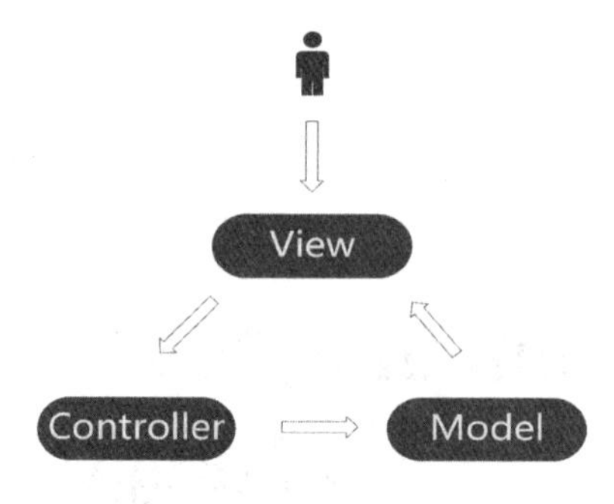

图 18－1 MVC 模式设计

Model，在 Controller 层展开很重的业务逻辑，这导致 View 和 Data Model 产生高度耦合、缠绕。代码发展下去的结果之一就是 View 的调整十分困难，View 和业务逻辑相互影响、相互引用。在 MVC 中，Data Model 虽然可以不依赖于 View，但是 View 却高度依赖 Data Model。三者之间的通信原则上是单向流动的。

设计模式从 MVC 进化到 MVP 后，MVC 中的 Controller 变化为 Presenter。有鉴于 MVC 的弊端，MVP 在理论设计上把三部分中的各个部分保持相对独立，原则上各个模块尽可能分离。MVC 设计模式中 Model 和 View 可以交互，但在 MVP 设计模式中，Model 与 View 相互隔离，Model 与 View 隔着一层 Presenter，两者之间不再发生直接关联，其交互通过 Presenter 完成，Presenter 层与 View 层之间通过接口交互。View 层不再与 Model 层通信，View 层和 Model 层之间的连接管道是 Presenter 层，View 层不再部署业务逻辑，理论上 View 层最好只有 set/get。在 Android 的 MVC 设计模式中，诸如 Activity 和 Fragment 承担了 View 层，同时也担负 Controller 层的业务逻辑处理。把 Activity 的 View 和 Controller 解耦出来改造成 View 层和 Presenter 层，这是 Android MVP 模式的大体框架性设计，如图 18－2 所示。

然后 View 层要做的，仅仅是根据 Presenter 层传导过来的一个布尔值显示或者隐藏 View 层的某个 View 这种操作。复杂的业务逻辑散布在 Presenter 完成。

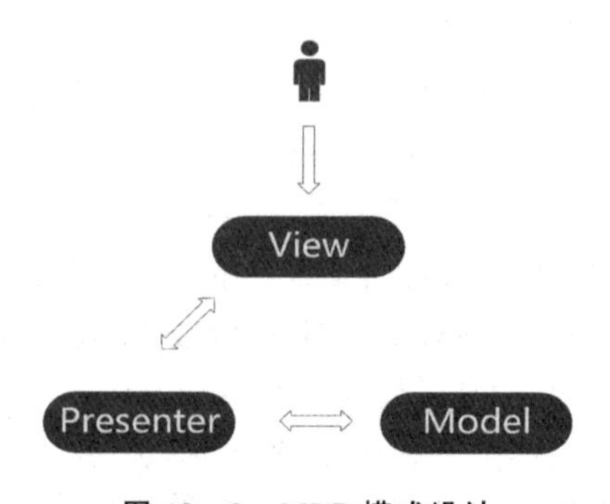

图 18－2 MVP 模式设计

图 18－2 中三部分之间的数据和通信流动方向如双向箭头所指。

软件行业的设计模式从 MVC 到 MVP,再演化到 MVVM,如图 18-3 所示。

图 18-3 设计模式的演进,从 MVC 到 MVVM

MVVM 设计模式和 MVP 类似,MVP 中的 Presenter 改为 ViewModel,大的基本原则没有改变,如图 18-4 所示。View 不直接使用 Model,Model 也不应该和 View 直接交互。View 和 Model 之间通过 ViewModel 作为桥段进行通信,Model 和 ViewModel 互动。Model 通过 ViewModel View,ViewModel 中的成员元素发生变化,将直接导致相绑定的 View 的变化。反过来,如果 View 发生变化,这也将直接改变 ViewModel。MVVM 中的双向绑定和 MVP 区别开来。

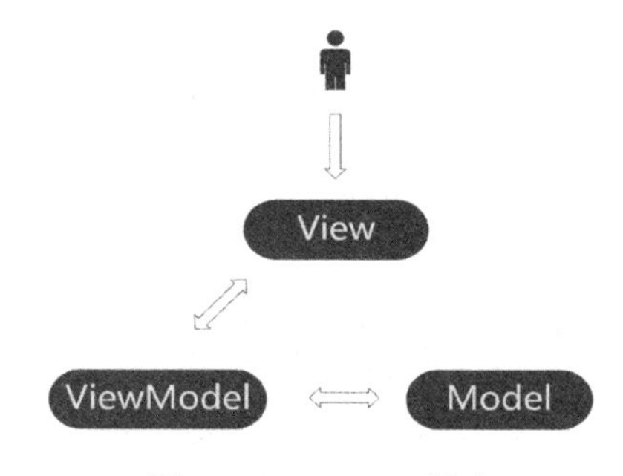

图 18-4 MVVM 模式

View 和 Model 不再像过去的 Android 开发一样杂乱无章地缠绕在一起。从此,数据的归数据,View 的归 View,Model 的归 Model。这一编程模型的变化,将引发深层次的 Android 编程思想的变化,以 Android DataBinding 技术作为前进基础,开发者通过 ViewModel 主动控制 View 而不是被动地被 View 控制。基于 MVVM 架构,Android 开发者终于可以站在数据、逻辑的视角重新审视 App 的整体架构,Android 开发者组织好 ViewModel 数据在 App 项目中的流动秩序,即可数据驱动 App 完美运行。

18.2 初识 Android DataBinding

本节将开始切入 DataBinding 的编码细节和具体实施。从起步阶段的配置,构建 View 的模型,然后到上层 Java 代码,我们将一步一步认识 Android DataBinding。

18.2.1 Android Studio 中配置 DataBinding

使用 Android DataBinding,首先需要在 Android Studio 中打开这一功能,在项目 module 的 gradle 配置中增加代码打开该开关:

```
android {
……
    dataBinding {
        enabled = true
    }
……
}
```

配置完成后,重新更新整个工程,刷新项目代码。

18.2.2 建立 ViewModel 模型

接下来要建立一个 ViewModel。作为开始的第一个例子,建立一个很简单的 ViewModel——User,其里面只有整型 id、字符型 name 两个基础成员变量。代码如下:

```
public classUser {
    private int id;
    private String name;

    public User(int id, String name) {
        this.id = id;
        this.name = name;
    }

    public void setId(int id) {
        this.id = id;
    }

    public int getId() {
        return this.id;
    }

    public void setName(String name) {
        this.name = name;
    }

    public String getName() {
        return this.name;
    }
}
```

User.java 的定义很简单。在这个例子中,User.java 实现代码看上去和普通的

Java Bean 数据容器没有什么差别，因为这个最简单的例子里暂时只使用了 ViewModel 最简单的写法。后面将看到对 ViewModel 的丰富和改进。

18.2.3 ViewModel 和 View 的绑定

Android DataBinding 和以往编程模型不同的是，需要在 Android 的 xml 布局里面直接设定（"注入"）ViewModel 和 View 的绑定关系。设定的 xml 代码写法必须以 layout 为根结点。这一点和过去的 Android 布局文件不同。在过去，如果需要在一个 LinearLayout 布局使用两个 TextView 分别显示 id、name，那么直接以 LinearLayout 为根，水平或者垂直方向排列两个 TextView 即可。

现在引入 Android DataBinding 技术后新的 xml 写法是，先写一个 layout 根结点，然后以 layout 为根，layout 把需要绑定的 ViewModel 和 View 包裹在一起。在本例中 ViewModel 即为 User，View 即为两个用于显示 id 和 name 的普通 TextView，我们写一个简单的 xml 布局 activity_main.xml，代码如下：

```
    <?xml version="1.0" encoding="utf-8"?>
<layout xmlns:android="http://schemas.android.com/apk/res/android">

    <data>
        <variable
            name="user"
            type="zhangphil.book.User" />
    </data>

    <LinearLayout
        android:layout_width="match_parent"
        android:layout_height="match_parent"
        android:orientation="vertical">

        <TextView
            android:layout_width="wrap_content"
            android:layout_height="wrap_content"
            android:text="@{String.valueOf(user.id)}" />

        <TextView
            android:layout_width="wrap_content"
            android:layout_height="wrap_content"
            android:text="@{user.name}" />

    </LinearLayout>
</layout>
```

通过具体的 xml 布局代码定义，可以看出和过去的 Android xml 布局不同的是，本例用了一个 layout 作为根。同时引入 data 元素结点，而在 data 结点里面定义的 variable 就是要“注入”和当前 View 绑定的 ViewModel。特别注意，在 TextView 定义 android:text 属性文本值时，使用的特别注解符号和形式是：@{}。

本例中的 name 值为：

```
android:text = "@{user.name}"
```

其中，@{user. name}表达式的意义是把 User 对象实例 user 的 name 值作为字符串赋予 text。

由于 TextView 的 text 接受的是字符串，而在 User 中定义的 id 是一个整型，怎么办？因此在本例中，需要使用 String. valueOf 方法把整型 id 转化为字符串，然后才能赋予 android：

```
text:android:text = "@{String.valueOf(user.id)}"
```

由此可以看出，原有大多数 Java 语言的标准 API 在 Android DataBinding 中可直接复用，比如 String 的 valueOf 方法等。

18.2.4 代码连接

以上完成后，接下来在上层 Java 代码中，用 ActivityMainBinding 像胶水一样把 ViewModel 和 View 连接起来。代码如下：

```
import zhangphil.book.databinding.ActivityMainBinding;

public class MainActivity extends AppCompatActivity {
    @Override
    protected void onCreate(Bundle savedInstanceState) {
        super.onCreate(savedInstanceState);

        ActivityMainBinding binding = DataBindingUtil.setContentView(this, R.layout.
                activity_main);
        User user  =  new User();
        binding.setUser(user);

        user.setId(1);
        user.setName("zhangphil");
    }
}
```

因为之前在 activity_main. xml 布局文件里面“注入”了一个 name 名为 user 的 data 对象 User，所以，Android 系统自动会为 ActivityMainBinding 生成 setUser 的

方法。如果在 activity_main. xml 里写的 name 不是 user,而是 myuser,那么相应地,Android 系统自动会为 ActivityMainBinding 生成 setMyuser 这种形式的函数式。代码运行结果如图 18-5 所示。

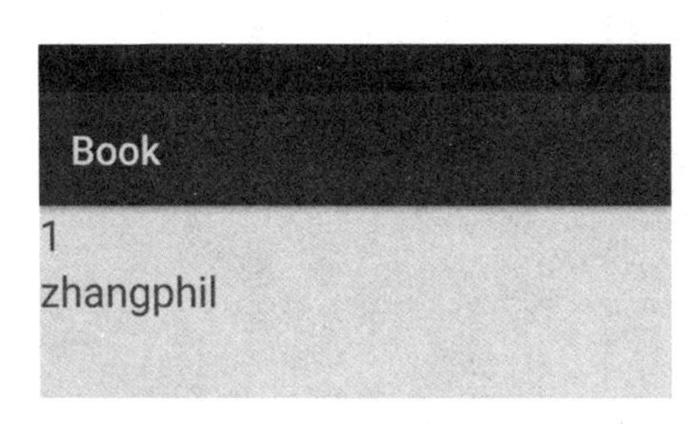

图 18-5 运行结果

图 18-5 中的代码连接成功后,通过 Java 对象 User 即可操作 View 的数据设置和呈现。

我们回想一下,过去在使用 Android DataBinding 技术之前是怎么做到设置 TextView 文本呢?首先,findViewById 找到 TextView 对象实例,然后通过该对象实例设置(通过 setText 函数)这个 TextView 具体要显示的文本内容,此时 View 层才会显示出文本结果。这一过程也为大多数 Android 对 View 进行赋值操作的步骤,开发者不仅需要处理 View,而且还要精心处理 Model 数据。基于 Android DataBinding,开发者在编程设计时可以大大简化代码编写工作,不再像过去那样通过 findViewById 找到这个 View(本例中展现 id 和 name 的两个 TextView),然后再对这个 View 展开操作,而现在仅通过 ViewModel(本例中的 User),就可以把 Model 数据(本例中两个简单数据:整数 1 和字符串 zhangphil)渲染到了 View 层,代码较之过去简洁很多。

Android DataBinding 技术提供的便捷通道,简化了 View 和 Model 的事务逻辑,使得开发者专注于 ViewModel 数据的流动和维护,就可以实现 View 的呈现。

18.3 notifyPropertyChanged:动态更新数据

前一节使用了最简单的 Android DataBinding 技术展现了两个数据 id 和 name。但是前一节的数据不能更新,即,当 App 运行起来后,开始之初 TextView 显示的是什么内容以后也是什么内容。如果用户数据 User 内部变量的动态变化不能反映到 View 层,即 TextView 不能发生变化,那么这样的代码和技术是没有意义的。现实的开发场景中,User 作为 ViewModel 的内部数据必然是动态变化的,并且动态变化的 Data 肯定要反映在 View 上。本节就继续使用 Android DataBinding 技术,实现动态数据变化更新到 View。

本节要实现一个目标就是,假设前一节的 User 数据模型发送变化,则变化的数据内容实时更新同步到绑定的 View 上。其实,实现这一目标,只需要针对 User 对象做一些小小的处理,增加几行代码就可以了,注意改进后的 User 对象。代码如下:

```
importandroid.databinding.BaseObservable;
import android.databinding.Bindable;

public class User extends BaseObservable {
    private int id;
    private String name;

    public User(int id, String name) {
        this.id = id;
        this.name = name;
    }

    public void setId(int id) {
        this.id = id;
        notifyPropertyChanged(BR.id);
    }

    @Bindable
    public int getId() {
        return this.id;
    }

    public void setName(String name) {
        this.name = name;
        notifyPropertyChanged(BR.name);
    }

    @Bindable
    public String getName() {
        return this.name;
    }
}
```

对比前一节那个最简单的 User 对象,本节增强的 User 对象实现 User 对象实例的实时变化将直接反映到 View 上这一功能,我们无须再对 xml 布局中的内容做任何调整。实现这一功能,要完成以下两点。

① ViewModel(本例是 User)首先需要继承自 BaseObservable。

② 必须成对使用@Bindable 注解和 notifyPropertyChanged。本例中,当 User

中的成员变量 name 在通过 setName 函数设置 View 层时,最后一行代码调用 notifyPropertyChanged,那么就要同时在通过函数 getName 获取姓名属性时添加注解@Bindable。可以简单认为,在函数 setName 中的代码语句 notifyPropertyChanged 就像 Android ListView 中的 notifyDataSetChanged 一样,实现观察者设计模型中数据同步的功效。notifyPropertyChanged 这个函数通知与其绑定的对象数据已经发生了变化,观察者需要及时更新数据。@Bindable 表示这个注解符号下的 Java 对象不是一个普通 Java 对象,而是一个存在绑定关系的 Java 对象。

条条大路通罗马。实现上述动态数据实时更新功能的方案还有一种,这一种方案更简单,需要的代码行数更少,代码相对更清晰,仍然是通过改造 User 对象得以实现。代码如下:

```
import android.databinding.BaseObservable;
import android.databinding.ObservableField;
import android.databinding.ObservableInt;

public class User extends BaseObservable {
    public final ObservableInt id = new ObservableInt();
    public final ObservableField <String> name = new ObservableField <> ();
}
```

User 这一 ViewModel 还是要继承自 BaseObservable,然后通过 Android DataBinding 引入的两个对象 ObservableInt 和 ObservableField 定义 id 和 name。这种方案同上面成对使用注解@Bindable 和 notifyDataSetChanged 达到的效果一致,但其代码更清晰简单。如果以这样的方式定义 ViewModel,那么在上层 Java 代码中就相应地需要以下面这种方式访问 id 和 name:

```
setContentView(R.layout.activity_main);
ActivityMainBinding binding = DataBindingUtil.setContentView(this, R.layout.activi-
ty_main);

User user = new User();
binding.setUser(user);

user.id.set(1);
user.name.set("zhangphil");
```

User 类中的设置值和取出值,和 Java 中常见的 setter 和 getter 方式类似,一个设置值,另一个取值。

18.4 @=操作符双向绑定

在过去的 Android 开发中，要实现一个简单的应用开发需求，就要垂直线性布局部署两个 View：上面一个 EditText，下面一个 TextView。EditText 接受用户的输入，TexView 要实时回显 EditText 的输入内容。一般的做法就是给 EditText 增加一个监听器(addTextChangedListener)，在这里面构造一个 TextWatcher，然后在 TextWatcher 里面把 EditText 的内容实时更新回显到 TextView 中。而现在，有了 Android DataBinding，我们则仅需几行代码一个符号“@=”就能搞定原先那些没有太多营养的代码操作。

现给出一个例子，仍然是先建立一个 ViewModel，我们建立一个 User.java 对象继承自 BaseObservable：

```
public classUser extends BaseObservable {
    public final ObservableField <String> content = new ObservableField <> ();
}
```

同样写一个 xml 布局文件 activity_main.xml 绑定上面所写的 User.java(注意，其实 User.java 已经是 ViewModel)：

```
<?xml version="1.0" encoding="utf-8"?>
<layout xmlns:android="http://schemas.android.com/apk/res/android">
    <data>
        <variable
            name="user"
            type="zhangphil.book.User" />
    </data>

    <LinearLayout
        android:layout_width="match_parent"
        android:layout_height="match_parent"
        android:orientation="vertical">

        <EditText
            android:layout_width="match_parent"
            android:layout_height="50dp"
            android:text="@={user.content}" />

        <TextView
            android:layout_width="wrap_content"
            android:layout_height="wrap_content"
            android:text="@{user.content}"/>
    </LinearLayout>
</layout>
```

要特别注意在 xml 中“@=”注解符号的使用。本例的 ViewModel User.java 写法和之前的写法没有什么本质区别,唯一改造的地方是在 xml 布局里面的 EditText 增加了“@=”注解符,这是最关键的变化。增加“@=”注解符,即告诉了 Android 系统,这里要进行双向绑定,要将 EditText 的输入再次作为输出数据源回写到 ViewModel 里面,这样就使 user.content 接收到 EditText 的输入数据后,再次输出到 TextView 中,TextView 即把 EditText 中的输入回显出来了。

同样,开发者需要在上层 Java 代码中将 View 和 ViewModel 绑定在一起:

```
    setContentView(R.layout.activity_main);
    ActivityMainBinding binding = DataBindingUtil.setContentView(this, R.layout.activi-
ty_main);

    User user = new User();
    binding.setUser(user);
```

代码运行结果输出如图 18-6 所示。

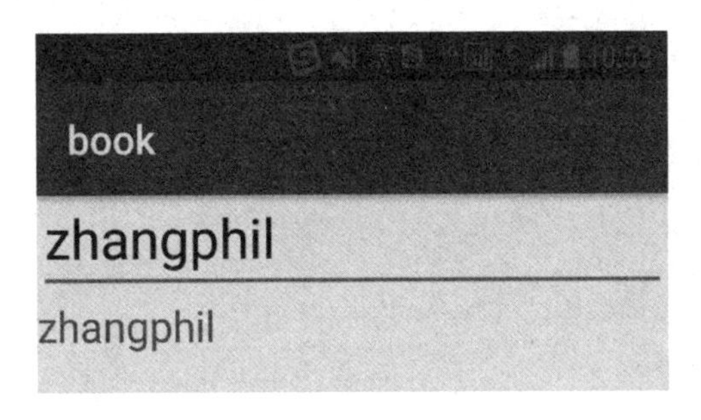

图 18-6　运行的输出

在输入框中输入 zhangphil,可以看到下边的显示位置实时回显了同样的字符结果,这样,双向的绑定功能实现了。接下来,我们将继续深入双向绑定技术,研究更复杂的变形和代码改造。

18.5　数据绑定的 BindingAdapter 适配器

Android DataBinding 的 BindingAdapter(绑定适配器)可以绑定 xml 布局里面设置的属性,根据开发者的需求,定制逻辑处理业务。BindingAdapter 绑定的某一个值(被观察者)改变后, BindingAdapter 则执行后续的一系列逻辑处理。本节在前一节的基础上进行改进,结合 BindingAdapter 实现一个简单的功能——用户在 EditText 输入一个字符串后,字符串在另一个 TextView 中以“*”号回显。

首先写一个 xml 布局文件,在该布局文件里增加一个属性 password,该 xml 布局文件假设名为 activity_main.xml。其代码如下:

```
<? xml version = "1.0" encoding = "utf - 8"? >
<layout xmlns:android = "http://schemas.android.com/apk/res/android"
    xmlns:app = "http://schemas.android.com/apk/res - auto">
    <data >
        <variable
            name = "user"
            type = "zhangphil.book.User" />
    </data >

    <LinearLayout
        android:layout_width = "match_parent"
        android:layout_height = "match_parent"
        android:orientation = "vertical">

        <EditText
            android:layout_width = "match_parent"
            android:layout_height = "50dp"
            android:text = "@ = {user.content}" />

        <TextView
            android:layout_width = "wrap_content"
            android:layout_height = "wrap_content"
            app:password = "@{user.content}" />
    </LinearLayout >
</layout >
```

在 TextView 中，自定义增加一个 password 属性。该 password 虽然仍以 user.content 作为输入内容，但最终输出结果仍以 BindingAdapter 的二次处理结果为准。在项目中，任意写一个类，在该类中增加注解 BindingAdapter，代码如下：

```
@BindingAdapter(value = {"password"})
public static void setTxt(TextView view, CharSequence text) {
    if (text == null) {
        return;
    }

    String s = "";
    for (int i = 0; i <text.length(); i++ ) {
        s = s + "*";
    }
    view.setText(s);
}
```

@BindingAdapter(value = {"password"})告诉 Android 系统，此处注解的方法

绑定项目中的 password 属性,具体的实现就是 setTxt 方法。setTxt 方法可以随意命名,但需要以 set 英文开始,且这个函数必须是静态的公开函数。setTxt 方法将 password 属性传递过来的值作为输入,本例是 user. content。进入 setTxt 后,就是第二个参数值 text,text 即为 user. content。然后在 setTxt 函数体内,当 text 接收到具体内容后,不直接显示内容,而是以"*"号代替,同时设置到 TextView 中,实现最终的密码回显效果。

关于 ViewModel 的定义 User. java 以及上层 Java 代码中 ViewModel 和 View 的绑定代码和 18.4 节相同,此处省略,代码运行结果如图 18-7 所示。

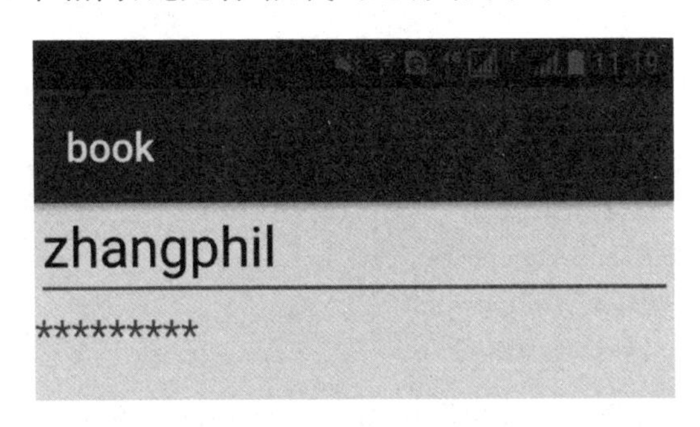

图 18-7 BindingAdapter 实现绑定后密码回显

和前一节相比,我们在双向绑定、实时回显的基础上增加了数据的拦截和处理。具体的拦截和处理就是在 BindingAdapter 中进行的。

18.6 BindingMethods 可实现 BindingAdapter 功能

DataBinding 中的注解 BindingMethods 比 BindingAdapter 更为灵活和通用。BindingAdapter 能做到的,BindingMethods 可以更灵活地实现。本节将在 18.5 节的基础上,在代码中用 BindingMethods 替换 BindingAdapter。需要把 activity_main. xml 布局中用于回显的 Android 原生 TextView 替换成自定义的 TextView,本例自命名为 PhilTextView:

```
@BindingMethods({@BindingMethod(type = TextView.class, attribute =
        "password", method = "setTxt")})

public class PhilTextView extends TextView {
    public PhilTextView(Context context, @Nullable AttributeSet attrs) {
        super(context, attrs);
    }
    public void setTxt(CharSequence text) {
        if (text == null) {
```

```
            return;
        }

        String s = "";
        for (int i = 0; i <text.length(); i++) {
            s = s + "*";
        }

        this.setText(s);
    }
}
```

相应地,需要在 xml 布局中把原生 TextView 转换成自定义的 PhilTextView:

```
<zhangphil.book.PhilTextView
android:layout_width="wrap_content"
android:layout_height="wrap_content"
app:password="@{user.content}" />
```

自定义的 PhilTextView 中,我们用 BindingMethods 注解包括了一个自定义的属性 password,由于开发者可能会定义若干自定义类似 password 属性,所以用 BindingMethods 嵌套包含一系列 BindingMethod。每一个 BindingMethod 定义一套属性 attribute 及该属性的对应方法 method,attribute 的输入值作为参数将再次传递给绑定的 method。

经由这样的注解定义,Android 系统自动把 attribute 属性中定义为 password 的值,再次作为参数,传递给 BindingMethod 中定义的 method。本例中,app:password 得到的值,会被 Android 系统作为参数再次输出"喂给"setTxt 方法中的 text,进行绑定事件处理。

代码运行后,其实现的功能和上一节一致。

18.7 基于 InverseBindingAdapter 实现双向绑定之反向绑定

Android DataBinding 的单向绑定比较容易理解和使用:ViewModel 数据模型的变化将引发 View 的变化;反过来, View 的变化也将导致 ViewModel 的变化。本例先基于 InverseBindingAdapter,说明这一双向绑定的反向绑定过程,后面章节再介绍以 InverseBindingMethods 实现同样的功能。

以一个经典的开发需求任务——下拉刷新为例加以说明。一般的下拉刷新的头部出现一个滚动的进度条(ProgressBar)和一些文字提示(TextView),提示"正在加载中"此类的消息。当下拉加载完毕后,滚动的进度条自动消失。

写一个自定义 View,继承自 NestedScrollView。之所以继承自 NestedScroll-View,主要是因为要利用 NestedScrollView 的下拉滚动事件,以触发下拉刷新事件。

先定义一个 ViewModel 为 ViewModel.java,其代码如下:

```
public classViewModel extends BaseObservable {
    public final ObservableBoolean isRefreshing = new ObservableBoolean();
}
```

ViewModel 中的 isRefreshing 用以表示当前状态是否在加载。写一个 xml 布局,将 ViewModel 注入到 xml 布局中,假设布局文件为 activity_main.xml,其代码如下:

```
<layout xmlns:android = "http://schemas.android.com/apk/res/android"
    xmlns:app = "http://schemas.android.com/apk/res - auto">
    <data >
        <import type = "android.view.View" />

        <variable
            name = "model"
            type = "zhangphil.book.ViewModel" />
    </data >

    <LinearLayout
        android:layout_width = "match_parent"
        android:layout_height = "match_parent"
        android:orientation = "vertical">

        <ProgressBar
            android:layout_width = "100dp"
            android:layout_height = "100dp"
            android:layout_gravity = "center_horizontal"
            android:visibility = "@{model.isRefreshing ? View.VISIBLE:View.GONE}" />

        <TextView
            android:layout_width = "match_parent"
            android:layout_height = "50dp"
            android:background = "@android:color/holo_red_light"
            android:gravity = "center"
            android:text = "加载中..."
            android:visibility = "@{model.isRefreshing ? View.VISIBLE:View.GONE}" />

        <zhangphil.book.PhilView
            android:id = "@ + id/philview"
```

```
            android:layout_width = "match_parent"
            android:layout_height = "match_parent"
            android:background = "@android:color/holo_blue_light"
            app:refreshing = "@ = {model.isRefreshing}">

            <LinearLayout
                android:layout_width = "match_parent"
                android:layout_height = "wrap_content"
                android:orientation = "vertical">

                <TextView
                    android:layout_width = "match_parent"
                    android:layout_height = "150dp"
                    android:gravity = "center"
                    android:text = "z" />

                <TextView
                    android:layout_width = "match_parent"
                    android:layout_height = "150dp"
                    android:gravity = "center"
                    android:text = "h" />

                ......

                <TextView
                    android:layout_width = "match_parent"
                    android:layout_height = "150dp"
                    android:gravity = "center"
                    android:text = "g" />
            </LinearLayout>
        </zhangphil.book.PhilView>
    </LinearLayout>
</layout>
```

该 xml 布局中定义了一个 ProgressBar，其用以显示常见的下拉刷新时的滚动进度条，当 refreshing 为 true 时 ProgressBar 可见，当 refreshing 为 false 时 ProgressBar 隐藏不可见。

紧挨着 ProgressBar 下面的 TextView，用以展示当下拉刷新时的提示文本，比如提醒用户当前正在处理下拉刷新，或者加载更多的后台线程任务等，其同样只在 refreshing 为 true 时可见，否则隐藏不可见。

ProgressBar 和用于显示加载提醒的 TextView 可见或不可见，均取决于在 Phil-

View 中自定义的属性 app：refreshing。关键改造集中在重新定义的 PhilView。本例的 PhilView.java 代码如下：

```
public classPhilView extends NestedScrollView {
    private static final String TAG = "ZHANGPHIL";
    private static boolean isRefreshing = false;

    public PhilView(Context context, AttributeSet attrs) {
        super(context, attrs);
    }

    @BindingAdapter(value = "refreshing", requireAll = false)
    public static void setRefreshing(PhilView view, boolean refreshing) {
        if (isRefreshing == refreshing) {
            //防止死循环
            Log.d(TAG, "重复设置");
            return;
        } else {
            isRefreshing = refreshing;
        }
    }

    @ InverseBindingAdapter(attribute = "refreshing", event = "refreshingAttr-
Changed")
    public static boolean getRefreshing(PhilView view) {
        return isRefreshing;
    }

    @BindingAdapter(value = {"refreshingAttrChanged"}, requireAll = false)
    public static void setRefreshingAttrChanged(PhilView view, final InverseBind-
ingListener inverseBindingListener) {
        if (inverseBindingListener ! = null) {
            inverseBindingListener.onChange();
        }
    }
}
```

在 PhilView 中定义了属性 app：refreshing，且使用了双向绑定的“@=”符号，那么就需要在 Java 代码中使用 getter 和 setter 成对地为 refreshing 进行绑定 BindingAdapter 和反向绑定 InverseBindingAdapter。在执行绑定操作的 setter 函数中，它持有变量 isRefreshing 的值。相应地，getter 方法简单返回 isRefreshing 的最新值，但同时反向绑定属性 refreshing、触发事件 refreshingAttrChanged。如果此时用

BindingAdapter 绑定了 refreshingAttrChanged 这一事件，那么以 refreshingAttrChanged 作为线索，Android 代码系统就可以把 isRefreshing 的变化传导给方法 setRefreshingAttrChanged。

把 PhilView 写好，然后在上层代码中就可以直接通过 ViewModel 操控 ProgressBar 和显示加载 tips 的 TextView 了。其代码如下：

```
    @Override
    protected void onCreate(Bundle savedInstanceState) {
        super.onCreate(savedInstanceState);
        setContentView(R.layout.activity_main);
        ActivityMainBinding binding = DataBindingUtil.setContentView(this, R.layout.ac-
tivity_main);

        mViewModel = new ViewModel();
        binding.setModel(mViewModel);

        binding.philview.setOnScrollChangeListener(new NestedScrollView.OnScrollChange-
                Listener() {
            @Override
            public void onScrollChange(NestedScrollView v, int scrollX, int scrollY, int
                    oldScrollX, int oldScrollY) {
                //不严格的判断是否触发了下拉加载
                if ((scrollY <oldScrollY) && scrollY == 0) {
                    if (mViewModel.isRefreshing.get()) {
                        Log.d("ZHANGPHIL", "正在刷新，请勿重复加载");
                        return;
                    } else {
                        loadMore();
                    }
                }
            }
        });
    }

    private void loadMore() {
        new Thread(new Runnable() {
            @Override
            public void run() {
                //耗时任务开始
                mViewModel.isRefreshing.set(true);
```

```
            try {
                //假设这里做了一个长时间的耗时操作
                Thread.sleep(3000);
            } catch (InterruptedException e) {
                e.printStackTrace();
            }

            //耗时任务结束
            mViewModel.isRefreshing.set(false);
        }
    }).start();
}
```

代码运行结果如图 18-8 所示。

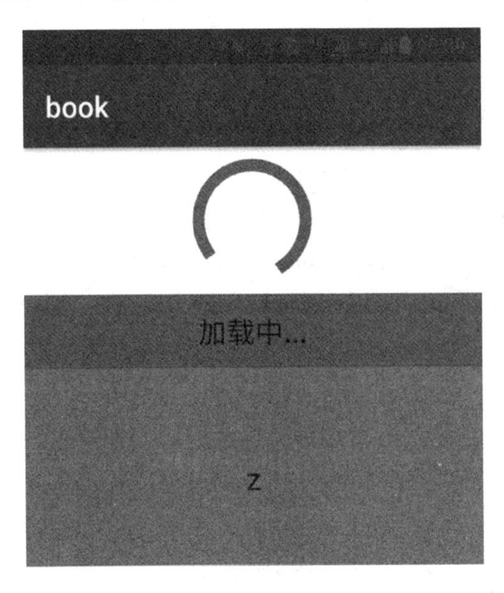

图 18-8　反向绑定实现的下拉刷新

可以把加载更多的代码抽出一个接口,更便于复用,但是限于篇幅,本例仅在上层代码中通过监听 NestedScrollView 的滚动事件,不严格地触发下拉加载事件。最关键的技术点是开发者在代码中如何通过 ViewModel 改写 View,以及如何将值回写到 ViewModel 里面。

简单总结一下,要基于 InverseBindingAdapter 实现双向绑定的反向绑定,需要完成下述 4 点。

① 在 xml 布局中定义属性 attribute。在本例中是定义了 app:refreshing。

② 定义的属性 attribute 值,不再是简单的单向绑定和数据传递,而是双向的数据绑定操作(@=)。本例中是 app:refreshing="@={model.isRefreshing}"。

③ 在自定义的 View 中，成对的 setter 和 getter 绑定 BindingAdapter、InverseBindingAdapter 反向绑定 xml 自定义的属性。本例是针对 refreshing 的绑定和反向绑定。从代码编程技巧的角度上说，开发者可以设定一个公共变量，在设置函数 setter 中更新这个公共变量，再通过 getter 函数取出该变量。

在 InverseBindingAdapter 反向绑定时，注意要定义一个 event 事件，该事件将作为线索往下传导。一般地，如果开发者在 xml 中定义的 attribute 为 app:xxx，那么 Android 系统会自动默认 evnet 即为 xxxAttrChanged，除非开发者再次定制改写它。

④ event 接收 AttrChanged 的事件消息，在 BindingAdapter 中，开发者通过"@="注解符绑定 AttrChanged 函数后，直接调用接口 InverseBindingListener 的 onChange 函数通知数据变动。这部分代码的写法，基本是约定俗成的。开发者可以在这里做一些更复杂的自定义接口监听事件。简单起见，直接呼叫 onChange 做出规定动作即可。

18.8 基于 InverseBindingMethods 实现双向绑定之反向绑定

在上一节中，我们基于 InverseBindingAdapter 实现了双向绑定的反向绑定。可以看出使用 InverseBindingAdapter 进行反向绑定需要将变量和方法定义为静态，这在有的开发场景中未必完全合适。本节将引入 InverseBindingMethods，其和 InverseBindingAdapter 类似，但可以以更为灵活的方式实现双向绑定的反向绑定。保持上一节的绝大部分代码内容不变，仅需要使用 InverseBindingMethods 改造 PhilView 即可，PhilView.java 的代码如下：

```
    @InverseBindingMethods({@InverseBindingMethod(type = PhilView.class, attribute =
"refreshing", event = "refreshingAttrChanged")})

    public class PhilView extends NestedScrollView {
        private boolean isRefreshing = false;

        public PhilView(Context context, AttributeSet attrs) {
            super(context, attrs);
        }

        public void setRefreshing(boolean refreshing) {
            if (isRefreshing == refreshing) {
                //防止死循环
```

```
                return;
            } else {
                isRefreshing = refreshing;
            }
        }

        public boolean getRefreshing() {
            return isRefreshing;
        }

        public void setRefreshingAttrChanged(InverseBindingListener inverseBindingLis-
tener) {
            if (inverseBindingListener != null) {
                inverseBindingListener.onChange();
            }
        }
    }
```

用 InverseBindingMethods 注解改造后的 PhilView 的技术思路和基于 InverseBindingAdapter 实现 PhilView 的思路相同。从软件工程的角度上看,InverseBindingMethods 注解实现的 PhilView 更为灵活和通用。开发者在使用 InverseBindingMethod 进行注解定义的时候,有 4 点需要特别注意。

① InverseBindingMethod 里面的 event 事件不是必需的,如果在 InverseBindingMethod 里面没有定义,那么 Android 系统自己会自动匹配查找。Android 系统自动匹配查找的基本原则是,根据开发者自定义的 attribute 具体值,再拼接上 AttrChanged 组合成函数名,然后 Android 系统以新的 attribute+AttrChanged 新函数名进行匹配查找。比如,如果定义了 attribute="xxx",那么 Android 系统自动会匹配查找 xxxAttrChanged 方法,该方法是 set 开头,最终就变成了 setXxxAttrChanged。

② 如果开发者在 event 里面随意定义了一个方法名,那么必须在 Java 类里面有这个方法围绕 event 展开的逻辑代码。比如,用户在 InverseBindingMethod 的 event 里面任意定义了一个方法 abcdefg,那么该注解类必须有一个同名方法如 setAbcdefg(),然后在这里面调用 InverseBindingListener 的 onChange()。

③ InverseBindingMethod 中定义的 attribute 属性值,即为开发者想要和 xml 布局里面 app:xxx 绑定的值。

④ 如果通过 InverseBindingMethod 绑定注解了一个 Java 类,在这个 Java 类里面的 get 和 set 函数后面接续的英文字符即为在 xml 布局中定义的 attribute 值。比如,attribute 属性为 app:xxx,那么 set 和 get 函数即为 setXxx()和 getXxx()。

18.9 基于 BindingAdapter 与 InverseBindingAdapter 实现 SeekBar 双向绑定

接下来，我们在前几节介绍的双向（正向/反向）绑定技术基础上，继续深化 Android 数据绑定技术的研究和实际使用。结合日常开发使用的 Android SeekBar，用 Android DataBinding 绑定技术，通过 ViewModel 值修改 SeekBar 的进度，以及实现常见的 SeekBar 拖动时的进度回写到 ViewModel 中。比如，当用户手动拖动 SeekBar 时，SeekBar 当前的进度值回写到建立的 ViewModel 中。

首先建立 ViewModel 类，叫作 Progress.java：

```
public classProgress extends BaseObservable {
    public final ObservableInt porgress = new ObservableInt();
}
```

在 xml 中把 ViewModel(Progress 对象)注入进去，所注入的 xml 文件叫作 activity_main.xml。代码如下：

```
<? xml version = "1.0" encoding = "utf - 8"? >
<layout xmlns:android = "http://schemas.android.com/apk/res/android"
    xmlns:app = "http://schemas.android.com/apk/res - auto">
    <data >
        <variable
            name = "progress"
            type = "zhangphil.book.Progress" />
    </data >

    <LinearLayout
        android:layout_width = "match_parent"
        android:layout_height = "match_parent"
        android:orientation = "vertical">

        <zhangphil.book.PhilSeekBar
            style = "? android:attr/progressBarStyleHorizontal"
            android:layout_width = "match_parent"
            android:layout_height = "30dp"
            app:philprogress = "@ = {progress.porgress}" />

        <TextView
            android:layout_width = "match_parent"
            android:layout_height = "wrap_content"
```

```
            android:gravity = "center"
            android:text = "@{String.valueOf(progress.porgress)}"
            android:textColor = "@android:color/holo_blue_light"
            android:textSize = "50dp" />
    </LinearLayout >
</layout >
```

在自定义的 PhilSeekBar 中实现对属性 philprogress 的双向(正向/反向)绑定,代码体现在 PhilSeekBar.java 代码文件中:

```
public classPhilSeekBar extends SeekBar {
    private static InverseBindingListener mInverseBindingListener;

    public PhilSeekBar(Context context, AttributeSet attrs) {
        super(context, attrs);

        this.setOnSeekBarChangeListener(new OnSeekBarChangeListener() {

            @Override
            public void onProgressChanged(SeekBar seekBar, int i, boolean b) {
                //触发反向数据传导
                if (mInverseBindingListener ! = null) {
                    mInverseBindingListener.onChange();
                }
            }

            @Override
            public void onStartTrackingTouch(SeekBar seekBar) {

            }

            @Override
            public void onStopTrackingTouch(SeekBar seekBar) {

            }
        });
    }

    @BindingAdapter(value = "philprogress", requireAll = false)
    public static void setPhilProgress(PhilSeekBar seekBar, int progress) {
        if (getPhilProgress(seekBar) ! = progress) {
```

```
                seekBar.setProgress(progress);
            }
        }

        @InverseBindingAdapter(attribute = "philprogress", event = "philprogressAttr-
Changed")
        public static int getPhilProgress(PhilSeekBar seekBar) {
            return seekBar.getProgress();
        }

        @BindingAdapter(value = {"philprogressAttrChanged"}, requireAll = false)
        public static void setPhilProgressAttrChanged(PhilSeekBar seekBar, InverseBind-
ingListener inverseBindingListener) {
            if (inverseBindingListener != null) {
                mInverseBindingListener = inverseBindingListener;
            }
        }
    }
```

在自定义 PhilSeekBar 的构造函数中，PhilSeekBar 内部通过 Android SeekBar 提供的监听方法监听了 SeekBar 滑动进度改变事件，在监听接口 OnSeekBarChange-Listener 里面使用 InverseBindingListener 触发绑定数据的反向传导。上层 Java 代码把 View 和 ViewModel 绑定在一起，用 DataBinding 绑定技术实现的 PhilSeekBar 即可工作了，代码如下：

```
    ActivityMainBinding binding = DataBindingUtil.setContentView(this, R.layout.activi-
ty_main);

    Progress progress = new Progress();
    binding.setProgress(progress);

    //设置一个初始值作为演示数据→View
    //最常见的进度设置
    progress.porgress.set(21);
```

代码运行结果的初始化状态如图 18-9 所示。

滑动进度条到 90 时，代码运行结果如图 18-10 所示。

BindingAdapter 与 InverseBindingAdapter 可以实现 SeekBar 双向（正向/反向）绑定，同样地，InverseBindingMethods 也可以。下一节将介绍如何使用 InverseBindingMethods 来实现与本节相同的功能。

图 18-9　初始化状态

图 18-10　拖动进度条到 90

18.10　基于 InverseBindingMethods 实现 SeekBar 双向绑定

用 BindingAdapter 与 InverseBindingAdapter 能够实现 SeekBar 双向(正向/反向)绑定,用 InverseBindingMethods 同样也可以实现,且实现起来显得更为轻巧。本节在上一节的基础上,只改造 PhilSeekBar,用 InverseBindingMethods 替换 BindingAdapter 与 InverseBindingAdapter,来实现正向/反向绑定,如以下代码所示:

```
@InverseBindingMethods({@InverseBindingMethod(type = PhilSeekBar.class, attribute = "philprogress", event = "philprogressAttrChanged")})

public class PhilSeekBar extends SeekBar {
private int progress = 0;
private InverseBindingListener mInverseBindingListener;

public PhilSeekBar(Context context, AttributeSet attrs) {
    super(context, attrs);
    this.setOnSeekBarChangeListener(new OnSeekBarChangeListener() {
        @Override
        public void onProgressChanged(SeekBar seekBar, int i, boolean b) {
```

```
                progress = i;

                //触发反向数据传导
                if (mInverseBindingListener != null) {
                    mInverseBindingListener.onChange();
                }
            }

            @Override
            public void onStartTrackingTouch(SeekBar seekBar) {

            }

            @Override
            public void onStopTrackingTouch(SeekBar seekBar) {

            }
        });
    }

    public void setPhilprogress(int p) {
        if (progress != p) {
            progress = p;

            super.setProgress(progress);
        }
    }

    public int getPhilprogress() {
        return progress;
    }

    public void setPhilprogressAttrChanged(InverseBindingListener inverseBindingLis-
tener) {
        if (inverseBindingListener != null) {
            mInverseBindingListener = inverseBindingListener;
        }
    }
}
```

代码运行结果和上一节的结果一致。

attribute 的命名规则必须和 xml 中定义的一致，否则编译器报错无法通过编译。attribute 的命名可以区分大小写。但是开发者在编写 set/get 函数时,最好把首字母变成大写,使用 Java 驼峰式命名格式。本例 xml 中定义的 attribute 是 app:philprogress,那么 PhilSeekBar 中的 set/get 方法演变成 set/getPhilProgress,同样 AttrChanged 事件变为 setPhilProgressAttrChanged。

18.11 Android DataBinding 技术在传统 ListView 中的运用

前几节对 DataBinding 关键的技术点作了详细介绍,本节将研究如何把这些所学知识应用在 Android 传统 ListView 中。使用 DataBinding 技术增强 ListView,关键的技术点体现在 ListView 的 Adapter 中。Android 的 DataBinding 不针对 ListView,不能在 ListView 中使用,而是在 ListView 的 Adapter 中使用。

下面以常见的 ListView 配套使用的 ArrayAdapter 为例来讲解。

① ArrayAdapter 为 ListView 创建每一个 item 的 View 时,需要一个 xml 布局文件,在这个 xml 布局文件中,把 item 需要绑定的 ViewModel 注入到 xml 布局文件中。假设就是本章常用的 User 这一 ViewModel 注入到 item.xml 中,User 只包含两个基本数据对象 id(整型)和 name(字符串)。item.xml 是 ArrayAdapter 为 ListView 准备的每一个列表条目的布局,代码如下:

```
    <?xml version="1.0" encoding="utf-8"?>
<layout xmlns:android="http://schemas.android.com/apk/res/android">
    <data>
        <variable
            name="user"
            type="zhangphil.book.User" />
    </data>

    <LinearLayout
        android:layout_width="match_parent"
        android:layout_height="wrap_content"
        android:orientation="vertical">

        <TextView
            android:layout_width="match_parent"
            android:layout_height="wrap_content"
            android:text="@{String.valueOf(user.id)}" />

        <TextView
            android:layout_width="match_parent"
            android:layout_height="wrap_content"
```

```
            android:text = "@{user.name}" />
    </LinearLayout>
</layout>
```

② 在为 ListView 准备的 ArrayAdapter 中，当 Android 系统通过适配器里面的 getView 函数为 ListView 创建视图时，通过工具方法 DataBindingUtil 获得一个 item.xml 绑定的 ViewDataBinding。然后通过 ViewDataBinding 的 setVariable 函数设置与每一个 item 产生的 View 动态相绑定的 ViewModel(User)。代码如下：

```
    privateArrayList <User> mUsers;

    ……

    @NonNull
    @Override
    public View getView(int position, @Nullable View convertView, @NonNull ViewGroup
parent) {
        //Android DataBinding 的关键

        ViewDataBinding binding;

        if (convertView == null) {
            binding = DataBindingUtil.inflate(LayoutInflater.from(context), resId, par-
ent, false);

            convertView = binding.getRoot();
            convertView.setTag(binding);
        } else {
            binding = (ViewDataBinding) convertView.getTag();
        }

        binding.setVariable(user, getItem(position));

        return convertView;
    }
    ……
    @Nullable
    @Override
    public User getItem(int position) {
        return mUsers.get(position);
    }
```

如果以往的 getView 中已经存在 ViewDataBinding,那么出于对性能的考虑,优化编码逻辑,把该 ViewDataBinding 作为一个对象通过 setTag 缓存到 convertView 里面,以备后续快速使用。

18.12 Android DataBinding 技术在 RecyclerView 中的运用

Android DataBinding 技术在 RecyclerView 中的运用,和前一节介绍的传统 ListView 中的运用思路相同,其关键是 Adapter。和 ListView 不同的是,RecyclerView 的 Adapter 需要继承自 RecyclerView. Adapter 的 ViewHolder。DataBinding 针对 RecyclerView 的 Adapter 特性,需要分别在 onCreateViewHolder 和 onBindViewHolder 中做一些处理,这些代码写法几乎是固定的,如 RecyclerView 的 Adapter 代码所示:

```
        private classItemAdapter extends RecyclerView.Adapter <ItemViewHolder> {

        @Override
        public ItemViewHolder onCreateViewHolder(ViewGroup viewGroup, int i) {
            ViewDataBinding binding = DataBindingUtil.inflate(LayoutInflater.from(view-
Group.getContext()), R.layout.item, viewGroup, false);
            ItemViewHolder holder = new ItemViewHolder(binding);
            return holder;
        }

        @Override
        public void onBindViewHolder(ItemViewHolder viewHolder, int i) {
            viewHolder.getBinding().setVariable(user, mUsers.get(i));
            viewHolder.getBinding().executePendingBindings();
        }

        @Override
        public int getItemCount() {
            return mUsers.size();
        }
    }

    private class ItemViewHolder extends RecyclerView.ViewHolder {
        private ViewDataBinding binding;

        public ItemViewHolder(ViewDataBinding binding) {
            super(binding.getRoot());
```

```
        this.binding = binding;
    }

    public ViewDataBinding getBinding() {
        return this.binding;
    }
}
```

在 onCreateViewHolder 中,把创建的 ViewDataBinding 传递给 ViewHolder,然后,Android 系统需要根据 ViewDataBinding 的 getRoot 获取根 View 提供给系统使用。在 onBindViewHolder 中,就要像在 ListView 的 Adapter 中那样,为每一个 View 设置(setVariable)绑定的 ViewModel(User)。

18.13 Android DataBinding 的 Lambda 表达式

前几节介绍的绑定技术和应用的编码沿袭了经典 Java-XML 风格,如今的程序设计语言中,Lambda 表达式这样的编码设计样式也颇受欢迎,DataBinding 也给予了相应的支持。Android DataBinding 中的 Lambda 表达式可以直接在 xml 写定,我们结合一个具体的例子来说明。该例子实现一个简单的功能:一个 EditText 接受用户输入,当用户点击按钮时,在代码中输出并展示用户在 EditText 的输入内容。

首先建立一个 ViewModel,叫作 User.java,代码如下:

```
public classUser extends BaseObservable {
    public final ObservableField <String> content = new ObservableField <> ();
}
```

这次准备一个方法接受用户点击 Button 的事件。任意命名一个类叫作 Util.java,然后这个 Util 增加一个方法 onMyClick,代码如下:

```
public classUtil {
    public void onMyClick(User user) {
        Log.d("点击按钮", user.content.get());
    }
}
```

此段代码的意图很简单,收到传入的 User 后,输出 User 中的 content 值。接着把 User 和 Util"注入"到 xml 布局代码文件中,布局文件叫作 activity_main.xml,其代码如下:

```
<layout xmlns:android = "http://schemas.android.com/apk/res/android">
    <data>
        <variable
```

```
            name = "util"
            type = "zhangphil.book.Util" />

        <variable
            name = "user"
            type = "zhangphil.book.User" />
    </data>

    ……

        <Button
            android:layout_width = "wrap_content"
            android:layout_height = "wrap_content"
            android:onClick = "@{() -> util.onMyClick(user)}"
            android:text = "按钮" />

        <EditText
            android:layout_width = "match_parent"
            android:layout_height = "50dp"
            android:text = "@ = {user.content}" />
    ……
</layout>
```

在 activity_main.xml 的布局文件中，Lambda 表达式的具体使用就体现在 Button 按钮定义的 onClick 事件：

```
android:onClick = "@{() -> util.onMyClick(user)}"
```

此 Lambda 表达式接收绑定到此布局中的 ViewModel：user 对象，user 对象作为数据参数再次往后续逻辑代码中传导下去。

具体的绑定过程和前几节介绍的相同，代码如下：

```
ActivityMainBinding binding = DataBindingUtil.setContentView(this, R.layout.activity_main);

User user = new User();
binding.setUser(user);

Util util = new Util();
binding.setUtil(util);
```

代码运行起来后，在 EditText 里面输入任意字符串，比如输入 zhangphil，然后点击 Button 按钮，logcat 的日志输出如下：

```
10-12 18:32:52.226 24559-24559/zhangphil.book D/点击按钮: zhangphil。
```

18.14 小结

Android DataBinding 技术是构建 Android 体系中 MVVM 设计模式架构的利器，可巧妙组织 View 和 ViewModel 的关系，使两者有机地组合和联动起来。ViewModel 层把 Model 层和 View 层关联起来，ViewModel 层把 Model 层中的数据同步给 View 层中显示，ViewModel 层还可以把 View 层接收到的数据，通过 ViewModel 再次同步传回 Model 层中去。本章介绍了 Android DataBinding 技术的关键技术点、整体的编程和设计模式，并在最后以滑动进度条和经典的列表 View 作为实现和改造的目标，强化 DataBinding 数据和 View 的正向与反向绑定技巧，以加深读者对 DataBinding 的理解和运用。掌握了这些内容和技巧后，读者可以据此设计出更复杂、更契合开发者自身具体业务逻辑的代码工程。

第19章

Android NDK 开发技术

Android NDK(Native Development Kit,原生代码开发工具包)是一整套在 Android 软件开发的底层代码中,可以把使用传统 C 程序设计语言或 C++程序设计语言编写的代码或库植入到 Android 中的技术方案。在计算机发展的进程中,C/C++在相当长的一段时期内创造了大量有价值的代码或库。如果能够把这些代码资产直接移植到 Android 平台,复用已有的 C/C++代码或库,这无疑能够增强 Android 技术。

Android 作为一种通用型的平台,在一些计算密集、加密解密、图形图像计算等特殊计算场景下,出于安全或者性能上严格要求的考虑,则有必要考虑采取 Android NDK 技术方案,通过 C/C++代码或库增强计算能力。说到 Android 平台上 NDK 使用 C/C++类库,就不得不提 Java 的 JNI 技术。JNI(Java Native Interface,Java 本地接口),也被称作 Java 本地原生接口。JNI 允许 Java 调用 C/C++代码,同时也允许 C/C++代码中回调 Java 语言代码。JNI 就像一座桥梁,桥接了 Java 语言和底层的本地化 C/C++语言。本章将介绍如何使用 Android NDK 开发使用本地代码的 Android 应用程序,从而把 C/C++编写的代码及类库,和 Java 编写的 Android 代码融为一体。

19.1 Java JNI 技术简介

在介绍 Android NDK 开发之前,有必要了解 Java 的 JNI 技术。从一定意义上讲,Android NDK 技术,即是 Java JNI 在 Android 平台上的运用。Android NDK 提供了一整套工具包,这套工具包方便 Android 软件开发者基于 JNI(在 JNI 框架之上)编程实现 Android 平台底层的原生代码内容,JNI 是一套 Java 的编程接口,它实现了 Java 代码与本地代码的互操作。

JNI 提供了若干的 API,实现了 Java 和其他语言的通信(最主要的是 C 程序设计语言和 C++程序设计语言)。从 Java 1.1 开始,JNI 标准成为 Java 平台的一部分,特别是为 C / C++语言而设计的。

JNI 技术可以实现 Java 与 C/C++语言的协同这一重要特性使得 Android 开发者在使用 Java 平台的同时,还可以复用不同操作系统、不同语言紧密相关本地代码。

作为Java虚拟机实现的一部分,JNI允许Java和本地代码双向交互。但是使用了JNI代码后,Java程序就丧失了跨平台特性,程序代码需要在不同系统环境下重新编译生成。同时程序的安全也会遇到挑战,编写的JNI代码稍有小问题就极可能导致程序全部退出崩溃。

JNI代码会导致Java程序丧失跨平台的可移植性,然而有些情况下这样的代价是值得的,甚至是必需的。因为,早期的软件开发者用C/C++甚至汇编语言编写实现的大量成熟、优秀、稳定的C/C++库,以及涉及Java与硬件设备、Java与操作系统进行交互,或者为了提高Java程序性能而编写的C/C++库,若放弃则是一种浪费。

Java的JNI编程模型相对还算比较清晰,大致可以总结成三个方面内容。

① 在上层Java代码中声明native函数名。

② 在底层的JNI层实现Java层声明的native函数,在JNI层可调用底层库或回调上层Java的函数。这些代码如果无误后被编译成动态库,这些动态库通常是so库文件,供系统后续加载使用。

③ 加载JNI层代码编译生成的so库。直接在上层Java代码中调用native函数。

上述三个内容完成后,生成的最重要的成果即是so库。当获得so库后,直接动态加载so库,调用so库定义的函数,即可实现本地原生代码完成的功能。例如一个简单的上层Java代码中使用JNI生成的so库,代码如下:

```
public class HelloJNI {
    static {
        //在运行时加载本地库
        //Windows 环境下是 hello.dll 库,Linux 环境下则是 libhello.so 库
        System.loadLibrary("hello");
    }

    //声明一个本地函数名,这个函数在上层 Java 语言中使用
    //但是它需要在 JIN 层的 C/C+ + 实现
    private native void sayHello();

    //测试的主程序
    public static void main(String[] args) {
    //在 Java 代码中直接调用
    new HelloJNI().sayHello();
    }
}
```

static静态代码块包括的Java代码,意为在这个类被类加载器加载时,就要调用System.loadLibrary()加载一个名为hello的本地库,在hello这个本地库中必须实

现 sayHello 函数。操作系统不同,生成的动态库文件也是不同的,在 Windows 操作系统平台上,这个库的名字叫 hello.dll,而在类 UNIX 如 Linux 操作系统平台上,其名字是 libhello.so。这个库必须事先已经包含到了 Java 的库路径中,否则程序在运行时就会抛出错误进而崩溃。

自定义命名生成的动态库文件名要遵循一些基本的命名规则,库名是:

lib+文件名+文件扩展名

在 Java 运行时动态加载 C/C++编程实现的动态库,需要在静态代码块中通过 loadLibrary 函数加载。动态库名字不能任意命名,如果在上层 Java 代码中通过静态代码块调用了 so 库文件,名为 HelloWorld,即 System.loadLibrary("HelloWorld"),那么 C/C++动态库的名字必须是 libHelloWorld.so。System.loadLibrary 中的名字 HelloWorld 和库名 libHelloWorld 必须一一对应,不能有半点不同。

native 关键字把 sayHello()函数声明为本地函数,Java 虚拟机因而得知,sayHello()这个函数的实现是以另外一种编程设计语言实现的,需要去 static 类库加载的本地库中寻找它的具体实现。native 关键声明的函数和 Java interface 声明的函数样式类似,它只是一个声明,没有具体实现。

19.2 Android NDK 开发环境配置

Java 的 JNI 技术是 Android NDK 技术的基础。具备了一定的 JNI 基础概念后,本节开始介绍 Android NDK 开发技术。

工欲善其事必先利其器,进行 Android NDK 应先搭建好开发环境。和开发一个常规的 Android 应用程序需要 SDK 一样,开发 Android NDK 程序,需要另外的 NDK。在过去旧版的 IDE 如 Eclipse 以及早期老版的 Android Studio 中,若开发者进行 NDK 编程,则需要单独下载 NDK 工具包。在最新的 Android Studio 中,谷歌为开发者简化了这些繁琐的下载配置工作,最新的 Android Studio 内置了自动下载和配置 Android NDK 的功能。

第一步,创建一个 Android 项目。但是和常规 Android 应用程序开发不同的是,我们需要勾选 Include C++ support,如图 19-1 所示。

勾选后,一路 Next。如果当前 Android Studio 开发环境没有 NDK 开发包,则弹出错误提示,如图 19-2 所示。

点击 Install NDK and sync project,Android Studio 自动会从谷歌官方下载链接后台下载 NDK 相关开发集成包,如图 19-3 所示。

这是初次下载 NDK。这一步完成后,由于当前环境已经具有了 NDK,后续就不会再重复下载和安装 Android NDK 了。

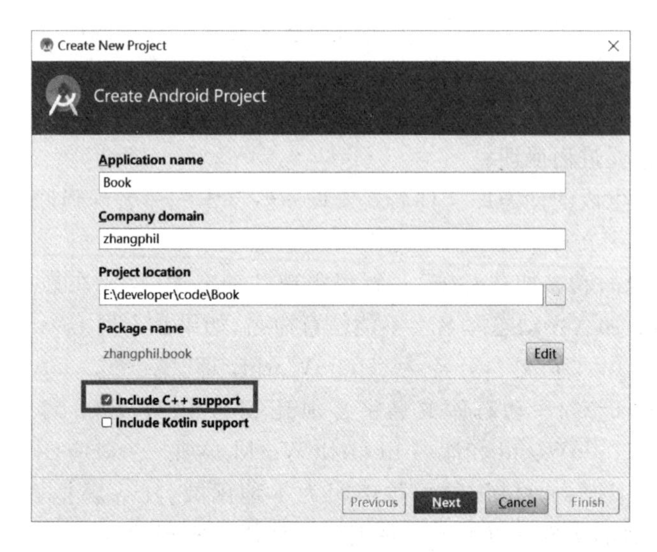

图 19－1　Android NDK 工程勾选 include C＋＋ support

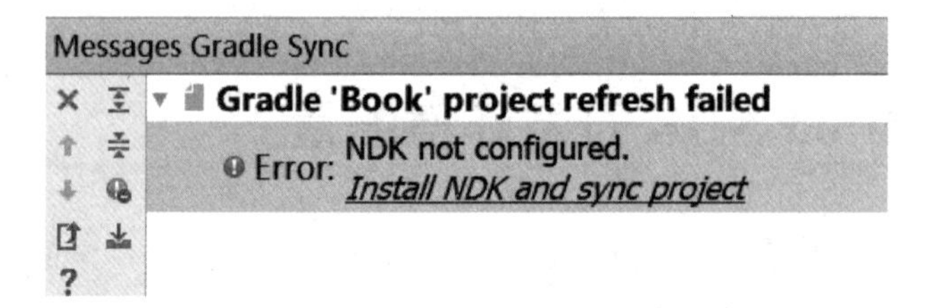

图 19－2　缺少 NDK 开发包的错误提示

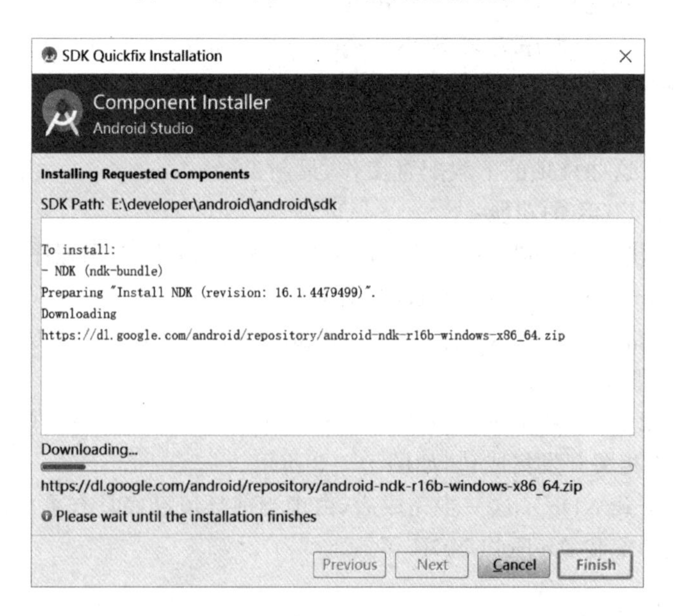

图 19－3　Android Studio 自动下载 NDK 相关开发集成包

第二步，在第一步中部署完 Android NDK 开发包后，生成一个全新的 Android 项目，但可能会提示错误 Error：Unable to get the CMake verion located at：……，如图 19－4 所示。

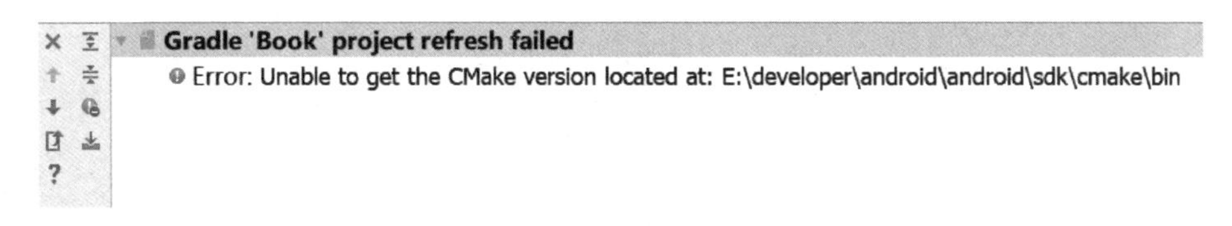

图 19－4　Android Studio 缺少 CMake 工具

报错原因是当前 Android Studio 没有安装工具 CMake。打开 SDK Manager，找到 SDK Tools，勾选 CMake，然后安装就可以，如图 19－5 所示。

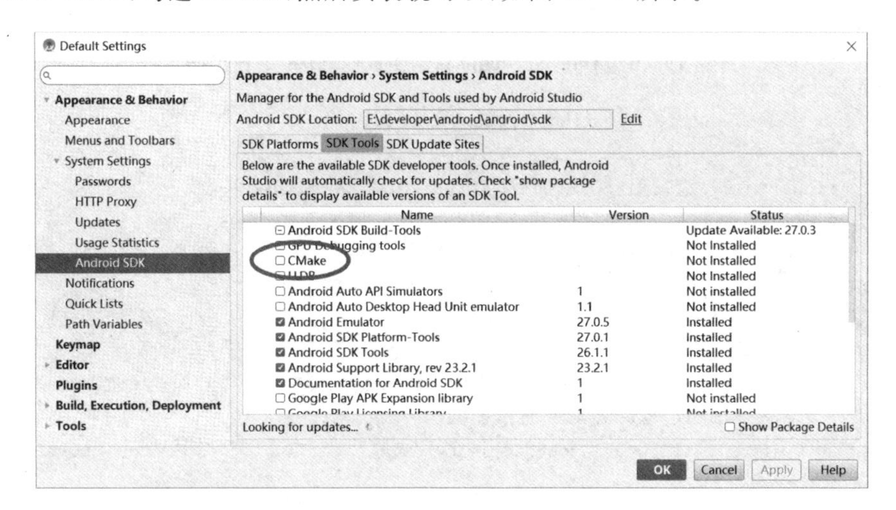

图 19－5　在 SDK Manager 添加 CMake

至此，Android Studio 的开发环境中可以支持 C/C++语言了，Android Studio 安装完 NDK，并且安装 CMake，开发环境就搭建好了。

19.3　Android Studio 自动生成的 NDK 工程代码结构分析

经过前一节的 Android NDK 环境部署完毕后，Android Studio 自动生成一个代码工程，如图 19－6 所示。

观察发现，工程代码包中，比过去常规 Android 应用开发多了一个 cpp 代码文件夹，此文件夹中多了一个 native－lib. cpp。新生成的 MainActivity. java 代码如下：

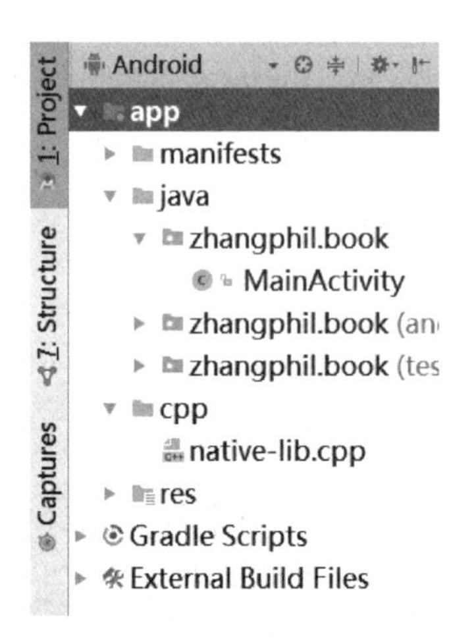

图 19-6　Android Studio 自动生成的 NDK 工程代码

```
public classMainActivity extends AppCompatActivity {

    // 在 Android 应用启动后就加载的 C/C++语言编写的本地库
    static {
        System.loadLibrary("native-lib");
    }

    @Override
    protected void onCreate(Bundle savedInstanceState) {
        super.onCreate(savedInstanceState);
        setContentView(R.layout.activity_main);

        // Android TextView 从一个本地方法中加载一个字符串
        TextView tv = (TextView) findViewById(R.id.sample_text);
        tv.setText(stringFromJNI());
    }

    /**
     * native 关键字声明了该方法是一个本地方法,该方法的具体实现在 native-lib 的
       本地库中
     */
    public native String stringFromJNI();
}
```

事实上,Android 的 NDK 开发,沿袭了 Java 的 JNI 开发技术和规范,但是更为精简。在 Java 程序设计语言中,开发者如果内嵌了 C/C++代码或库,则仍需要在 Java 源代码文件中成对编写三处代码。

① 在 Android 的 Java 代码中以 static 代码块形式加载 C/C++本地库。

静态方法代码块中，利用 System. loadLibrary 加载 C/C++库，代码如下：

```
static{
    System.loadLibrary("native-lib");
}
```

本例中的 C/C++库名为 native-lib，实际开发中的名字可自定义，但需要和 Android 工程项目 CMakeLists. txt 中指定的源代码文件一致。本例中，CMakeLists. txt 指定了 cpp 目录下的 native-lib. cpp，即为 native-lib 库的具体实现。在 MainActivity 启动后就首先加载本地名为 native-lib 的 C/C++库。

② 在 Android 的上层 Java 代码中，声明 native 函数。

在 Java 源代码中通过关键字 native 声明一个方法是本地 C/C++方法，代码如下：

```
/**
 * native关键字声明了该方法是一个本地方法，该方法的具体实现在native-lib的本地库中
 */
public native String stringFromJNI();
```

stringFromJNI 函数在 native-lib. cpp 代码文件中具体实现，然后 native-lib. cpp 将通过编译链接成为 so 库中的代码部分。Android Studio 中，由于使用了基于 CMakeLists. txt 的 C/C++编译配置文件，为开发者省去了过去 Java JNI 中的链接、编译目标文件的繁琐过程。如果开发者在上节第一步中加载了一个名为 native-lib 的本地 C/C++库，并以 native 关键词声明了一个本地方法，并在 native-lib. cpp 中写好该方法的实现，那么剩下来的 C/C++源代码文件的具体链接编译过程由 Android NDK 自动维护和完成。

③ 用 C/C++语言实现定义的 native 函数。

Android 的 NDK 开发和 JNI 开发要点保持一致。打开本例由 Android Studio 生成的 native-lib. cpp：

```
#include <jni.h>
#include <string>

extern "C"
JNIEXPORT jstring

JNICALL
Java_zhangphil_book_MainActivity_stringFromJNI(
        JNIEnv *env,
        jobject /* this */) {
```

```
    std::string hello = "Hello from C+ +";
    return env-> NewStringUTF(hello.c_str());
}
```

这是一个典型的C/C++语言编写的JNI代码文件。其命名第一眼看上去杂乱无章,但是仔细分析就明白JNI的命名规则。

Java_zhangphil_book_MainActivity_stringFromJNI这一长串函数修饰词的最终目的是修饰stringFromJNI。Java_表明该方法是一个由外部Java调用的方法。接着的zhangphil_book_MainActivity_,实际上就是stringFromJNI所在的包名路径(或称为命名空间)zhangphil. book. MainActivity,只不过这里把Java的包名的点“.”换成下画线“_”。以上工作完成后,剩下的就是C/C++程序设计语言的编写内容了。本例是返回一个简单字符串:Hello from C++。

下面总结Android NDK编程的具体步骤及其实现:

第一步,在上层Java代码中,借助static静态关键字,通过System. loadLibrary加载一个本地的C/C++库,该库的实现由CMakeLists. txt具体指定。在这一步,开发者无须过多关心诸如动态链接库. dll或者. so库等问题。

第二步,相应地,在同一Java源代码文件中以native关键词声明一个本地方法。该本地方法可以直接供Java使用。该方法必须在第一步中建立的. cpp源代码文件中实现。

第三步,在工程目录文件夹cpp下、CMakeLists. txt指定的 * * * . cpp源代码文件中实现第二步中的native方法,该方法用C/C++源代码实现。

19.4 自定义实现 Android 的 NDK 库

前一节具体介绍了Android Studio自动生成的NDK本地so库。本节将展示如何实现一个完全由自己生成的本地库和本地方法。简单起见,我们先实现一个数学的加法运算,计算两个整数的和。假设定义一个函数add(a,b),该函数由C/C++代码实现,计算结果返回给上层Java代码。本节将围绕add(a,b)的本地方法实现过程,说明如何实现一个Android NDK本地库。

假设add(a,b)的C/C++代码实现在一个名为math-lib的本地库中,在Android的Java源代码层级,更具体地说,在MainActivity. java中需要做两件事。

① 通过静态的static代码块,加载本地库math-lib,代码如下:

```
static{
    System.loadLibrary("math-lib");
}
```

② 以native关键词声明本地方法add(a,b),代码如下:

```
public native intadd(int a, int b);
```

最终的 MainActivity.java 代码写成如下：

```
public classMainActivity extends AppCompatActivity {
    static {
        System.loadLibrary("math - lib");
    }

    @Override
    protected void onCreate(Bundle savedInstanceState) {
        super.onCreate(savedInstanceState);

        Log.d("本地方法计算结果", add(2, 3) + "");
    }

    public native int add(int a, int b);
}
```

MainActivity.java 中的代码意图，是调用一个本地方法 add(a,b)，计算两个数字的和，而 add(a,b)则在本地库 math - lib 中定义和具体实现。

Java 层面的代码均已经完成，剩余的就是底层本地库的 C/C++源代码处理。剩下的工作就是如何实现 math - lib 库，以及如何在 math - lib 库中定义和实现 add 方法。

首先，在工程目录下定位到 cpp 文件夹，然后添加一个 math.cpp 的 C/C++源代码文件，如图 19 - 7 所示。

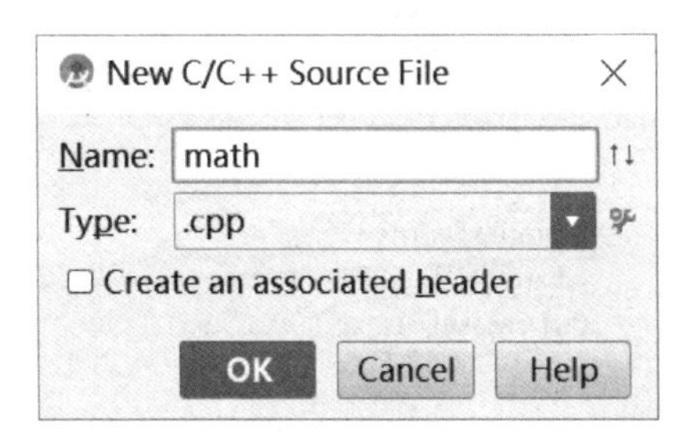

图 19 - 7　在 Android Studio 中添加 C/C++源代码文件

源代码文件不一定非要叫 math，可自定义。然后在 math.cpp 中实现在 MainActivity 中定义的本地方法 add(a,b)，代码如下：

```
#include <jni.h>
extern "C"
JNIEXPORT jint
```

```
JNICALL
Java_zhangphil_book_MainActivity_add(
        JNIEnv * env,
        jobject /* this */, int a, int b) {
            int sum = a + b;
            return sum;
}
```

math.cpp 中的 add 方法实现是 C/C++实现，必须按照 JNI 的命名规则的编程规范编写代码。在 math.cpp 中实现的 add 方法很简单，先接收两个整数 a 与 b，然后计算 a 与 b 的和 sum，再返回和的值 sum。

到这里，C/C++、Java 代码都已完成，代码层面的编程任务结束。接下来就是编译链接的配置，其重点是 CMakeLists.txt 的配置。

前文说使用 Android NDK 开发 JNI 不需要开发者繁琐处理 C/C++代码的编译、链接等涉及 so 库的工作，但是需要完成相关的编译配置，即通过 CMake 的 CMakeLists.txt，配置编译相关参数，CMakeLists.txt 控制 Android NDK 编译过程和目标文件生成。

先找到 CMakeLists.txt 文件，如图 19-8 所示。

图 19-8　CMake 配置文件

打开 CMakeLists.txt，Android 系统已经为开发者配置好大部分编译相关的参数，开发者需要重点关注和配置 CMakeLists.txt 里面的两块内容。

① add_library。

add_library 需要重点关注两个配置参数：本地库的名称和实现本地库的源代码文件路径。

```
add_library(
            # 设置本地库的名字
            math-lib

            # 共享式的本地库
            SHARED

            # 本地库的具体实现 C/C++代码源文件
            src/main/cpp/math.cpp )
```

- 在 add_library 中首先要设置本地库名为 math-lib。
- SHARED 定义该本地库是共享式的。
- src/main/cpp/math.cpp 即为 math-lib 本地库的具体实现源代码。

配置的 add_library 告诉 Android NDK 编译系统：名称为 math-lib 的本地库的实现源代码文件为 src/main/cpp/math.cpp。

② target_link_libraries。

target_link_libraries 告诉 Android NDK 最终编译的目标本地库是什么。target_link_libraries 的配置更简单些，代码如下：

```
target_link_libraries(
        # 定义最终的目标本地库
        math-lib

        # Links the target library to the log library
        # included in the NDK.
        ${log-lib} )
```

target_link_libraries 关键是需要配置目标本地库是什么，本例目标本地库是 math-lib，因此只需要写一行配置即可。

以上配置完毕后，编译运行 Android 应用程序，logcat 代码输出，如图 19-9 所示。

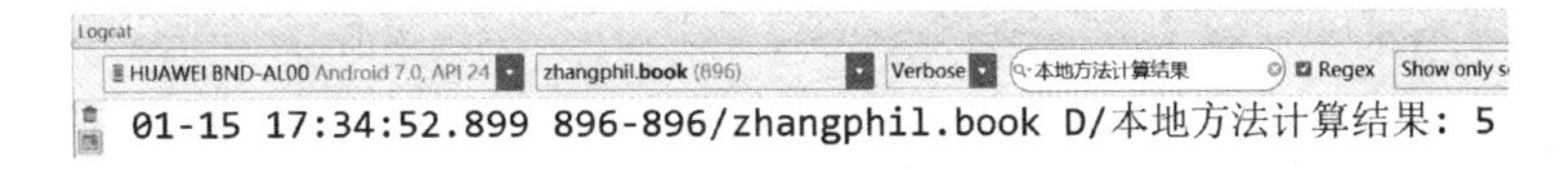

图 19-9 编译并运行成功后，使用本地实现的函数计算的结果输出

这样，我们就通过 Android NDK 技术成功实现了本地的 C/C++代码中的方法。

从上面的实例中可以看出，JNI 技术把 Android 和 C/C++代码联系起来，从而使得 Android 平台可以直接调用 C/C++语言编写的本地代码。JNI 虽然破坏了 Java 语言的跨平台特性，但是这样使 Android 充分复用 C/C++语言在历史上遗留的丰富代码资源。而且，有些 Android 项目工程涉及安全加密/解密这些功能模块的实现，出于安全考虑只能用 C/C++完成，那么此时 Android NDK 技术则是必需的技术解决方案。

19.5 小 结

JNI 是 Java 程序调用本地代码的编程接口。Java 程序设计语言对于 Android 应用程序开发来讲是极为安全和高效的。一些 App 的某些特殊功能模块需要实现纯 Java 程序代码无法实现的功能，或者为了快速进行大规模的项目集成需要引入第三方的 C/C++代码模块等。下面列举几个需要 JNI 技术解决方案的项目场景。

① 在历史上，C/C++曾经实现了大量优秀、成熟、稳定的函数功能库，为了避免重复造轮子，标准 Java 语言以 JNI 作为桥梁，得以继续使用这些 C/C++库。Android 平台如果合理利用这一点无疑将大大拓展自身的能力范围。

② 当涉及图形图像、数学计算、游戏画面渲染等 CPU 密集型或与硬件密切相关的计算任务时，JNI 合理地把 Java 和 C/C++编写的代码集成在一起，更能充分发挥硬件性能。

Java 语言和 C/C++语言完全不相同，若想让二者沟通互操作，需要约定规范，JNI 就是这种接口规范，它规范了 Java 与 JNI 如何交互，JNI 和 C/C++又该如何交互。JNI 主要涉及 Java 语言层面和 C/C++语言层面的交互，JNI 技术使得 Java 语言可以在 Java 层(上层语言)主导 C/C++语言层(底层语言)的编码设计。也可以这么理解：通过 JNI 技术，像 C/C++这样和操作系统底层实现紧密相连的原生本地语言代码，实现了与 Android 中像 Java 这样的上层语言代码的交互，但是 JNI 牺牲了 Android 平台中 Java 程序代码的安全性和可移植性。JNI 像一把双刃剑，增强了 Android 平台的能力，但是也带来了 Android 代码的风险，所以开发者要谨慎处理好 JNI 本地代码，构建健壮的 Android 的 NDK 程序。

第20章

Android传感器

传感器(transducer/sensor)是一种检测设备,它能感知被测量物体的信息,并将感知到的信息,按照一定规则转换成数字信号或其他形式的数字信息输出,对外提供信息数据的传输、存储、展示和控制等功能。Android作为移动操作系统,部署和装置了大量物理传感器部件,多种多样的传感器已成为Android手机的标准配置。Android设备上物理传感器智能感知和处理外部世界的状态变化,大大提升了Android的智慧程度。Android支持三大类型的传感器。

1. 运动传感器

Android设备支持用于检查设备动作变化的传感器,这些传感器包含加速度传感器、重力感应器、陀螺仪和旋转矢量传感器等。加速度传感器和陀螺仪是物理硬件传感器。重力传感器、线性加速度传感器和旋转矢量传感器既有物理硬件传感器的特点,也结合了代码软件的处理特点。在Android设备终端,不同软件系统可能会从加速度或磁力传感器采集数据,因为加速度传感器和磁力传感器均能获得一定的运动传感数据,又因为一部Android手机不可能把所有传感器装备齐全,有些手机上有加速度传感器,而没有磁力传感器,而有些手机刚刚相反。另外,某些Android设备终端可能会从陀螺仪中采集数据。这样就产生一个现象,即不同Android手机获得的传感器数据因为底层传感器的不同,而导致精度或数据范围不同,Android开发者要特别留心这一点。

2. 环境传感器

此类传感器可测量和采集多种环境参数,常见的如温度(温度计)、大气湿度、大气压力、光照强度等。但是环境传感器并不是所有Android设备都具备的,开发者在代码程序中使用环境传感器之前,应该检查当前Android设备是否支持该种类型的传感。

3. 位置传感器

此类传感器可采集地球物理位置,例如方向传感器和磁力线仪。Android还提供了邻近传感器,邻近传感器用来在一定较短距离内感知邻紧Android手机物体的传感器。邻近传感器在Android设备中较常见也比较常用,比如可以在用户接打电话时,用来监测手机屏幕离人脸的远近距离,并执行一些操作,如暂停手机正在播放的音乐，使用户可以安静、专心地接听电话。

开发者如果善于利用和发掘传感器的功效，可开发出多姿多彩的 APP。人工智能时代，传感器更是必不可少。Android 以传感器为触角，将深刻推动智能化时代的进程。

20.1 Android 传感器开发概述

Android 传感器编程包括 4 个关键部件：SensorManager、Sensor、SensorEventListener 和 SensorEvent，如图 20-1 所示。

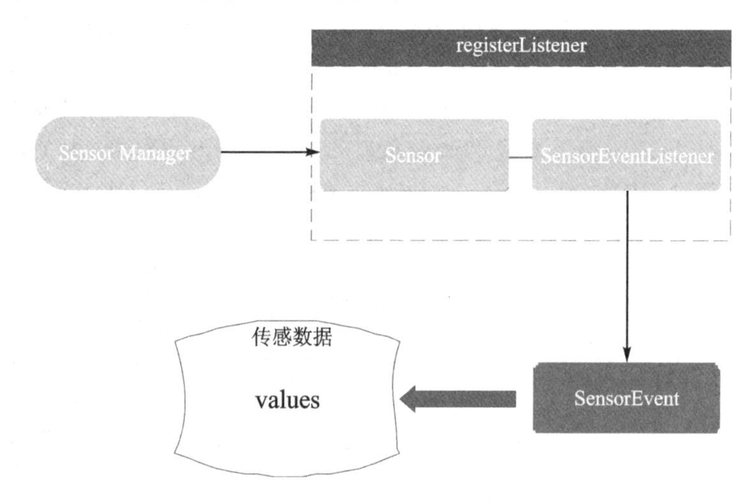

图 20-1　Android 传感器编程的关键技术点

- SensorManager 是 Android 体系架构中通用的传感器管理类，是传感器服务总类。
- Sensor 类抽象代表 Android 装置的各种物理传感器，对于开发者来说，这就是一个 Android 传感器实例。
- SensorEventListener 是针对 Sensor 的监听和事件通知。Sensor 传感器"实时"(实际上有一定的延迟)传回的传感数据，由 SensorEventListener 实时通知并存放在 SensorEventListener 的回调函数 onSensorChanged 之 SensorEvent 中。对开发者来说，最重要的工作就是解析和使用 SensorEvent 传感数据。

一般的 Android 传感器开发思路是：通过 SensorManager，根据类型字段获取不同的 Sensor，把 Sensor 和相对应的 SensorEventListener 注册"捆绑"在一起，在 onSensorChanged 里面解析和使用传回的 SensorEvent 传感数据。

Android 传感器编程开发先从 SensorManager 开始。Android 体系架构中，提供了一个 SensorManager 来统管传感器设备。SensorManager 作为 Android 系统的

一个系统服务，通过 getSystemService 获得：

```
mSensorManager = (SensorManager) this.getSystemService(Context.SENSOR_SERVICE);
```

如果返回值是 null，表明当前设备不支持或者传感器设备异常。

Android 体系中的传感器由一个 final 修饰属性的基类 Sensor 抽象代表。Android 系统通过给定的类型字段获取相应的传感器 Sensor 类对象。下面的几行代码，作为传感器 SensorManager 开发的起步，获取当前设备的全部支持的传感器列表，关键代码如下：

```
List <Sensor> sensorLists = mSensorManager.getSensorList(Sensor.TYPE_ALL);
for (Sensor sensor : sensorsLists) {
    Log.d("支持的传感器", sensor.getName().toString());
}
```

以上代码在不同 Android 设备上运行，结果不一。原因不言而喻，因为每一台 Android 设备装置的传感器不同。

Android 设备装置的传感器种类非常多，本章不可能面面俱到涵盖所有类型的传感器，因此挑出几种典型意义的传感器，讲述 Android 传感器编程开发的一般方法和知识点，读者可以触类旁通其他类型的 Android 传感器。我们先从简单的传感器线性加速度传感器开始介绍。

本章讲述的传感器编程不需要在 AndroidManifest.xml 声明权限。

20.2 Android 线性加速度传感器

Android 线性加速度传感器常用于监测和计量当前设备的运动位移。线性加速度传感器可以排除重力加速的干扰，取得在三维方向上相对易用的加速度标量。本节研究 Android 线性加速度传感器，故通过 Android 系统定义的线性传感器类型常量 Sensor.TYPE_LINEAR_ACCELERATION 获取：

```
Sensor mSensor = mSensorManager.getDefaultSensor(Sensor.TYPE_LINEAR_ACCELERATION);
```

Android 传感器编程大部分工作和代码模块在 SensorEventListener 里面，更具体地说，传感器监听、采集传感数据的关键是，解析出 onSensorChanged 里由传感器设备从底层硬件传回的 SensorEvent 对象包含的详细的传感数据。有价值的传感数据是 SensorEvent 内部定义的公开变量 values 数组(values[])包含的代表立体空间的三维坐标轴(x,y,z)数据：values[0]、values[1]、values[2]。

下面简单介绍一下传感器的三维坐标体系，如图 20－2 所示。

values[0]、values[1]、values[2]分别代表手机移动时在 x、y、z 三维坐标轴的加速度分量。下面分三点说明线性加速度传感器所建立的坐标体系、在不同方向(水平、垂直)运动、传回的 values 数组中的值,以及这些值的变化情况。假设初始状态时,Android 设备水平放置,那么:

- 如果沿 x 坐标轴箭头指示方向,从左往右位移设备,使设备沿水平方向向右运动,则此时 x 坐标轴方向加速度为正值,即 values[0]为正值;
- 如果沿 y 坐标轴箭头指示方向,从下往上移设备,使设备沿垂直方向向上运动,则此时 y 坐标轴方向加速度为正值,即 values[1]为正值;

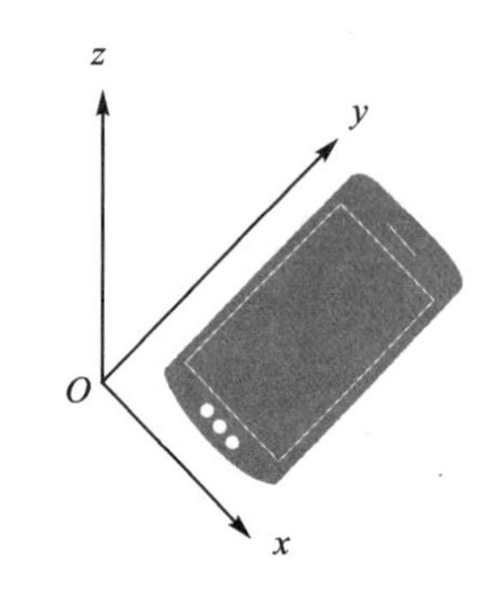

图 20-2 传感器三维坐标体系示意

- 如果垂直于设备所处的平面,沿 z 坐标轴箭头指示方向向空中移动设备,则此时 z 坐标轴方向加速度为正值,即 values[2]为正值。

当设备(手机)在旋转、翻滚、位移时,其三维坐标轴是跟随着手机同时变化的。

通过 SensorManager 注册 Sensor 和相对应的监听事件 SensorEventListener,传感器就开始启动工作了,代码如下:

```
    mSensorManager.registerListener(mSensorEventListener, mSensor, SensorManager.SENSOR_
DELAY_NORMAL);
```

第三个参数告诉 SensorManager 以多大频率周期性地更新、传回传感数据。它有 4 个可选的系统常量值,如下所示:

① SensorManager. SENSOR_DELAY_UI。其代表普通 View 的 UI 级别的传感数据源更新频率。这种情形下,传感器传回的数据适合那些对传感数据需求相对不很频繁的场景,传感器数据采集的数据有一定迟滞,但优点是功耗低、节能、比较省电,系统资源开销小。

② SensorManager. SENSOR_DELAY_NORMAL。其代表标准的传感器更新频率,传感器采集数据的频率和能量开销(如耗电量)的频率平衡。

③ SensorManager. SENSOR_DELAY_GAME。其代表常见的游戏场景中传感器更新频率。传感数据更新频率较快,则系统功耗和开销比较大。

④ SensorManager. SENSOR_DELAY_FASTEST。其代表尽可能快地传回和更新传感器数据。此种传感器更新频率的优点是传感数据接近于实时,缺点是功耗大,系统资源开销大。

总结一下,传感器更新数据频率过程中一些常用的常量字段,如表 20-1 所列。

表 20－1　传感器更新数据频率过程中常用常量字段

常　量	意　义	优　点	缺　点
SENSOR_DELAY_UI	普通 View 的 UI 级别的更新传感数据源频率	功耗低，节能，系统资源开销小	传感器数据更新有一定迟滞
SENSOR_DELAY_NORMAL	标准的传感器更新频率	传感器采集、传回数据的频率和系统功耗(如耗电量)开销之间平衡	相较于其他三个，无明显缺点
SENSOR_DELAY_GAME	游戏场景中传感器更新频率	传感数据更新比较快	系统功耗和开销相对比较大
SENSOR_DELAY_FASTEST	尽可能快地频繁更新传感数据	传感数据接近于实时	功耗大，系统资源开销大

注意，使用完传感器后，需要在代码退出时注销监听，如下所示：

```
mSensorManager.unregisterListener(mSensorEventListener);
```

以上所述的过程虽然是加速度传感器的代码实现过程，但亦是标准 Android 传感器通用代码实现步骤，关键代码如下：

```
    private void startSensor() {
     mSensorManager = (SensorManager) this.getSystemService(Context.SENSOR_SERVICE);

     Sensor mSensor = mSensorManager.getDefaultSensor(Sensor.TYPE_LINEAR_ACCELERATION);
     if (mSensorManager == null || mSensor == null) {
         throw new UnsupportedOperationException("设备不支持");
     }

      boolean isRegister = mSensorManager.registerListener(mSensorEventListener,
mSensor, SensorManager.SENSOR_DELAY_NORMAL);
     if (! isRegister) {
         throw new UnsupportedOperationException();
     }
  }

  private SensorEventListener mSensorEventListener = new SensorEventListener() {
     private float x_old = 0, y_old = 0, z_old = 0;
     private float x_new = 0, y_new = 0, z_new = 0;
     private float delta_x = 0, delta_y = 0, delta_z = 0;
     private double delta = 0;

     @Override
```

```
        public void onSensorChanged(SensorEvent sensorEvent) {
            x_new = sensorEvent.values[0];     //x 坐标轴
            y_new = sensorEvent.values[1];     //y 坐标轴
            z_new = sensorEvent.values[2];     //z 坐标轴

            Log.d("加速度", x_new + " , " + y_new + " , " + z_new);

            delta_x = x_new - x_old;
            delta_y = y_new - y_old;
            delta_z = z_new - z_old;

            //此处建立不严格的数学模型,计算运动量,从而得出位移的值
            delta = Math.sqrt(delta_x * delta_x + delta_y * delta_y + delta_z * delta_z);
            Log.d("运动位移加速度", delta + "");

            x_old = x_new;
            y_old = y_new;
            z_old = z_new;
        }

        @Override
        public void onAccuracyChanged(Sensor sensor, int i) {

        }
    };

    @Override
    protected void onDestroy() {
        super.onDestroy();
        mSensorManager.unregisterListener(mSensorEventListener);
    }
```

借助于加速度传感器,开发者可以实现如微信的“摇一摇”功能。在摇动手机时,手机会在三维空间方向产生加速度的量值,对传感器传回的加速度值进行计算,如加速度超过在三个方向上的加速度阈值(如水平或垂直方向),代码则认为手机是在“摇一摇”,然后进入相应的业务逻辑处理。

20.3 Android 近距离传感器

Android 近距离传感器(Proximity Sensor,P-Sensor)传回的距离单位为 cm。近距离传感器最常见的应用场景之一是,当用户手机收到一个呼入来电,人的脸部贴近

手机时，近距离传感器就能感知到这一状态，传回一个浮点数值 0.0，表示这种贴近动作的状态变化。近距离传感器传回的有意义的数据存放在 SensorEvent 内部公共变量 values 数组的第一个值 values[0]里面。近距离传感器在 Android 的 Sensor 类中定义的类型常量是 Sensor.TYPE_PROXIMITY，关键代码如下：

```
    /**
     * 启动传感器
     */
    private void startSensor() {
        mSensorManager = (SensorManager) this.getSystemService(Context.SENSOR_SERVICE);
        Sensor mSensor = mSensorManager.getDefaultSensor(Sensor.TYPE_PROXIMITY);

        if (mSensorManager == null || mSensor == null) {
            throw new UnsupportedOperationException("设备不支持");
        }

        boolean isRegister = mSensorManager.registerListener(mSensorEventListener,
mSensor, SensorManager.SENSOR_DELAY_NORMAL);
        if (! isRegister) {
            throw new UnsupportedOperationException();
        }
    }

    private SensorEventListener mSensorEventListener = new SensorEventListener() {

        @Override
        public void onSensorChanged(SensorEvent sensorEvent) {
            float proximity = sensorEvent.values[0];
            Log.d("近距离", String.valueOf(proximity));
        }

        @Override
        public void onAccuracyChanged(Sensor sensor, int i) {

        }
    };
```

当手掌或者脸部贴近手机时，传感器传回数据 0.0，logcat 输出如下：

```
09-26 14:58:05.881 29274-29274/zhangphil.sensor D/近距离: 8.000183
09-26 14:58:13.778 29274-29274/zhangphil.sensor D/近距离: 0.0
09-26 14:58:14.125 29274-29274/zhangphil.sensor D/近距离: 8.000183
```

```
09-26 14:58:14.478 29274-29274/zhangphil.sensor D/近距离: 0.0
09-26 14:58:14.892 29274-29274/zhangphil.sensor D/近距离: 8.000183
09-26 14:58:15.400 29274-29274/zhangphil.sensor D/近距离: 0.0
09-26 14:58:15.601 29274-29274/zhangphil.sensor D/近距离: 8.000183
```

注意日志输出值的变化，摇摆值 0、8 是在手掌不断反复贴近、离开手机时的输出。传感器传回的恒定距离 8 表示外部物体远离了设备，0 表示外部物体近距离贴近了设备。

在下一节中也可以看到 values 数组中存储的数据是不同传感器采集到的传感数据。

20.4 Android 压力传感器

压力传感器获得当前设备所承受的压力(压强)，单位是百帕斯卡(百帕)。压力在 Android 的 Sensor 类里面定义的类型常量是 Sensor.TYPE_PRESSURE，传感器管理类 SensorManager 通过该字段获得压力传感器：

```
Sensor mSensor = mSensorManager.getDefaultSensor(Sensor.TYPE_PRESSURE);
```

传感器传回的压力值，存放在 SensorEventListener 接口类的 SensorEvent 公共字段 values[0]里面，代码如下：

```
privateSensorEventListener mSensorEventListener = new SensorEventListener() {
    @Override
    public void onSensorChanged(SensorEvent sensorEvent) {
        if (sensorEvent.sensor.getType() == Sensor.TYPE_PRESSURE) {
            /**
             * 传感器返回的压强,单位是百帕
             */
            float pressure = sensorEvent.values[0];
            Log.d("压强", String.valueOf(pressure) + "百帕");
        }
    }

    @Override
    public void onAccuracyChanged(Sensor sensor, int i) {

    }
};
```

压力传感器在游戏或者涉及手势操作的应用中比较实用，可用来检测压力的大小变化。

20.5 Android 光强传感器

Android 光强传感器感知当前设备所处环境的光照强度。光照越强，传感器传回的值越大；光照越弱，传感器传回的值越小，最小值是 0。光强传感器传回的传感数据，存放在 SensorEvent 内部公共成员变量 values 数组的第一个元素里面。

光强传感器定义的类型常量是 Sensor. TYPE_LIGHT，从传感器管理类 SensorManager 获取光强传感器：

```
Sensor mSensor = mSensorManager.getDefaultSensor(Sensor.TYPE_LIGHT);
```

给代表具体传感的类 Sensor 注册 SensorEventListener，在 SensorEventListener 的 onSensorChanged 回调里面检测光照强度的变化，代码如下：

```
@Override
public void onSensorChanged(SensorEvent sensorEvent) {
    if (sensorEvent.sensor.getType() == Sensor.TYPE_LIGHT) {
        /**
         * 传感器传回的值
         */
        float value = sensorEvent.values[0];
        Log.d("感光强度", String.valueOf(value));
    }
}
```

在 SensorManager 的内部成员里，定义了一系列 public 特殊类型的光照强度常量值，以帮助开发者判断和适应特定光线场景下的需求开发，如表 20-2 所列。

表 20-2 Android 定义的不同光照强度常量值

常量名	常量值	常量意义
LIGHT_NO_MOON	0.001	没有月亮的夜晚，漆黑一片
LIGHT_FULLMOON	0.25	有月亮的夜晚，月光之夜
LIGHT_CLOUDY	100.0	多云天气，没有太阳
LIGHT_SUNRISE	400.0	太阳刚升起时，旭日初升，晨曦
LIGHT_OVERCAST	10000.0	微阴天气
LIGHT_SHADE	20000.0	有太阳的天气，但是轻云弊日
LIGHT_SUNLIGHT	110000.0	晴空万里，大晴天
LIGHT_SUNLIGHT_MAX	120000.0	太阳直射，最强烈的光照

表中的常量值是 float 类型。表中的 8 个常量，代表光照强度从低到高，它们均是 SensorManager 内部定义的 public final static 类型，可直接访问和使用。

20.6 Android 方位传感器

Android 方位传感器是基于 Android 加速度传感器和地磁传感器的。方位传感器用处很多，比如常见的一个应用开发场景——手机视频播放器，手机旋转时，手机屏幕可自动进行横竖屏切换。

方位传感器类型常量是 Sensor.TYPE_ORIENTATION。开发者通过传感器管理类 SensorManager 获得方位传感器：

```
Sensor mSensor = mSensorManager.getDefaultSensor(Sensor.TYPE_ORIENTATION);
```

然后给代表方位传感器的对象 mSensor 注册传感器监听事件，接收传感器的传感监测变化通知：

```
privateSensorEventListener mSensorEventListener = new SensorEventListener() {
    private float v0, v1, v2;

    @Override
    public void onSensorChanged(SensorEvent sensorEvent) {
        v0 = sensorEvent.values[0];
        v1 = sensorEvent.values[1];
        v2 = sensorEvent.values[2];

        Log.d(TAG, v0 + " , " + v1 + " , " + v2);
    }

    @Override
    public void onAccuracyChanged(Sensor sensor, int i) {

    }
};
```

SensorEvent 返回的 values[]数组存放的三个值，是真实相对于地球的地理磁场偏转角度，其单位是度(°)。values[0]、values[1]、values[2]是开发者重点需要使用和了解的值。在理解 values 值之前，需要了解 Android 方位传感器的坐标体系。

Android 设备有自己的坐标体系，如图 20-3 所示。

Android 设备的坐标体系在前文已经说明。图 20-3 中的三维坐标是 Android 的 x、y、z 三条坐标轴线。

然而 Android 方位传感器的坐标体系不同于图 20-3 所示的坐标体系。Android 方位传感器坐标体系是基于地球地理的地磁坐标体系，一定程度上类似于地球的经纬线，如图 20-4 所示。

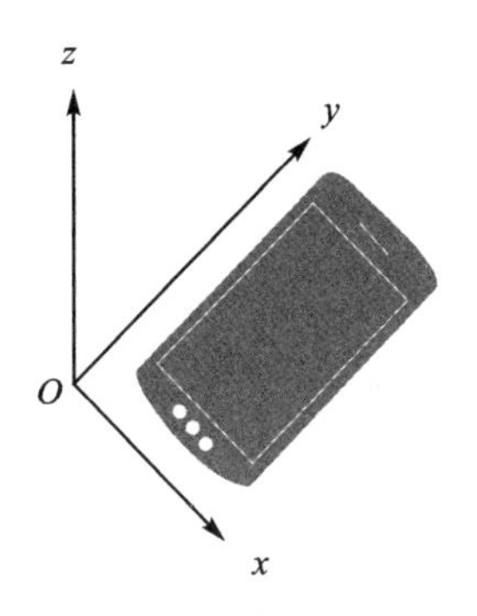

图 20－3　Android 设备自身的坐标体系

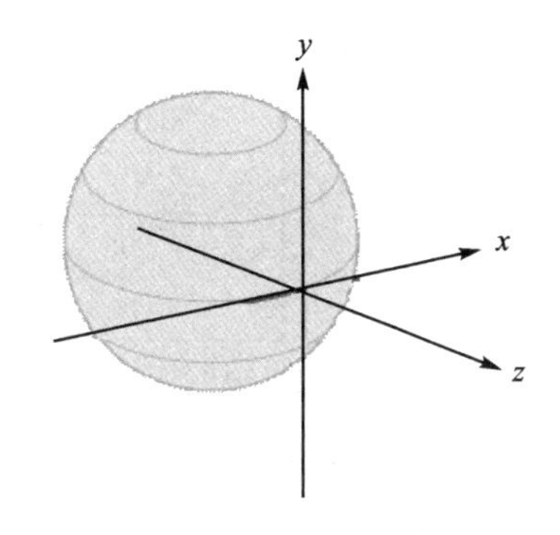

图 20－4　地球地理的地磁坐标体系

为了和图 20－3 的 Android 设备自身坐标体系区别开，图 20－4 的 x、y、z 坐标轴称为地球地磁坐标轴，图 20－3 中 Android 设备自身的坐标轴称为 Android 设备坐标轴。

地球地磁坐标轴的方位和指向是固定不会改变的，这一点不同于 Android 设备坐标轴，Android 设备坐标轴是随着 Android 设备自身旋转、翻滚、倾斜而发生变化的。

下面介绍地球地理的地磁坐标轴 x、y、z 坐标轴。

- 地球地磁 x 坐标轴，平行于地球地理水平面，其两端指向地球地理的正东和正西两个方向。在实际的开发中，地球地磁 x 坐标轴比较重要的特性是指明了地球地理上的水平面。
- 地球地磁 y 坐标轴，指向地球地理的北极。为了帮助理解，可以在一定程度上简单认为地球地磁 y 坐标轴同地球地理上的经线，它指向地球地理的正北和正南两个方向。
- 地球地磁 z 坐标轴，指向地球地理的地心，其两端指向地心和天空。

x、y、z 坐标轴是 Android 系统对地球地磁坐标体系的一种数学抽象。有了地球地磁坐标体系和 Android 设备坐标体系的知识后，开始介绍 SensorEvent 返回的最有价值的 values[]浮点数组的传感数据。Android 系统上的传感器采集到的 x、y、z 坐标轴方向上的数据，均存储在 values[]数组中。

① values[0]。值域：0～360。

values[0]在 Android 官方文档中名为 Azimuth(地球地磁北极方向与 y 坐标轴的夹角角度)。values[0]反映 Android 设备的头部(顶部，即 Android 设备 y 坐标轴)与地球地磁 y 坐标轴的夹角角度值。当 Android 设备围绕着自身的 z 轴(Android 设备 z 坐标轴)旋转时，values[0]的值发生变化。

values[0]值变化规则：顺时针旋转，该值逐渐变大。例如，把 Android 设备水平放置于桌面上(设备屏幕朝向天空)，然后顺时针旋转 Android 设备，那么 values[0]不断变大，如表 20－3 所列。

表 20-3 values[0]值变化规则

values[0]	地球地理方位
0	正北方
90	正东方
180	正南方
270	正西方

用户的 Android 设备通常不太可能完全无缝地叠合地球地理的东西南北方，因此传感器传回的 values[0]值带有小数部分。

② values[1]。值域：-180～ +180。

values[1]在 Android 官方文档中名为 Pitch（x 坐标轴和水平面的夹角角度）。values[1]值反映 Android 设备围绕自身的 x 坐标轴（Android 设备 x 坐标轴）旋转时，Android 设备 y 坐标轴与地球地理的水平面（地球地磁 x 坐标轴）夹角角度值。

- 当 Android 设备水平放置在水平桌面上，values[1]值理论上应该是 0，但是桌面不太可能完全平行于地球的地理水平面，故用户的 Android 设备也不太可能完全平行于地球的地理水平面，所以传感器传回的存放于 values[0]的传感器数值带有小数部分。
- 当把 Android 设备水平放置在水平桌面上，保持设备的尾部不离开桌面，围绕 Android 设备 x 坐标轴旋转，使 Android 设备头部逐渐离开水平桌面，此时的 values[1]值发生变化，其变化范围为-180～0；当设备头部（Android 设备坐标轴 y）垂直于地球的地理水平面时，values[1]值为 90。
- 当把 Android 设备水平放置在水平桌面上，保持设备的头部不离开桌面，围绕 Android 设备 x 坐标轴旋转，使 Android 设备尾部逐渐离开水平桌面，此时的 values[1]值发生变化，其变化范围为 0～180；当设备头部（Android 设备坐标轴 y）指向地球的地理地心时，values[1]值为 90。

③ values[2]。值域：-90～+90。

values[2]在 Android 官方文档中名为 Roll（y 坐标轴和水平面的夹角角度）。values[2]值反映了 Android 设备围绕自身的 y 坐标轴（Android 设备 y 坐标轴）旋转时，Android 设备 y 坐标轴与地球的地理水平面（地球地磁 x 坐标轴）的夹角角度值。

- 如果把 Android 设备水平放置在水平桌面上，保持 Android 设备屏幕的右侧边缘贴合在桌面上不动，逐渐抬高 Android 设备屏幕的左侧边缘，那么 value[2]的值从 0 逐渐变化到-90。当 Android 设备屏幕垂直于地球的地理水平面后，如果继续旋转，那么此时的 values[2]值将从-90 逐渐回归到 0。
- 如果把 Android 设备水平放置在水平桌面上，保持 Android 设备屏幕的左侧边缘贴合在桌面上不动，逐渐抬高 Android 设备屏幕的右侧边缘，那么 value

[2]的值从 0 逐渐变化到+90。当 Android 设备屏幕垂直于地球的地理水平面后，如果继续旋转，那么此时的 values[2]值将从+90 逐渐回归到 0。

20.7 Android 运动计步传感器

从 Android 4.4 Kitkat 开始，Android 新增了运动计步传感器。计步传感器归属于运动类传感器类型。计步传感器常用于开发运动类的应用或插件，可以统计用户在行走过程中的步数。

Android 系统在代表传感器的类 Sensor 中定义了两个常量声明计步器传感器。

① Sensor.TYPE_STEP_COUNTER 指计步用的累积计数传感器。该传感器传回设备上的 Android 操作系统自从开机启动以来的历史累积总步数。注意，如果 Android 设备操作系统重启，则该传感器将清零历史累积的步数。获取计步传感器实例代码如下：

```
Sensor mStepCounterSensor = mSensorManager.getDefaultSensor(Sensor.TYPE_STEP_COUNTER);
```

② Sensor.TYPE_STEP_DETECTOR 指计步检测传感器。该传感器检测每一次有效的步行动作。当传感器认为这是一次有效的步行动作，则传回一个浮点数 1.0。换言之，该传感器不负责计量步数，仅负责检测用户发生的一次步行动作是否有效。获取计步检测传感器实例代码如下：

```
Sensor mStepDetectorSensor = mSensorManager.getDefaultSensor(Sensor.TYPE_STEP_DETECTOR);
```

以上两个传感器传回的传感数据，均更新存于 SensorEvent 的 values 数组第一个值，即 values[0]中。以上两个传感器，可以同时注册进一个 SensorEventListener：

```
mSensorManager.registerListener(mSensorEventListener, mStepCounterSensor, SensorManager.SENSOR_DELAY_NORMAL);
mSensorManager.registerListener(mSensorEventListener, mStepDetectorSensor, SensorManager.SENSOR_DELAY_NORMAL);
```

由于注册了同一个传感器监听通知事件，所以需要在回调的 SensorEvent 中做类型区分判断：

```
privateSensorEventListener mSensorEventListener = new SensorEventListener() {
    private float step, stepDetector;

    @Override
    public void onSensorChanged(SensorEvent sensorEvent) {
        /**
         * 计步计数传感器传回的历史累积总步数
         */
```

```
        if (sensorEvent.sensor.getType() == Sensor.TYPE_STEP_COUNTER) {
            step = sensorEvent.values[0];
            Log.d(TAG, "STEP_COUNTER:" + step);
        }

        /**
         * 计步检测传感器检测到的步行动作是否有效
         */
        if (sensorEvent.sensor.getType() == Sensor.TYPE_STEP_DETECTOR) {
            stepDetector = sensorEvent.values[0];
            Log.d(TAG, "STEP_DETECTOR:" + stepDetector);
            if (stepDetector == 1.0) {
                Log.d(TAG, "一次有效的步行");
            }
        }
    }

    @Override
    public void onAccuracyChanged(Sensor sensor, int i) {

    }
};
```

计步计数传感器和计步检测传感器各有侧重和适用场景。在一些运动类 App 中，也许用户对历史累积的所有总步数不感兴趣，仅仅想知道某次运动产生的总步数。这时我们如果想使用计步计数传感器实现该功能，也是可以的。但要做一次转换，实现的总体思路和框架是：当用户开始一次步行运动时，立即启动计步计数传感器，记录运动开始的累积总步数 stepStart；当运动结束后，再一次记录当前的累积总步数 stepFinish，那么此次运动的步数 stepCount 可通过简单计算获得：

$$stepCount = stepFinish - stepStart$$

其原理是把运动结束后的当前累积总步数和运动开始时的累积总步数做减法。

如果换成计步检测传感器实现某次运动步行数量的计量，该怎么处理呢？大致思路是：首先需要定义一个步行的统计值 count。然后，当计步检测传感器传回 1.0 时，认为当前发生了一次有效的步行动作，步数加 1，让 count++。运动结束时，count 值即为此次步行产生的总步数。这里可以看到，在仅使用计步检测传感器的情况下，一样实现了计步计数传感器能实现的功能，可谓条条大路通罗马。

20.8 小 结

伴随着移动设备制造业的日益快速迭代式的发展，现在各大手机制造厂商推出的新品 Android 手机中，支持的传感器种类越来越多，感知的信息越来越丰富多彩。过去没有传感器装备的设备上，最简单的定位服务功能实现起来就比较麻烦。普通的台式计算机要实现定位功能，一个简单的方案是分析该计算机接入网络的 IP 地址，进而分析出大致的位置，有了该计算机的位置后，就可以根据这些位置推送有针对性的信息，比如该地区未来三天的天气预报。在这里可以看到，后台的服务器系统把远程计算设备作为前端，就像后台伸出去的长长的具有感知功能的触角一样，来采集信息数据，然后后端系统针对前端反馈回来的数据进行更有价值的研究和处理。

Android 设备终端中配置的各种传感器是精密的物理装备，可以探测、感知所处的外部物理世界的基础信息，并将采集到的这些信息数字化、格式化后存储或传输出去，提供给相关程序或系统使用。在 Android 开发中，若能充分发挥传感器的功用，会使得 App 应用变得与众不同，独具特色，比如常见的微信的“摇一摇”，音乐播放器摇一摇切歌，手掌或身体靠近手机自动点亮屏幕等功能，这些都是在使用了传感器后发展出来的一些亮点设计。

参考文献

[1] 张飞. Android DataBinding:MVVM 架构基石,数据驱动 App 运转[C]. 2017 北京 Android 技术大会,2017.
[2] (美)Bruce Eckel. Java 编程思想. 陈昊鹏,译. 北京:机械工业出版社,2007.